网络空间安全专业规划教材

总主编　杨义先　　　执行主编　李小勇

信息安全管理

（第 3 版）

郭燕慧　徐国胜　张　淼　编著

北京邮电大学出版社
www.buptpress.com

内 容 简 介

本书作为网络空间安全专业规划教材之一——《信息安全管理(第3版)》,在广泛吸纳读者意见和建议的基础上,不仅仍定位于信息安全管理的基本概念、信息安全管理的各项内容和任务的讲解,而且还从内容安排和内容选取方面做了全面的优化。和第2版相比,本书的内容更为系统、内容组织更为精细,并适当加入了国内和国际上网络空间安全技术和管理方面的最新成果,反映出信息安全管理方法的研究和应用现状。

本书内容共8章。第1章为绪论,第2章为信息安全风险评估,第3章为系统与网络安全,第4章为物理安全,第5章为建设与运维安全,第6章为灾难恢复与业务连续性,第7章为分级保护,第8章为云计算安全。每章后面配有习题以巩固相关知识。另外,本书配有大量的参考文献,以方便读者进一步阅读。

本书可作为高等院校网络空间安全专业、信息安全专业本科教材,也可作为相关专业技术人员的参考书目。

图书在版编目(CIP)数据

信息安全管理 / 郭燕慧,徐国胜,张淼编著. -- 3版. -- 北京:北京邮电大学出版社,2017.12(2020.8重印)
ISBN 978-7-5635-5230-6

Ⅰ. ①信… Ⅱ. ①郭… ②徐… ③张… Ⅲ. ①信息系统—安全管理—高等学校—教材 Ⅳ. ①TP309

中国版本图书馆 CIP 数据核字(2017)第 191746 号

书　　　名:信息安全管理(第3版)
著作责任者:郭燕慧　徐国胜　张　淼　编著
责 任 编 辑:马晓仟
出 版 发 行:北京邮电大学出版社
社　　　址:北京市海淀区西土城路 10 号(邮编:100876)
发 行 部:电话:010-62282185　传真:010-62283578
E-mail:publish@bupt.edu.cn
经　　　销:各地新华书店
印　　　刷:北京九州迅驰传媒文化有限公司
开　　　本:787 mm×1 092 mm　1/16
印　　　张:15
字　　　数:388 千字
版　　　次:2008 年 6 月第 1 版　2011 年 11 月第 2 版　2017 年 12 月第 3 版　2020 年 8 月第 2 次印刷

ISBN 978-7-5635-5230-6　　　　　　　　　　　　　　　　　　　　　　　定价:35.00 元

Prologue 序

Prologue

作为最新的国家一级学科，由于其罕见的特殊性，网络空间安全真可谓是典型的"在游泳中学游泳"。一方面，蜂拥而至的现实人才需求和紧迫的技术挑战，促使我们必须以超常规手段，来启动并建设好该一级学科；另一方面，由于缺乏国内外可资借鉴的经验，也没有足够的时间纠结于众多细节，所以，作为当初"教育部网络空间安全一级学科研究论证工作组"的八位专家之一，我有义务借此机会，向大家介绍一下2014年规划该学科的相关情况，并结合现状，坦诚一些不足，以及改进和完善计划，以使大家有一个宏观了解。

我们所指的网络空间，也就是媒体常说的赛博空间，意指通过全球互联网和计算系统进行通信、控制和信息共享的动态虚拟空间。它已成为继陆、海、空、太空之后的第五空间。网络空间里不仅包括通过网络互联而成的各种计算系统（各种智能终端）、连接端系统的网络、连接网络的互联网和受控系统，也包括其中的硬件、软件乃至产生、处理、传输、存储的各种数据或信息。与其他四个空间不同，网络空间没有明确的、固定的边界，也没有集中的控制权威。

网络空间安全，研究网络空间中的安全威胁和防护问题，即在有敌手对抗的环境下，研究信息在产生、传输、存储、处理的各个环节中所面临的威胁和防御措施，以及网络和系统本身的威胁和防护机制。网络空间安全不仅包括传统信息安全所涉及的信息保密性、完整性和可用性，同时还包括构成网络空间基础设施的安全和可信。

网络空间安全一级学科，下设五个研究方向：网络空间安全基础、密码学及应用、系统安全、网络安全、应用安全。

方向1，网络空间安全基础，为其他方向的研究提供理论、架构和方法学指导；它主要研究网络空间安全数学理论、网络空间安全体系结构、网络空间安全数据分析、网络空间博弈理论、网络空间安全治理与策略、网络空间安全标准与评测等内容。

方向2,密码学及应用,为后三个方向(系统安全、网络安全和应用安全)提供密码机制;它主要研究对称密码设计与分析、公钥密码设计与分析、安全协议设计与分析、侧信道分析与防护、量子密码与新型密码等内容。

方向3,系统安全,保证网络空间中单元计算系统的安全;它主要研究芯片安全、系统软件安全、可信计算、虚拟化计算平台安全、恶意代码分析与防护、系统硬件和物理环境安全等内容。

方向4,网络安全,保证连接计算机的中间网络自身的安全以及在网络上所传输的信息的安全;它主要研究通信基础设施及物理环境安全、互联网基础设施安全、网络安全管理、网络安全防护与主动防御(攻防与对抗)、端到端的安全通信等内容。

方向5,应用安全,保证网络空间中大型应用系统的安全,也是安全机制在互联网应用或服务领域中的综合应用;它主要研究关键应用系统安全、社会网络安全(包括内容安全)、隐私保护、工控系统与物联网安全、先进计算安全等内容。

从基础知识体系角度看,网络空间安全一级学科主要由五个模块组成:网络空间安全基础、密码学基础、系统安全技术、网络安全技术和应用安全技术。

模块1,网络空间安全基础知识模块,包括:数论、信息论、计算复杂性、操作系统、数据库、计算机组成、计算机网络、程序设计语言、网络空间安全导论、网络空间安全法律法规、网络空间安全管理基础。

模块2,密码学基础理论知识模块,包括:对称密码、公钥密码、量子密码、密码分析技术、安全协议。

模块3,系统安全理论与技术知识模块,包括:芯片安全、物理安全、可靠性技术、访问控制技术、操作系统安全、数据库安全、代码安全与软件漏洞挖掘、恶意代码分析与防御。

模块4,网络安全理论与技术知识模块,包括:通信网络安全、无线通信安全、IPv6安全、防火墙技术、入侵检测与防御、VPN、网络安全协议、网络漏洞检测与防护、网络攻击与防护。

模块5,应用安全理论与技术知识模块,包括:Web安全、数据存储与恢复、垃圾信息识别与过滤、舆情分析及预警、计算机数字取证、信息隐藏、电子政务安全、电子商务安全、云计算安全、物联网安全、大数据安全、隐私保护技术、数字版权保护技术。

其实,从纯学术角度看,网络空间安全一级学科的支撑专业,至少应该平等地包含信息安全专业、信息对抗专业、保密管理专业、网络空间安全专业、网络安全与执法专业等本科专业。但是，由于管理渠道等诸多原因，我们当初只重点考虑了信息安全专业，所以，就留下了一些遗憾，甚至空白，比如，信息安全心理学、安全控制论、安全系统论等。不过幸好，学界现在已经开始着手，填补这些空白。

北京邮电大学在网络空间安全相关学科和专业等方面，在全国高校中一直处于领先水平，从 20 世纪 80 年代初至今，已有 30 余年的全方位积累，而且，一直就特别重视教学规范、课程建设、教材出版、实验培训等基本功。本套系列教材，主要是由北京邮电大学的骨干教师们，结合自身特长和教学科研方面的成果，撰写而成。本系列教材暂由《信息安全数学基础》《网络安全》《汇编语言与逆向工程》《软件安全》《网络空间安全导论》《可信计算理论与技术》《网络空间安全治理》《大数据服务与安全隐私技术》《数字内容安全》《量子计算与后量子密码》《移动终端安全》《漏洞分析技术实验教程》《网络安全实验》《网络空间安全基础》《信息安全管理（第 3 版）》《网络安全法学》《信息隐藏与数字水印》等 20 余本本科生教材组成。这些教材主要涵盖信息安全专业和网络空间安全专业，今后，一旦时机成熟，我们将组织国内外更多的专家，针对信息对抗专业、保密管理专业、网络安全与执法专业等，出版更多、更好的教材，为网络空间安全一级学科，提供更有力的支撑。

杨义先

教授、长江学者、杰青
北京邮电大学信息安全中心主任
灾备技术国家工程实验室主任
公共大数据国家重点实验室主任
2017 年 4 月，于花溪

Foreword 前言

Foreword

随着人们对信息技术依赖程度的不断加深，信息安全受到了社会的普遍关注。通过技术手段有针对性地解决信息安全问题是信息安全防范的基本思路。然而，由于信息安全的多层次、多因素和动态性等特点，管理手段的应用在一个完整的信息安全防范方案中必不可少。信息安全管理的模型、流程和方法最近几年有了长足的发展。信息安全管理的相关标准、法规也如雨后春笋般相继被推出。信息安全管理作为战略、信息安全技术作为手段，三分技术、七分管理的理念正在为社会各界广泛接受。

北京邮电大学信息安全中心从 1984 年以来，一直专注于信息安全领域的理论和应用研究，中心先后承担过数项国家级信息安全相关课题的研究，推出了信息安全系列书籍，为国家信息化建设做出了应有的贡献。

近年来，网络安全新态势不断发展、新事物不断涌现。为实施国家安全战略，加快网络空间安全高层次人才培养，2015 年网络空间安全被正式批准列为一级学科。网络安全学科建设伊始，当务之急是建立和完善一套完整的网络安全教材体系。北京邮电大学作为全国首批开展网络空间安全学科人才培养的五个基地之一，根据信息技术特别是网络安全技术的发展，在现有教材基础上，推出了网络空间安全系列教材。本书作为该系列教材之一，立足作者及所在团队多年来信息安全管理相关工作的积累，在保证知识点讲解精炼的基础上，提炼国内外网络安全治理方面的最新成果，较为全面地反映了信息安全管理理论与方法及其在网络空间安全治理中的应用现状。

本书第 1 章梳理了各种信息安全管理理论、方法和流程的内涵及它们之间的关系，并以此展开全书的主体内容。第 2 章介绍了信息安全风险评估的原则和方法。第 3 章对信息安全技术基本内容——系统与网络安全技术进行了全面的介绍。在此基础上，第 4 章物理安全、第 5 章建设与运维安全和第 6 章灾难恢复与业务连续性依次对信息安全管理中涉及的物理安全、建设与运维、灾难恢复与业务连续性等偏于管理的内容进行了介绍。第 7 章从信息安全管理更高的层面——分级保护的角度，对其重要的思想、方法及相应的标准进行了描述。最后，第 8 章云计算安全对云计算及大数据浪潮下，信息安全管理、网络空间安全治理所面临的新问题和新挑战进行了介绍，讨论了当前的解决思路和办法。本书既可作为高等院校网络空间安全及相关专业研究生和高年级本科生的教材使用,也可作为相关专业人员全面参考的系列手册。

参加本书编写工作的有:郭燕慧、徐国胜、张淼,郭燕慧对全书进行统稿。李祺老师及张海丹、王晓婷、周瑜凯等几位研究生参与了本书部分章节的资料收集和整理,编者诚挚感谢他们对本书所做的贡献。

本书在编写过程中,除引用了作者自身的研究内容和成果外,还参考了大量国内外优秀论文、书籍以及在互联网上公布的相关资料,我们尽量在书后面的参考文献中列出,但由于互联网上资料数量众多、出处杂乱,可能无法将所有文献一一注明出处。我们对这些资料的作者表示由衷的感谢,同时声明,原文版权属于原作者。

本书作为教材,教师在讲授时可以根据学时安排做出一些取舍。本书全部讲授建议36学时,如有更多学时安排,建议酌情增加信息安全管理实践方面的内容,以深化对全书内容的理解。

信息安全管理是网络空间安全领域中的重要分支,本书尝试对此领域的理论和方法做一些归纳,以期有益于读者。由于编者的水平有限,书中难免有一些缺点和错误,真诚希望读者不吝赐教。

编 者
2017 年 4 月

目录
Contents

第 1 章

绪　　论

信息安全管理是保障信息系统安全的有力手段,是当今世界各国都在努力推广与应用的重点课题。它涉及的内容广泛,包括技术、方法、保障体系等多方面内容。本章对信息安全管理的概念、技术体系、基本方法、保障体系等内容进行了概要地阐述,并对本书内容安排进行了说明。

1.1　信　息　安　全

信息技术创立、应用和普及是 20 世纪技术革新最伟大的创举之一,借此,人类正在进入信息化社会,人们对信息、信息技术的依赖程度越来越高。与此同时,信息安全问题日渐突出,情况也越来越复杂。

1.1.1　信息安全的现状

由于信息具有易传输、易扩散、易破损的特点,信息资产比传统资产更加脆弱,更易受到损害,信息及信息系统需要严格管理和妥善保护。

1988 年 11 月 2 日,康奈尔大学的研究生罗伯特·莫里斯(22 岁)设计了第一个蠕虫程序,设计之初的目的是验证网络中自动传播程序的可行性。该程序感染了 6 000 台计算机,使因特网(Internet)不能正常运行,造成的经济损失达 1 亿美元。程序只有 99 行,利用了 Unix 系统中的缺点,用 Finger 命令查联机用户名单,然后破译用户口令,用 Mail 系统复制、传播本身的源程序,再编译生成代码。莫里斯因此被判三年缓刑、罚款 1 万美元、做 400 小时的社区服务。

2000 年 5 月 4 日,"爱虫(LOVE BUG)"病毒大爆发。主要表现是邮件群发、修改文件、消耗网络资源。"爱虫"大爆发两天之后,全球约有 4 500 万台计算机被感染,造成的损失已经达到 26 亿美元。此后几天里,"爱虫"病毒所造成的损失以每天 10 亿美元到 15 亿美元的速度增加。

2015 年 9 月 14 日,据国家级网络安全应急机构——国家互联网应急中心报告显示,"开发者使用非苹果公司官方渠道的工具 Xcode 开发苹果应用程序(苹果 App)时,会向正常的苹果 App 中植入恶意代码。被植入恶意程序的苹果 App 可以在 App 商店正常下载并安装使用。该恶意代码具有信息窃取行为,并具有进行恶意远程控制的功能。"微信、滴滴打车、高德地图、网易云音乐等近 350 款 App 被感染,腾讯发布报告称受影响的用户可能超过 1 亿人。

不断发生的信息安全事件,对信息安全提出了严峻的挑战。据统计,全球平均每 20 秒就发生一次计算机病毒的入侵事件;互联网上的防火墙大约 25% 被攻破;窃取商业信息的事件平均以每月 260% 的速度增加;约 70% 的网络主管报告因机密信息泄露而受到损失。国家与国家之间的信息战问题更是关系到国家的根本安全问题。信息安全已成为信息社会重要的研究课题。

1.1.2　信息安全的概念

关于信息安全,不同组织有不同的定义,国际标准化组织对信息安全的定义是:"在技术上和管理上为数据处理系统建立的安全保护,保护计算机硬件、软件和数据不因偶然和恶意的原因而遭到破坏、更改和泄露。"信息安全的内涵已从传统的机密性、完整性和可用性三个方面扩展到机密性、完整性、可用性、真实性、可核查性、可靠性等更多领域。各信息安全属性含义如下。

- **机密性**:信息不泄漏给非授权的用户、实体或者过程的特性。
- **完整性**:数据未经授权不能进行改变的特性,即信息在存储或传输过程中保持不被修改、不被破坏和丢失的特性。
- **可用性**:可被授权实体访问并按需求使用的特性,即当需要时应能存取所需的信息。
- **真实性**:内容的真实性。
- **可核查性**:对信息的传播及内容具有控制能力,访问控制即属于可控性。
- **可靠性**:系统可靠性。

信息安全在技术发展和应用过程中,表现出以下重要特点。

(1)必然性。当今的信息系统日益复杂,其中必然存在系统设计、实现、内部控制等方面的弱点。如果不采取适当的措施应对系统运行环境中的安全威胁,信息资产就可能会遭受巨大的损失甚至威胁到国家安全。所以,信息安全已引起许多国家,特别是发达国家的高度重视,它们在这个领域投入了大量的人力、物力、财力,以期提高本国的信息安全水平。

(2)配角特性。信息安全建设在信息系统建设中的角色应该是陪衬,安全不是最终目的,得到安全可靠的应用和服务才是安全建设的最终目的。不能为了安全而安全,安全的应用是先导。

(3)动态性。信息安全威胁会随着技术的发展、周边应用场景的变化等因素而发生变化,新的安全威胁总会不断出现。所以,信息安全建设是一个动态的过程,不能指望一项技术、一款产品或一个方案就能一劳永逸地解决组织的安全问题,信息安全是一个动态、持续的过程,必须能根据风险变化及时调整安全策略。一成不变的静态策略,在信息系统的脆弱性以及威胁技术发生变化时将变得毫无安全作用,因此安全策略以及实现安全策略的安全技术和安全服务,应具有"风险监测——实时响应——策略调整——风险降低"的良性循环能力。

信息时代,信息安全不仅关系信息自身的安全,更是对国家安全具有重大战略价值。

(1)信息安全与政治有关

政治的核心问题是国家政权问题。政治安全的内核是政府运行的有效性。任何国家政府的运行,都是凭借复杂的机制,经由安全的信息交换,实现对社会生活的有效指导、管理和控制。信息安全风险直接影响着政府的有效性,政治安全一刻也离不开信息安全。当今,来自敌对势力从信息空间发动的"政治进攻",主要表现为"网络政治动员"和"信息恐怖主义"两种方式。例如,1999 年 1 月左右,美国黑客组织"美国地下军团"联合了波兰的、英国的黑客组织,和世界上各个国家的一些黑客组织,有组织地对我们国家的政府网站进行了攻击;2010 年,国家互联网应急中心监测发现共近 48 万个木马控制端 IP,其中有 22.1 万个位于境外,前两位分别是美国(占 14.7%)、印度(占 8.0%);共有 13 782 个僵尸网络控制端 IP,有 6 531 个位于境外,前三位分别是美国(占 21.7%)、印度(占 7.2%)和土耳其(占 5.7%)。2013 年由美国人爱德华·约瑟夫·斯诺登曝光美国国家安全局"棱镜计划"秘密监听项目,侵害美国国民甚至包括我国在内的国家机密信息。

虽然敌对势力经网络对我国的"政治进攻"行为,迄今在总体上还是可控的,但这类"政治进攻"已在某种程度上危害到了我国的政治安全。

(2)信息安全与经济犯罪有关

由于信息技术的开放性与经济主体利益的冲突性并存,现实的信息系统存在着安全风险。目前,我国计算机犯罪的增长速度已超过了传统的犯罪:2000 年上半年为 1 420 起,2007 年增长到 2.9 万起,2009 年为 4.8 万起。利用计算机实施金融犯罪已经渗透到我国金融行业的各项业务,近几年已经破获和掌握上百起,涉及金额几亿元。信息或信息化有可能对我国的经济安全水平造成严重的冲击,蕴藏着巨大的风险。确保信息安全有助于规避经济安全风险或最大限度地减少这类风险。

(3)信息安全与社会稳定有关

在高科技和信息化条件下,网络具有传播速度快、信息海量化、交互功能强等特点,不法分子利用互联网散布一些虚假信息、有害信息对社会管理秩序造成的危害,要比现实社会中一个谣言大得多。例如,1999 年 4 月,河南商都热线一个网络论坛,一个说"交通银行郑州支行行长携巨款外逃"的帖子,造成了人民的恐慌,三天十万人上街排队,挤提了十亿元。而针对社会公共信息基础设施的攻击则会严重扰乱社会管理秩序。2011 年 12 月至 2012 年 7 月,网络上游的黑客组团远程入侵政府、大学网站,在被入侵网站添加非法数据;网络下游的各地代理通过互联网出售可通过政府网站查询认证的假证。2015 年 4 月,360 补天平台披露,19 个省份的社保系统相关信息泄露达 5 279.4 万条,其中包括个人身份证、社保参保信息、财务、薪酬、房屋等敏感信息。

1.1.3　信息安全威胁

信息安全威胁就是指某个人、物、时间或概念对信息资源的保密性、完整性、可用性或合法使用所造成的危险。对安全威胁的深入分析,是安全防范的基础。

信息安全威胁源于以下三个方面。

(1)系统的开放性

开放、共享是信息系统的基本目的和优势,但是随着开放规模变大、开放对象的多种多样、开放系统应用环境的不同,简单的开放显然不切实际。相当一部分信息安全威胁由此产生。

(2)系统的复杂性

复杂性是信息技术的基本特点,硬件的规模、软件系统的规模都比一般传统工艺流程大很多,需要投入的人力资源极其庞大。规模庞大本身就意味着存在设计隐患,而设计环境和应用环境的差异更是不可避免地导致设计过程不可能尽善尽美。

(3)人的因素

信息系统最终为人服务,人与人之间的各种差异、人在传统生活中表现出来的威胁行为(诸如各种犯罪行为)是信息安全威胁出现的根本原因,各种计算机犯罪是其有力的表现。

随着信息技术的发展,人们在享受信息技术带来的方便与高效的同时,所面临的信息安全攻击与威胁的形势也更加严峻。以下是信息安全威胁的一些新趋势。

(1)攻击手段的智能化

互联网普及程度还不高的时候,病毒的行为和网络攻击行为的界限很清晰。而现在网络正成为病毒传播的主要途径,病毒与传统网络攻击手段的融合、病毒技术与攻击技术本身的集成可以得到更好的攻击效果;越来越多的攻击技术被封装成一些免费的工具,甚至出现了所谓的"一键式"攻击,攻击的自动化程度和攻击速度越来越高;由于攻击技术的进步,一个攻击者可以容易地利用分布式系统对一个受害者发动破坏性攻击,这种利用分布式网络的间接形式的攻击,使得对目标实施攻击的"攻击者"可能本身也是受害者。

(2)针对基础设施、安全设备的攻击

针对单机实施攻击只能危害该计算机系统自身和运行在该系统上的应用和服务;针对某种服务或应用的攻击,只能影响到该服务和应用的使用。过去,信息安全威胁主要针对单机系统和局部网络系统;如今,针对大面积影响信息系统关键组成部分的基础设施的攻击已成为新的发展趋势,这类攻击所造成的不良影响将波及一个地区或城市的网络系统,甚至可能直接对经济运行造成损失。

安全设备虽然可以加强网络或系统的安全性,但是安全设备本身也具有一般网络服务和系统技术实现的基本特点,比如:包含复杂的系统设计过程;不可能考虑防范所有未知威胁;既需要不断更新和完善,又需要较多的人工参与才能更好地发挥作用等。因此,安全设备本身也会存在各种可能的安全威胁。而且,人们对安全设备具有一定的依赖性,一旦安全设备被黑客突破,造成的损失可能更大。

(3)业务与内容安全威胁

针对具体的应用业务和以信息服务内容为目标的威胁是信息安全又一发展趋势。垃圾邮件问题、广告软件和其他各种反动、色情信息泛滥都是业务与内容安全威胁的新型具体表现。

垃圾邮件中不仅只有垃圾信息,还可能有病毒和恶意代码。蠕虫病毒制造的邮件已经占全球电子邮件通信量的 20%～30%,造成了严重的网络拥塞。广告软件的存在既严重影响人们的正常工作,也会大大增加网络流量,加大网络设备的负荷,影响其他网络服务的质量。

(4)攻击手段与传统犯罪手段的结合

传统的犯罪方式已不同程度在虚拟社会中出现,网络欺诈、网络敲诈、网络泄密等问题已日渐成为新的社会关注焦点。此外,以组织和团队的方式实施网络攻击,利用非技术行为实施网络攻击的情况也经常发生。

(5)攻击组织的战争倾向

近年来某些政治集团开始利用黑客组织发起对重要信息系统的大规模、分布式攻击,煽动民众情绪,凸显出黑客攻击组织的战争化倾向。

1.2　信息安全发展历程

1. 通信安全

在 20 世纪初期,通信技术还不发达,信息交换主要通过电话、电报、传真等手段,面对信息交换过程中存在的安全问题,人们强调的主要是信息的保密性,因此对安全理论和技术的研究只侧重于密码学,将密码技术作为保障通信数据安全的手段。1949 年 Shannon 发表了《保密通信的信息理论》,使保密通信成为科学。20 世纪五六十年代的信息安全可以简单称为通信安全,即 COMSEC(Communication Security),我们称这个时期为"通信保密(COMSEC)"时代。

2．计算机安全

20 世纪 60 年代后，半导体和集成电路技术的飞速发展推动了计算机软硬件的发展，计算机的使用逐渐发展起来，这时人们的关注点转移到信息系统资产（包括硬件、软件、固件和通信、存储和处理的信息）保密性、完整性和可用性的措施和控制上。1977 年美国国家标准局公布了国家数据加密标准（DES），1983 美国国防部公布了可信计算机系统评价准则（TCSEC），标志着 20 世纪七八十年代迎来"计算机安全（COMPSEC）"时代。

3．网络安全

20 世纪 80 年代开始，由于互联网技术的飞速发展，信息无论是对内还是对外都得到很大的开放，网络得到了广泛的应用，导致通过网络出现的信息安全事故层出不穷，于是，在这个时期人们的注意力集中到了"网络安全（NETSEC）"上。

4．信息安全保障

21 世纪互联网技术得到了极大的发展，计算机和网络技术的应用进入了实用化和规模化阶段，产生了更多更复杂的信息安全问题，这时的信息安全不仅包括保密性、完整性和可用性目标，还包括诸如可控性、抗抵赖性、真实性等其他的原则和目标，信息安全也转化为从整体角度考虑其体系建设的信息保障（Information Assurance）阶段。《信息保障技术框架（IATF）》就是由美国国家安全局组织专家编写的一个全面描述信息安全保障体系的框架，它提出了信息保障时代信息基础设施的全套安全需求。

1.3 信息安全技术

1.3.1 密码技术、访问控制和鉴权

虽然当前存在各种信息安全技术，但密码技术仍然是信息安全技术的核心。对称加密算法标准的提出和应用、公钥加密思想的提出是其发展的重要标志。数字签名和各种密码协议则从不同的需求角度将密码技术进行延伸。认证技术包括消息认证和身份鉴别。消息认证的目的是保证通信过程中消息的合法性、有效性。身份鉴别则保证通信双方身份的合法性，这也是网络通信中最基本的安全保证。数字签名技术可以理解为手写签名在信息电子化的替代技术，主要用于保证数据的完整性、有效性和不可抵赖性等，它不但具有手写签名的类似功能，而且还具有比手写签名更高的可靠性。发达国家（比如美国）已为数字签名立法，使其具有很现实的实用价值。密钥共享、零知识证明系统等其他各种密码协议更是将密码技术深深地与网络应用连接在一起。

访问控制的目的是防止对信息资源的非授权访问和非授权使用。它允许用户对其常用的信息库进行一定权限的访问，限制他随意删除、修改或复制信息文件；还可以使系统管理员跟踪用户在网络中的活动，及时发现并拒绝"黑客"的入侵。访问控制采用最小特权原则：即在给用户分配权限时，根据每个用户的任务特点使其获得完成自身任务的最低权限，不给用户赋予其工作范围之外的任何权利。权利控制和存取控制是主机系统必备的安全手段，系统根据正确的认证，赋予某用户适当的操作权利，使其不能进行越权的操作。该机制一般采用角色管理办法，针对不同的用户，系统需要定义各种角色，然后赋予他们不同的执行权利。Kerberos 存取控制是访问控制技术的一个代表，它由数据库、验证服务器和票据授权服务器三部分组成。

其中,数据库包括用户名称、口令和授权进行存取的区域;验证服务器验证要存取的人是否有此资格;票据授权服务器在验证之后发给票据,允许用户进行存取。

鉴权是信息安全的基本机制,通信的双方之间应相互认证对方的身份,以保证赋予正确的操作权利和数据的存取控制。网络也必须认证用户的身份,以保证合法的用户进行正确的操作并进行正确的审计。通常有三种方法验证主体身份:一是只有该主体了解的秘密,如口令、密钥;二是主体携带的物品,如智能卡和令牌卡;三是只有该主体具有的独一无二的特征或能力,如指纹、声音、视网膜或签字等。

1.3.2 物理安全技术

为了保证信息系统安全、可靠地运行,应确保信息系统在信息进行采集、传输、处理、显示、分发和利用的过程中,免遭人为或自然因素的危害,物理安全通过对计算机及网络系统的环境、场地、设备和通信线路等采取的相应安全技术措施,实现对信息系统设备、设施的保护。

(1)环境安全:技术要素包括机房场地选择、机房屏蔽、防火、防雷、防鼠、防盗、防毁、供配电系统、空调系统、综合布线、区域防护等。

(2)设备安全:技术要素包括设备的标志和标记、防止电磁信息泄露、抗电磁干扰、电源保护以及设备振动、碰撞、冲击适应性等方面。此外,还包括媒体安全保管、防盗、防毁、防霉,媒体数据防拷贝、防消磁、防丢失等。

(3)人员安全:人员安全管理的核心是确保有关业务人员的思想素质、职业道德和业务素质,因此,人员安全要加强人员审查和人员安全教育。

1.3.3 网络安全技术

随着因特网在全世界的迅速发展和普及,因特网中出现的信息泄密、数据篡改、服务拒绝等网络安全问题也越来越严重,因此网络安全技术在互联网中的地位愈发重要,主要包括以下几方面。

• 防火墙

防火墙是位于两个信任程度不同的网络之间(如企业内部网络和 Internet 之间)的软件或硬件设备的组合,它对两个网络之间的通信进行控制,通过强制实施统一的安全策略,防止对重要信息资源的非法存取和访问以达到保护系统安全的目的。

• VPN

网络层或网络层以下实现的安全机制对应用有较好的透明性。因此,通常意义下称网络层或网络层以下实现的安全通信协议为虚拟专网技术(VPN,Virtual Private Network)。VPN 技术采用了认证、存取控制、机密性、数据完整性等措施,以保证信息在传输中不被偷看、篡改和复制。由于使用国际互联网进行传输相对于租用专线来说,费用极为低廉,所以 VPN 的出现使企业通过互联网既安全又经济地传输私有的机密信息成为可能。

• 入侵检测/入侵防御

入侵检测系统(IDS,Intrusion Detection Systems)是从计算机网络或计算机系统中的若干关键点搜集信息并对其进行分析,从中发现网络或者系统中是否有违反安全策略的行为和遭到攻击的迹象的一种机制。入侵检测采用旁路侦听的机制,通过对数据包流的分析,可以从数据流中过滤出可疑数据包,通过与已知的入侵方式进行比较,确定入侵是否发生以及入侵的类型并进行报警。网络管理员可以根据这些报警确切地知道所遭到的攻击并采取相应的措施。

和入侵检测相比,入侵防御(IPS,Intrusion Prevent Systems)的目的是为了提供资产、资源、数据和网络的保护。而入侵检测的目的是提供网络活动的监测、审计、证据以及报告。IDS 和 IPS 之间最根本的不同在于确定性,即 IDS 可以使用非确定性的方法从现有的和以前的通信中预测出任何形式的威胁,而 IPS 所有的决策必须是正确的、确定的。

- 安全网关

安全网关是各种安全技术的融合,具有重要且独特的保护作用,其范围从协议级过滤到十分复杂的应用级过滤。早期的网关就是指路由器。现在主要有三种网关,即协议网关、应用网关和安全网关。其中安全网关布置在内部网络和外部网络之间。现在的网关多数都是集成多种功能为一体的集成网关。

统一威胁管理(UTM,Unified Threat Management)是安全网关的典型代表,它通过对各种安全技术的整合,为信息网络提供全面动态的安全防护体系。UTM 主要提供一项或多项安全功能,它将多种安全特性集成于一个硬设备之中,构成一个标准的统一管理平台。

1.3.4　容灾与数据备份

只要发生数据传输、数据存储和数据交换,就可能产生数据故障,如果没有采取数据备份和灾难恢复手段和措施,就会导致数据的丢失。有时造成的损失是无法弥补和无法估量的。灾难恢复主要涉及的技术和方案有数据的复制、备份和恢复,本地高可用性方案和远程集群等。其中,容灾备份是通过在异地建立和维护一个备份存储系统,利用地理上的分离来保证系统和数据对灾难性事件的抵御能力。在建立容灾备份系统时会涉及多种技术,如存储区域网络(SAN,Storage Area Network)或网络附属存储(NAS,Network Attached Storage)技术、远程镜像技术、快照技术、基于 IP 的 SAN 的互连技术等。但是,灾难恢复不仅仅是恢复计算机系统和网络,除了技术层面的问题,还涉及风险分析、业务影响分析、策略制定和实施等方面,灾难恢复是一项系统性、多学科的专业性工作。

1.4　信息安全管理

1.4.1　信息安全管理的概念

信息安全的建设过程是一个系统工程,它需要对信息系统的各个环节进行统一的综合考虑、规划和架构,并需要兼顾组织内外不断发生的变化,任何环节上的安全缺陷都会对系统构成威胁。这点可以借用管理学上的木桶原理加以说明。木桶原理是指:一个木桶由许多木板组成,如果木板的长短不一,那么木桶的最大容量取决于最短的那块木板。这个原理可适用于信息安全。一个组织的信息安全水平将由与信息安全有关的所有环节中最薄弱的环节决定。信息从产生到销毁,其生命周期过程中包括了产生、收集、加工、交换、存储、检索、存档、销毁等多个事件,表现形式和载体会发生各种变化,这些环节中的任何一个都可能影响整体信息安全水平。要实现信息安全目标,一个组织必须使构成安全防范体系的这只"木桶"的所有木板都要达到一定的长度。

由于信息安全是一个多层面、多因素、综合和动态的过程,如果组织凭着一时的需要,想当然制定一些控制措施和引入某些技术产品,都难免存在挂一漏万、顾此失彼的问题,使得信息安全这只"木桶"出现若干"短板",从而无法提高安全水平。正确的做法是遵循国内外相关信息安全标准和最佳实践的过程,考虑到组织信息安全各个层面的实际需求,在风险分析的基础上引入恰当的控制,建立合理的安全管理体系,从而保证组织赖以生存的信息资产的机密性、完整性和可用性;另一方面,这个安全体系还应当随着组织环境的变化、业务发展和信息技术提高而不断改进,不能一劳永逸,一成不变。因此实现信息安全是一个需要完整体系来保证的持续过程。这就是组织需要信息安全管理的基本出发点。

所谓管理,就是针对特定对象、遵循确定原则、按照规定程序、运用恰当方法、为了完成某项任务以及实现既定目标而进行的计划、组织、指导、协调和控制等活动。对现代企业和组织来说,管理对其正常业务运行无疑起着举足轻重的作用。

信息安全管理是组织为实现信息安全目标而进行的管理活动,是组织完整的管理体系中的一个重要组成部分,是为保护信息资产安全,指导和控制组织的关于信息安全风险的相互协调的活动。信息安全管理是通过维护信息的机密性、完整性和可用性等,来管理和保护组织所有信息资产的一系列活动。

信息安全管理不仅是安全管理部门的事务,而是整个组织必须共同面对的问题,涉及组织安全策略及安全管理制度、人员管理、业务流程、物理安全、操作安全等多个方面。从人员上看,信息安全管理涉及全体员工,包括各级管理人员、技术人员、操作人员等;从业务上看,信息安全管理贯穿所有与信息及其处理设施有关的业务流程当中。

1.4.2　信息安全管理的主要内容

信息安全管理从信息系统的安全需求出发,结合组织的信息系统建设情况,引入适当的技术控制措施和管理体系,形成了综合的信息安全管理架构。如图1-1所示。

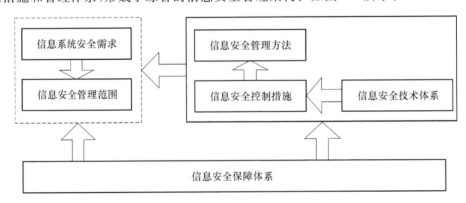

图1-1　信息安全管理的主要内容

信息安全需求是信息安全的出发点,它包括机密性需求、完整性需求、可用性需求、抗抵赖性需求、真实性需求、可控性需求和可靠性需求等。信息安全管理范围是由信息系统安全需求决定的具体信息安全控制点,对这些实施适当的控制措施可确保组织相应环节的信息安全,从而确保组织整体的信息安全水平。信息安全控制措施是指为改善具体信息安全问题而设置技术或管理手段,信息安全控制措施是信息安全管理的基础。

BS7799给出了一个具体的信息安全管理范围的划分方法,它将信息安全的管理范围分为十大管理方面、36个管理目标和127项控制措施指南。十大管理方面分别是:信息安全方针策略、组织安全、资产分类与控制、人员安全、物理与环境安全、通信与运维安全、访问控制、系统开发和维护、业务连续性管理、符合法律法规要求等。127项控制措施涵盖目前可能的信息安全技术手段和管理手段,信息安全技术体系是信息安全控制措施的主要方面。

对一个特定的组织或信息系统,选择和实施控制措施的方法就是信息安全管理方法,信息安全管理的方法多种多样,信息安全风险评估是其中的主流。除此之外,信息安全事件管理、信息安全测评认证、信息安全工程管理也从不同侧面对信息安全的安全性进行管理。

信息安全保障体系则是保障信息安全管理各环节、各对象正常运作的基础,其中包括信息安全法律法规、信息安全标准体系、信息安全基础设施、信息安全产业和信息安全教育体系等方面。

1.4.3 信息安全管理体系

信息安全管理体系(ISMS,Information Security Management System)是基于业务风险方法,来建立、实施、运行、监视、评审、保持和改进信息安全的一套管理体系,是整个管理体系的一部分,管理体系包括组织结构、方针策略、规划活动、职责、实践、程序、过程和资源。

ISMS概念的提出源于BS7799-2,也就是后来的ISO/IEC 27001。ISO/IEC 27001提出了在组织整体业务活动和所面临风险的环境下建立、实施、运行、监视、评审、保持和改进ISMS的PDCA(plan-do-check-act)模型,对PDCA模型的每个阶段的任务及注意事项、ISMS的文件要求、管理职责做了较为详细的说明,并对内部ISMS审核、ISMS管理评审、ISMS改进也分别做了说明。ISMS的PDCA持续改进过程如图1-2所示。

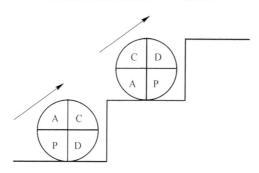

图 1-2 持续改进的 PDCA 图

图 1-2 中 PDCA 含义分别如下。

(1) P(plan):计划,确定方针和目标,确定活动计划。

(2) D(do):实施,实现计划中的内容。

(3) C(check):检查,总结执行计划的结果,注意效果,找出问题。

(4) A(act):处理总结结果,成功的经验加以肯定、推广和标准化;失败的教训加以总结,避免重现;未解决的问题进入下一循环。

目前在世界各国广泛推广的信息安全管理体系认证就是指ISO/IEC 27001认证,对组织来说,通过ISO/IEC 27001认证,符合ISO/IEC 27001标准并且获得相应证书,其本身并不能证明组织达到了100%的安全,除非停止所有的组织活动。但不管怎么说,作为一个全球公认的信息安全管理标准,ISO/IEC 27001能给组织带来的将是由里到外全面的价值提升,如理顺安全管理职责、提高组织信誉、提高安全意识、保证核心业务的连续性、减少风险等。

1.4.4　信息安全管理标准

信息安全管理标准是信息安全保障体系的重要组成部分,是政府进行宏观管理的重要手段。

1. 信息安全标准化组织

国际上的信息安全标准化组织有以下几个。

ISO(International Organization for Standardization,国际标准化组织),是由国家标准化机构组成的世界范围的联合会,其技术活动是制定并出版国际标准(International Standards),工作涉及包括电工标准在内的各个技术领域的标准化活动。ISO 15408 和 ISO 27000 系列皆是由该子委员会发布或制定的。

IEC(International Electrotechnical Commission,国际电工委员会),其任务覆盖了包括电子、电磁、电工、电气、电信、能源生产和分配等所有电工技术的标准化。此外在上述领域中的一些通用基础工作方面,IEC 也制定了相应的国际标准。

ITU(International Telecommunication Union,国际电信联盟)是联合国的一个专门机构,实质性工作由国际电信联盟标准化部门(ITU-T)、国际电信联盟无线电通信部门和国际电信联盟电信发展部门三大部门承担。ITU 制定的典型标准如:消息处理系统(MHS)、目录系统、X.400 系列、X.500 系列、安全框架、安全模型、X.509 标准。

IETF(Internet Engineering Task Force,Internet 工程任务组),又叫互联网工程任务组,是全球互联网最具权威的技术标准化组织,主要任务是负责互联网相关技术规范的研发和制定,当前绝大多数国际互联网技术标准出自 IETF,目前已制定 170 多个 RFC(Request for Comments),包括 IP 安全协议 IPSec、公钥基础设施、安全 Shell 等。

ECMA(European Computer Manufacturers Association,欧洲计算机制造商协会),主要任务是研究信息和通信技术方面的标准并发布有关技术报告,由主流厂商组成,曾定义了开放系统应用层安全结构。

外国的信息安全标准化组织有以下几个。

美国 ANSI(American National Standards Institute,美国国家标准学会),它们协商与标准有关的活动,审议美国国家标准,是 IEC 和 ISO 的成员之一,制定了很多数据加密、银行业务安全和 EDI 安全方面的标准,这些标准中有的已成为国际标准。

美国 NIST(National Institute of Standards and Technology,美国国家标准技术研究院)是属于美国商业部的技术管理部门,负责联邦政府非密敏感信息的处理。其工作以 NIST 出版物(FIPSPUB)和 NIST 特别出版物(SPECPUB)等形式发布,如"FIPS-197 for Advanced Encryption Standard (AES)"和"NIST Special Publication 800"系列。

美国 DOD(Department of Defense,美国国防部)负责联邦政府涉密信息的处理,发布了许多关于信息安全和自动信息系统安全的指令、指示和标准(DODDI),如著名的"彩虹系列",TCSEC 标准就属于该系列标准之一。

英国 BSI(Britain Standard Institute,英标准协会)制定和修订英国标准,并制定欧洲标准和国际标准。著名的 BS7799 标准就由该组织制定。此外,加拿大、日本、韩国等发达国家也成立了自己的信息安全标准化组织,制定或转化了一些比较有影响力的标准。

　　虽然国际上已有很多标准化组织制定了许多的标准,但是信息安全标准事关国家安全利益,需要通过自己国家的组织和专家制定出可以信任、切合国情的标准来保护民族的利益。为此,我国也建立了信息安全标准化组织:全国信息安全标准化技术委员会。它是全国信息安全标准化工作顶层组织,简称"全国安标委",标准委员会的标号是 TC260。它的工作任务是向国家标准化管理委员会提出信息安全标准化工作的方针、政策建议和技术措施的建议,其下包括七个工作组。国内其他信息安全标准管理机构包括:国家保密局,负责管理、发布并强制执行国家保密标准,国家保密标准和国家保密法规共同构成我国保密管理的重要基础;公安部信息系统安全标准化技术委员会,负责规划和制定我国公共安全行业信息安全标准和技术规范,监督技术标准的实施;中国通信标准化协会网络与信息安全技术工作委员会,专门组织、研究和制定通信行业网络与信息安全相关的技术标准和技术规范。

　　2. 信息安全标准概述

　　(1) 信息安全基础标准

　　信息安全标准中有一类可以划归为信息安全基础标准,涉及词汇、安全体系结构、安全框架、安全模型四个方面,具体内容如表 1-1 所示。

表 1-1　信息安全基础标准

词汇	安全体系结构	安全框架	安全模型
GB/T 5271.8—2000 信息技术 词汇 第 8 部分:安全	GB/T 9387.2—1995 开发系统互连 基本参考模型 第 2 部分:安全体系结构	ISO/IEC 10181-1~7 开放系统的安全框架	GB/T 17965 高层安全模型
			GB/T 18231 低层安全模型
		ISO/IEC 15443-1 IT 安全保障框架 IATF 信息保障技术框架	ISO/IEC 11586-1~6 通用高层安全
			网络层安全
GJB 2256—1994 军用计算机安全术语	RFC 2401 因特网安全体系结构	ISO/IEC 7498-4 管理框架	传输层安全

　　(2) 信息技术安全评估标准

　　信息安全标准中还有一类十分重要的标准——信息技术安全评估标准。信息技术安全评估标准的发展如图 1-3 所示。

　　图 1-3 所示的标准中,可信计算机安全评估准则(TCSEC)首先提出了分等级保护的思想,是信息安全评估标准的先驱。加拿大 CTCPEC、美国联邦准则 FC、欧洲标准 ITSEC 进一步继承并发展了 TCSEC。1999 年,我国制定了等级保护划分准则 GB 17859,等同采用了 TCSEC 中 C1~B3 级的要求,是我国信息安全等级保护制度的基础。

　　1996 年,六国七方集中他们的成果颁布了评估通用准则 CC 1.0 版,该标准经过修改和讨论最终被 ISO 采纳成为国际标准 ISO/IEC 15408,对应 CC 2.1 版。2001 年我国将其作为国家标准 GB/T 18336 正式颁布。

　　TCSEC 标准和我国信息安全等级保护标准体系将在本书第七章中进行详细介绍。CC 通用准则是目前最全面的信息技术安全评估准则,将在第七章中进行介绍。

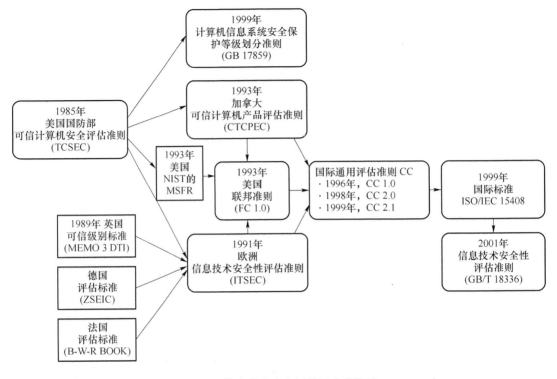

图 1-3　信息技术安全评估标准的发展

（3）信息安全管理标准

目前信息安全管理标准在国外、国际、国内的构成情况如图 1-4 所示。国外的国家标准中，主要有英国 BSI 的 BS7799 标准和美国 NIST 800 系列。在信息系统审计领域主要有 CO-BIT 标准；在 IT 服务管理领域主要有 ITIL 标准。国际上，由 ISO/IEC 公布的标准主要有 ISO/IEC 27000 系列和 ISO/IEC 13335 标准。在我国，中国信息安全产品测评认证中心将一部分国外、国际标准吸收和转换，使其构成了我国信息系统安全保障框架管理保障部分。

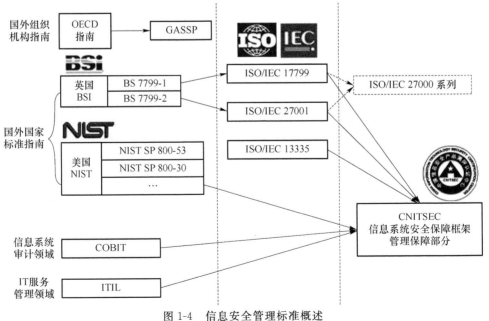

图 1-4　信息安全管理标准概述

ISO/IEC JTC1/SC27.WG1 是制定和修订信息安全管理体系(ISMS)标准的国际组织,我国是该组织的成员国。ISO/IEC JTC1/SC27 成立时设有三个工作组。2006 年 5 月 8 日至 17日在西班牙马德里举行的 SC27 第 32 届工作组会议和第 18 届全体会议上,将原来 3 个工作组调整为现在的 5 个工作组,专门将 WG1 作为 ISMS 标准的工作组,负责开发 ISMS 相关的标准与指南,充分体现了 ISMS 的发展在全球范围内受到高度重视。

3. ISO/IEC 27000 系列国际标准

ISO/IEC 27000 系列标准是 ISMS 中最重要的标准体系,是国际标准化组织专门为 ISMS预留下来的系列相关国际标准的总称。该系列标准的序号已经预留到 27059。ISO/IEC27001 和 ISO/IEC 27002 是 ISMS 的核心标准。27000 标准族的组成如图 1-5 所示。

目前,该标准系列中共有 22 个标准批准发布,另有一部分仍然在制定中。基本可以分为四个部分。

第一部分是要求和支持性指南,包括 ISO/IEC 27000 到 ISO/IEC 27005;第二部分是有关认证认可和审核的指南,包括 ISO/IEC 27006 到 ISO/IEC 27008;第三部分是面向专门行业的信息安全管理要求,如金融、电信或专门应用于某个具体安全域,如数字证据、业务连续性方面;第四部分是由 ISO 技术委员会 TC215 单独制定的(不是和 IEC 共同制定的)应用于健康行业的 ISO 27799。

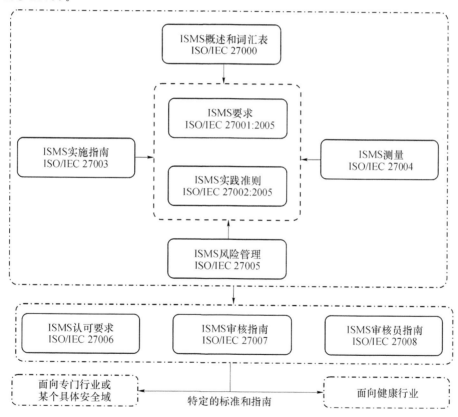

图 1-5 ISO/IEC 27000 标准族

(1) ISO/IEC 27001:2005《信息技术—安全技术—信息安全管理体系—要求》(Information Technology — Security Techniques — Information Security Management Systems — Requirements)是建立 ISMS 的一套需求规范,其中详细说明了建立、实施和维护信息安全管理

体系的要求,指出实施机构应该遵循的风险评估标准,当然,如果要得到最终的认证(对依据 ISO/IEC 27001:2005 建立的 ISMS 进行认证),还需一系列相应的注册认证过程。作为一套管理标准,ISO/IEC 27001:2005 指导相关人员去应用 ISO/IEC 27002,其最终目的还在于建立适合组织需要的 ISMS。

(2) ISO/IEC 27002:2005《信息技术—安全技术—信息安全管理实施细则》(Information Technology—Security Techniques—Code of Practice for Information Security Management)对组织实施信息安全管理提供建议,供一个组织中负责信息安全工作的人员使用。该标准适用于任何类型、任何规模的组织,对于标准中提出的任何一项具体的信息安全控制措施,组织应考虑我国的法律法规以及组织的实际情况来选择使用。

标准从什么是信息安全,为什么需要信息安全,如何建立安全要求,选择控制等问题入手,循序渐进,引出了信息安全管理的 11 个方面,在这 11 个方面中提出了 39 个信息安全控制目标和 133 个控制措施。每一个具体控制措施,标准还给出了详细的实施方面的信息,以方便标准的用户使用。参照标准,可以开发组织自己的信息安全准则和有效的安全管理方法,并提供不同组织间的信任。

4. 信息安全测评标准

(1) 美国可信计算机安全评估准则(TCSEC)

TCSEC 是由美国国家计算安全中心(NCSC)于 1983 年制定的计算机系统安全等级划分的基本准则,又称桔皮书。将计算机操作系统的安全从高到低分为四级(A、B、C、D),级下再细分为八小级(A1、B3、B2、B1、C2、C1、D),分别为:

```
超 A1——最高保护级

A1——验证设计保护级 Verified Design

B3——安全区域保护级 Security Domain

B2——结构化保护级 Structured Protection          高保证系统

B1——有标识的安全保护级 Labeled Security Protection

C2——访问控制保护级 Controlled Access Protection

C1——自主安全保护级 Discretionary Security Protection   低保证系统

D——最小保护级 Minimal Protection
```

(2) 国际通用准则(CC)

随着经济全球化和以 Internet 为代表的全球网络化、信息化的发展,大量信息技术产品(包括安全产品)进入国际市场。由于国际 IT 市场的发展,需要标准化的信息安全评估结果在一定程度上可以互相认可,以减少各国在此方面的一些不必要开支,从而推动全球信息化的发展。国际标准化组织(ISO)从 1990 年开始着手编写通用的国际标准评估准则。1999 年 6 月,ISO 接纳 CC 2.0 版作为 ISO/IEC 15408 草案。在广泛征求意见并进行了一定的修改后于 1999 年 12 月正式作为国际标准颁布,对应的 CC 版本为 2.1 版。在通用准则 CC 中充分突出"保护轮廓",将评估过程分为"功能"和"保证"两个部分。

CC 是目前最全面的信息技术安全评估准则,定义了作为评估信息技术产品和系统安全性的基础准则,提出了目前国际上公认的表述信息技术安全性的结构,即把安全要求分为规范产品和系统安全行为的功能要求以及解决如何正确有效地实施这些功能的保证要求。功能和保证要求又以"类—子类—组件"的结构表述,组件作为安全要求的最小构件块,可以用于"保护轮廓""安全目标"和"包"的构建。另外,功能组件还是连接 CC 与传统安全机制和服务的桥梁,以及解决 CC 同已有准则的协调关系,如功能组件构成 TCSEC 的各级要求。

1997 年,我国开始组织有关单位跟踪 CC 发展,并对 CC 1.0 版进行大量研究。在 CC 成为国际标准后,我国即着手制定对应的国家标准,并于 2000 年年底完成全部起草工作行程报批稿,2001 年 3 月 8 日,国家质量技术监督局将其作为国家标准 GB/T 18336 正式颁布,2001年 12 月 1 日正式实施。

1.5 信息安全发展趋势

信息安全是现代信息系统发展应用带来的新问题,它的解决也需要现代高新技术的支撑。

1. 新安全技术出现

网络应用和普及引发的技术和应用模式的变革推动着已成型的信息安全关键技术的进一步创新,并诱发新技术和应用模式的出现。如可信计算、网格计算、虚拟机以及软件安全扫描等。

2. 集成化的安全工具

在集成化方面,将从单一功能的信息安全技术与产品向多种功能的或融于某一信息产品的信息安全技术与产品的方向发展。如防火墙加防病毒功能、防火墙加 VPN、防火墙加 IDS,以及安全网关、主机安全防护系统及网络监控系统等。

3. 针对性的安全工具

针对某些影响范围大、危害严重的少数类别的威胁,专用工具必不可少。如专门针对DDoS 攻击的防范系统、专门解决安全认证的 AAA 认证系统、专门解决不同应用一致性的单点登录系统、内网非法外联系统等以及为存储、携带数据或内外网之间的信息交互提供安全、便捷的安全 U 盘。

4. 管理类的安全工具

基于管理思想的安全工具是落实信息安全管理的具体手段,也是安全技术发展的大趋势。管理类工具有安全管理平台、统一威胁管理工具和日志分析系统。

5. 信息安全管理手段

信息安全攻击威胁的发展趋势使得解决信息安全问题对技术和经验的要求越来越高。建立或培养更加精干和高水平的安全管理人员是自然的考虑,但是这样实施的代价往往会很高,不是一般的企事业单位所能解决的。将信息系统的安全加固需求委托给专业从事信息安全服务的公司或团队去做,日渐成为一种有效的方法,这就是信息安全服务。信息安全服务的概念实际是信息安全设计动态性的延伸,也是信息安全产业分工的进一步发展。作为一种技术,信息安全服务也需要工具和规范的支持。对信息系统进行定期的风险评估,通过各种补丁工具对网络系统进行安全加固,为用户提供有效的安全管理方案是信息安全服务的基本手段。对信息系统建设方案的安全评估、对人员的安全培训也是信息安全服务的重要内容。

1.6 本书内容安排

第一章为绪论。本章主要对信息安全管理的基本概念、主要内容、技术体系、方法、保障体系等内容进行了概要地阐述。绪论是本书的内容铺垫,后面各章基本围绕绪论中所列出的信息安全管理的主要内容展开。具体安排如下。

第二章为信息安全风险评估。风险评估能够对组织的管控进行进一步的评判与改进。本章依据 PDCA 循环的四个阶段对信息安全风险评估的概念、策略、流程以及方法进行详细阐述,并通过简单案例说明风险评估过程。

第三章为系统与网络安全。本章主要介绍了系统与网络安全存在的问题及其防范措施。首先详细分析 TCP/IP 原理,并在此基础上列举了常见的 TCP/IP 安全漏洞;分析了有害程序的作用机理,给出了有害程序防范的基本技术。最后,针对网络与终端所存在的安全问题,给出了常见的网络安全和终端安全解决方案。

第四章为物理安全。本章系统地讲述了物理安全的内涵、产生的根源、物理安全策略以及相关的法律法规。结合物理安全的需求,具体介绍了设备安全、环境安全以及人员安全的基本内容。

第五章为建设与运维安全。信息系统建设与运维在资产方面包括信息资产的管理以及提供的信息服务管理。在建设与运维管理过程中,为了防患于未然以及及时发现安全事件,建立安全事件监控与安全事件响应机制进行处理。同时为了进一步进行安全控制,信息系统安全审计作为控制措施,可以发现系统的缺陷以及外来的入侵从而达到保护信息系统安全的目的。本章对信息系统资产管理、服务管理、安全事件监控与响应,以及安全审计的基本概念、关键技术和相关标准进行了深入探讨。

第六章为灾难恢复与业务连续性。本章将首先介绍与灾难恢复密切相关的备份技术,然后结合国标 GB/T 20988—2007《信息安全技术 信息系统灾难恢复规范》给出灾难恢复的具体内容。最后,从业务连续性的全局考虑,讲述了如何构建业务连续性管理体系。

第七章为分级保护。本章系统地讲述了分级保护的意义以及具体实现措施。出于分级保护的思想,介绍了信息系统安全的国际标准。在这些标准的基础上,我国制定了信息安全等级保护制度对信息系统实行保护与控制,讲述了等级保护制度的内容与实施。

第八章为云计算安全。本章介绍了云计算的概念、架构及相关标准,通过对当前云计算特性的分析,探讨当前云计算安全面临的问题与解决措施,以及结合国家标准的应对策略。

习　题

1. 什么是信息安全管理?为什么需要信息安全管理?
2. 系统列举常用的信息安全技术。
3. 信息安全管理的主要内容有哪些?
4. 什么是信息安全保障体系?它包含哪些内容?
5. 信息安全法规对信息安全管理工作意义何在?

第 2 章

信息安全风险评估

信息安全风险评估是信息安全管理的基本手段,也是信息安全管理的核心内容。本章从企业合规出发,对内控安全及管理进行分析,引出风险评估的方法,对信息安全风险评估的概念、策略、流程以及方法进行详细阐述。

2.1 企业合规风险

围绕企业运作、管理不断改善的初衷,企业建立相应的风险系统,通过建立和管理规划来确保企业运作遵从策略、流程、规划、法律、法规,等等。企业合规是指企业的经营行为应符合和遵从相关法律规范。经营合规的风险就是分析企业在合规方面是否符合法律要求,包括安全策略和技术合规性的检查、系统审查等相关事项。

但是在这个过程中,企业的管理者也意识到,仍有些事情不会完全按照计划进行。一般地,企业风险管理与内部控制的工作中,60%在业务管理控制上,而40%在IT控制上。因此,在合规管理方面也要求企业必须落实到对IT的有效管理上来。

2.1.1 从企业合规风险看 IT 管理风险

美国萨班斯法案(SOX)的产生源自于上市公司操作的不规范和公司丑闻的披露,它要求上市公司针对产生财务交易的所有作业流程,都做到能见度、透明度、控制、通信、风险管理和欺诈防范,且这些流程必须详细记录到可追查交易源头的地步。因此,SOX法案明确提出了所有上市公司都必须加强和建立有效的内部控制框架,以确保上市公司遵守证券法律和提高公司披露信息的准确性和可靠性。

遵从SOX法案,要求上市公司的高管和业务、管理、技术等各个部门都要积极应对。此外,由于公司内部的财务流程是由IT系统驱动,IT和财务关联紧密,财务信息操作上的任何漏洞,都可能被IT系统出卖。因此SOX法案涉及所有影响财务报表生成的其他业务部门中,影响较大的是IT部门。故IT需要加强控制以达到SOX法案的合规要求。因此,上市公司在建立《萨班斯-奥克斯利法案》要求的企业风险管理与内部控制的工作中,60%在财务控制上,而40%是在IT控制上的。所以,SOX法案在合规方面也要求企业必须落实到对IT的有效管理控制上来。

2008年6月,我国财政部、证监会、银监会、保监会及审计署联合发布了被称为"中国版萨班斯法案"的《企业内部控制基本规范》。该规范第三十七条规定:"企业应当建立重大风险预警机制和突发事件应急处理机制,明确风险预警标准,对可能发生的重大风险或突发事件,制定应急预案、明确责任人员、规范处置程序,确保突发事件得到及时妥善处理。"虽然,我国的

《企业内部控制基本规范》要求企业实现的内控是以战略为导向的全面内控,但该规范包括的范围相当广泛。由于所有的业务都可能产生数据,而如何确保数据的及时收集、准确与完整性都离不开 IT 系统的支撑。因此,如何把 IT 内控与企业内控管理统一起来,是合乎《企业内部控制基本规范》的一个关键点。也就是说,在内控合规方面,IT 就是一个最佳的突破口。

在合规问题上,IT 部门将渐渐承担主角,成为保证财务报告内部控制有效性的基础。

2.1.2 安全合规性管理

SOX 法案对 IT 内控合规管理要求主要有两个方面:一方面是 IT 应用控制(IT Application Control),对业务流程所依赖的 IT 系统进行某些控制,其中特别是针对支持财务报告的特定 IT 应用。另一方面是 IT 一般控制(IT Generally Control),对于支撑公司运作的 IT 基础技术架构平台进行有效管理控制。其中主要是针对基本的 IT 基础设施控制,包括物理和逻辑网络安全、数据库管理、系统开发、变更控制、灾难恢复等,并由 IT 部门全程参与公司 SOX 法案合规管理项目。

而随着信息安全设施的逐渐完善,企业对安全管理提出了更高的要求。企业从单纯采购安全产品或安全集成项目演化到一体化的集中信息安全管理的趋势日益明显,将安全管理、系统管理、存储管理与合规政策融为一体形成企业信息安全管理框架是当今企业管理的发展趋势。

2.2 信息安全风险评估

2.1 节我们讨论了企业合规性方面对于 IT 的合规管理。然而,在管控下,仍有些事情不会完全按照计划进行。在成熟的组织内,对于发生了什么错误以及错误发生原因的了解,为组织提供了完善运作与管理计划的机会,这就是从风险管理的角度进行评估。信息安全风险评估从风险管理角度,运用科学的方法和手段,系统地分析信息系统所面临的威胁及其存在的脆弱性,评估安全事件一旦发生可能造成的危害程度,提出有针对性地抵御威胁的防护对策和整改措施,并为防范和化解信息安全风险,或者将风险控制在可接受的水平,从而最大限度地保护信息系统。

目前我国正在通过不断提高企业信息系统管理与控制,建立标准、有效的风险评估过程。参照 SOX,结合 ISO 27001、ISO 20000、COBIT 等标准与我国企业信息化现状,加强信息安全风险评估及管理,使其流程更加科学、规范和有效,促进我国信息安全保障体系的建立。

2.2.1 信息安全风险评估相关要素

信息安全风险评估的对象是信息系统,信息系统的资产、信息系统可能面对的威胁、系统中存在的弱点(脆弱点)、系统中已有的安全措施等是影响信息安全风险的基本要素,它们和安全风险、安全风险对业务的影响以及系统安全需求等构成信息安全风险评估的要素。

1. 资产

根据 ISO/IEC 13335-1,资产是指任何对组织有价值的东西,资产包括:

(1) 物理资产(如计算机硬件、通信设施、建筑物);

(2) 信息/数据(如文件、数据库);

（3）软件；

（4）提供产品和服务的能力；

（5）人员；

（6）无形资产（如信誉、形象）。

我国的《信息安全风险评估指南》则认为，资产是指对组织具有价值的信息资源，是安全策略保护的对象。它能够以多种形式存在，有无形的、有形的，有硬件、软件，有文档、代码，也有服务、形象等。根据资产的表现形式，可将资产分为数据、软件、硬件、文档、服务、人员等类别，如表 2-1 所示。

表 2-1　一种基于表现形式的资产分类方法

分类	示例
数据	存在信息媒介上的各种数据资料，包括源代码、数据库数据、系统文档、运行管理规程、计划、报告、用户手册等
软件	系统软件：操作系统、语言包、工具软件、各种库等； 应用软件：外部购买的应用软件，外包开发的应用软件等； 源程序：各种共享源代码、可执行程序、自行或合作开发的各种程序等
硬件	网络设备：路由器、网关、交换机等； 计算机设备：大型机、服务器、工作站、台式计算机、移动计算机等； 存储设备：磁带机、磁盘阵列等； 移动存储设备：磁带、光盘、软盘、U 盘、移动硬盘等； 传输线路：光纤、双绞线等； 保障设备：动力保障设备（UPS、变电设备等）、空调、保险柜、文件柜、门禁、消防设施等； 安全保障设备：防火墙、入侵检测系统、身份验证等； 其他电子设备：打印机、复印机、扫描仪、传真机等
服务	办公服务：为提高效率而开发的管理信息系统（MIS），包括各种内部配置管理、文件流转管理等服务； 网络服务：各种网络设备、设施提供的网络连接服务； 信息服务：对外依赖该系统开展服务而取得业务收入的服务
文档	纸质的各种文件、传真、电报、财务报告、发展计划等
人员	掌握重要信息和核心业务的人员，如主机维护主管、网络维护主管及应用项目经理及网络研发人员等
其他	企业形象、客户关系等

2．威胁

威胁是可能对资产或组织造成损害的潜在原因。威胁有潜力导致不期望发生的事件发生，该事件可能对系统或组织及其资产造成损害。这些损害可能是蓄意的对信息系统和服务所处理信息的直接或间接攻击，也可能是偶发事件。

根据威胁源的不同，威胁可分为：自然威胁、环境威胁、系统威胁、人员威胁。它们都有不同的表现形式。自然威胁主要指自然界的不可抗力导致的威胁，环境威胁指信息系统运行环境中出现的重大灾害或事故所带来的威胁，系统威胁指系统软硬件故障所引发的威胁，人员威胁包含内部人员与外部人员，由于内部人员熟悉系统的运行规则，内部人员的威胁更为严重。表 2-2 给出了需识别的威胁源以及其威胁的表现形式。

表 2-2　威胁源及表现形式

威胁源	常见表现形式
自然威胁	地震、飓风、火山、洪水、海啸、泥石流、暴风雪、雪崩、雷电、其他
环境威胁	火灾、战争、重大疫情、恐怖主义、供电故障、供水故障、其他公共设施中断、危险物质泄漏、重大事故(如交通工具碰撞等)、污染、温度或湿度、其他
系统威胁	网络故障、硬件故障、软件故障、恶意代码、存储介质的老化、其他
外部人员	网络窃听、拒绝服务攻击、用户身份仿冒、系统入侵、盗窃、物理破坏、信息篡改、泄密、抵赖、其他
内部人员	未经授权信息发布、未经授权的信息读写、抵赖、电子攻击(如利用系统漏洞提升权限)、物理破坏(系统或存储介质损坏)、盗窃、越权或滥用、误操作

另一方面,根据威胁的动机,人员威胁又可分为恶意和无意两种,但无论是无意行为还是恶意行为,都可能对信息系统构成严重的损害,两者都应该予以重视。

3. 脆弱点

脆弱点是一个或一组资产所具有的,可能被威胁利用对资产造成损害的薄弱环节。如操作系统存在漏洞、数据库的访问没有访问控制机制、系统机房任何人都可进入,等等。

脆弱点是资产本身存在的,如果没有相应的威胁出现,单纯的脆弱点本身不会对资产造成损害。另一方面如果系统足够强健,再严重的威胁也不会导致安全事件,并造成损失。即威胁总是要利用资产的弱点才可能造成危害。

资产的脆弱点具有隐蔽性,有些弱点只有在一定条件和环境下才能显现,这是脆弱点识别中最为困难的部分。需要注意的是,不正确的、起不到应有作用的或没有正确实施的安全措施本身就可能是一个脆弱点。

脆弱点主要表现在技术和管理两个方面,技术脆弱点是指信息系统在设计、实现、运行时在技术方面存在的缺陷或弱点;管理脆弱点则是指组织管理制度、流程等方面存在的缺陷或不足。如未安装杀毒软件或病毒库未及时升级、操作系统或其他应用软件存在拒绝服务攻击漏洞、数据完整性保护不够完善、数据库访问控制机制不严格都属于技术脆弱点;而系统机房钥匙管理不严、人员职责不清、未及时注销离职人员对信息系统的访问权限等都属于管理脆弱点。

4. 风险

本书中的风险指信息安全风险。根据 ISO/IEC 13335-1,信息安全风险是指威胁利用一个或一组资产的脆弱点导致组织可能遭受的潜在损失,并以威胁利用脆弱点造成的一系列不期望发生的事件(或称为安全事件)来体现。资产、威胁、脆弱点是信息安全风险的基本要素,是信息安全风险存在的基本条件,缺一不可。没有资产,威胁就没有攻击或损害的对象;没有威胁,尽管资产很有价值,脆弱点很严重,安全事件也不会发生;系统没有脆弱点,威胁就没有可利用的环节,安全事件也不会发生。

根据以上分析,风险可以形式化地表示为:$R=(A,T,V)$,其中 R 表示风险、A 表示资产、T 表示威胁、V 表示脆弱点。

5. 影响

影响是威胁利用资产的脆弱点导致不期望发生事件的后果。这些后果可能表现为直接形式,如物理介质或设备的破坏、人员的损伤、直接的资金损失等;也可能表现为间接的损失,如公司信用、形象受损,市场份额损失,法律责任等。在信息安全领域,直接的损失往往容易估计且损失较小,间接的损失难以估计且常常比直接损失更为严重。如某公司信息系统中一路由器因雷击而破坏,其直接的损失表现为路由器本身的价值、修复所需的人力物力等;而间接损失则较为复杂,由于路由器不能正常工作,信息系统不能提供正常的服务,导致公司业务量的损失、企业形象的损失等,若该路由器为金融、电力、军事等重要部门提供服务,其间接损失更为巨大。

6. 安全措施

安全措施是指为保护资产、抵御威胁、减少脆弱点、限制不期望发生事件的影响、加速不期望发生事件的检测及响应而采取的各种实践、规程和机制的总称。有效的安全通常要求不同安全措施的结合以为资产提供多级的安全。例如,应用于计算机的访问控制机制应被审计控制、人员管理、培训和物理安全所支持。某些安全措施已作为环境或资产固有的一部分而存在,或已经存在于系统或组织中。

安全措施可能实现一个或多个下列功能:保护、震慑、检测、限制、纠正、恢复、监视、安全意识等。不同功能的安全措施需要不同的成本,同时能够实现多个功能的安全措施通常具有更高的成本有效性。安全措施的实施领域包括:物理环境、技术领域、人员、管理等。可用的安全措施包括:访问控制机制、防病毒软件、加密机制、数字签名、防火墙、监视与分析工具、冗余电力供应、信息备份等。

7. 安全需求

安全需求是指为保证组织业务战略的正常运作而在安全措施方面提出的要求。通过风险评估,发现组织面临的安全风险及其可能对组织带来的损失,为降低风险,需采取相应的安全措施。这些安全需求可体现在技术、组织管理等多个方面。如关键数据或系统的机密性、可用性、完整性需求,法律法规的符合性需求,人员安全意识培训需求,信息系统运行实时监控的需求等。

2.2.2　信息安全风险评估

信息安全风险评估的基本思路是在信息安全事件发生之前,通过有效的手段对组织面临的信息安全风险进行识别、分析,并在此基础上选取相应的安全措施,将组织面临的信息安全风险控制在可接受范围内,以此达到保护信息系统安全的目的。

信息安全风险评估是指依据有关信息安全技术与管理标准,对信息系统及由其处理、传输和存储的信息的机密性、完整性和可用性等安全属性进行评价的过程。它要评估资产面临的威胁以及威胁利用脆弱点导致安全事件的可能性,并结合安全事件所涉及的资产价值来判断安全事件一旦发生对组织造成的影响。狭义的风险评估包括:评估前准备、资产识别与评估、威胁识别与评估、脆弱点识别与评估、当前安全措施的识别与评估、风险分析以及根据风险评估的结果选取适当的安全措施以降低风险的过程。

2.2.3　风险要素相互间的关系

资产、威胁、脆弱点是信息安全风险的基本要素,是信息安全风险存在的基本条件,缺一不可。除此之外,与信息安全风险有关的要素还包括:安全措施、安全需求、影响等。ISO/IEC 13335-1 对它们之间的关系描述如图 2-1 所示,主要表现在以下几方面。

(1)威胁利用脆弱点将导致安全风险的产生;

(2)资产具有价值,并对组织业务有一定影响,资产价值及影响越大则其面临的风险

越大;

（3）安全措施能抵御威胁、减少脆弱点，因而能减小安全风险；

（4）风险的存在及对风险的认识导出保护需求，保护需求通过安全措施来满足或实现。

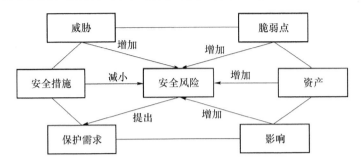

图 2-1　ISO/IEC 13335-1 中风险要素及其相互关系

我国的《信息安全风险评估指南》对 ISO/IEC 13335-1 提出的风险要素关系模型进行了扩展，扩展后的风险要素关系模型如图 2-2 所示。

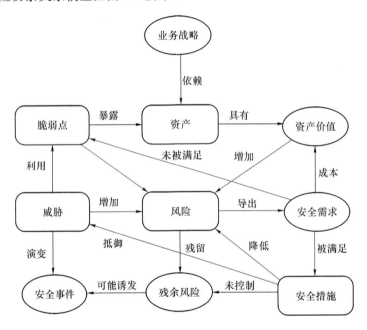

图 2-2　我国的《信息安全风险评估指南》中风险要素及其相互关系

图 2-2 中方框部分的内容为风险评估的基本要素，椭圆部分的内容是与这些要素相关的属性。风险评估围绕其基本要素展开，在对这些要素的评估过程中需要充分考虑业务战略、资产价值、安全需求、安全事件、残余风险等与这些基本要素相关的各类属性。风险要素及属性之间存在着以下关系。

（1）业务战略依赖资产去实现。

（2）资产是有价值的，组织的业务战略对资产的依赖度越高，资产价值就越大。

（3）资产价值越大则其面临的风险越大。

（4）风险是由威胁引发的，资产面临的威胁越多则风险越大，并可能演变成安全事件。

（5）脆弱点越多，威胁利用脆弱点导致安全事件的可能性越大。

（6）脆弱点是未被满足的安全需求，威胁要通过利用脆弱点来危害资产，从而形成风险。

（7）风险的存在及对风险的认识导出安全需求。

（8）安全需求可通过安全措施得以满足，需要结合资产价值考虑实施成本。

（9）安全措施可抵御威胁，降低安全事件发生的可能性，并减小影响。

（10）风险不可能也没有必要降为零，在实施了安全措施后还会有残留下来的风险。有些残余风险来自于安全措施可能不当或无效，在以后需要继续控制，而有些残余风险则是在综合考虑了安全成本与效益后未控制的风险，是可以被接受的。

（11）残余风险应受到密切监视，它可能会在将来诱发新的安全事件。

与 ISO/IEC 13335-1 提供的风险要素关系模型相比，我国《信息安全风险评估指南》对安全风险描述更详细、更具体、更透彻。

2.3　信息安全风险评估策略

不同的组织有不同的安全需求和安全战略，风险评估的操作范围可以是整个组织，也可以是组织中的某一部门，或者独立的信息系统、特定系统组件和服务。影响风险评估进展的某些因素，包括评估时间、力度、展开幅度和深度，都应与组织的环境和安全要求相符合。组织应该针对不同的情况来选择恰当的风险评估方法。常见的风险评估方法策略有三种：基线风险评估、详细风险评估和综合风险评估。

2.3.1　基线风险评估

基线风险评估要求组织根据自己的实际情况（所在行业、业务环境与性质等），对信息系统进行基线安全检查（将现有的安全措施与安全基线规定的措施进行比较，找出其中的差距），得出基本的安全需求，通过选择并实施标准的安全措施来消减和控制风险。所谓的安全基线，是在诸多标准规范中规定的一组安全控制措施或者惯例，这些措施和惯例适用于特定环境下的所有系统，可以满足基本的安全需求，能使系统达到一定的安全防护水平。组织可以根据以下资源来选择安全基线：

（1）国际标准和国家标准，例如 ISO 17799、ISO 13335；

（2）行业标准或推荐，例如德国联邦安全局的《IT 基线保护手册》；

（3）来自其他有类似商务目标和规模的组织的惯例。

基线评估的优点是：

（1）风险分析和每个防护措施的实施管理只需要最少数量的资源，并且在选择防护措施时花费更少的时间和努力；

（2）如果组织的大量系统都在普通环境下运行并且如果安全需要类似，那么很多系统都可以采用相同或相似的基线防护措施而不需要太多的努力。

基线评估的缺点是：

（1）基线水平难以设置，如果基线水平设置得过高，有些 IT 系统可能会有过高的安全等级；如果基线水平设置得过低，有些 IT 系统可能会缺少安全，导致更高层次的暴露；

（2）风险评估不全面、不透彻，且不易处理变更。例如，如果一个系统升级了，就很难评估原来的基线防护措施是否充分。

虽然在安全基线已建立的情况下,基线评估成本低、易于实施。但由于不同组织信息系统千差万别,信息系统的威胁时刻都在变化,很难制定全面的、具有广泛适用性的安全基线,而组织自行建立安全基线成本很高。目前世界上还没有全面、统一的、能符合组织目标的、值得信赖的安全基线,因而基线评估方法开展并不普遍。

2.3.2 详细风险评估

详细风险评估要求对资产、威胁和脆弱点进行详细识别和评价,并对可能引起风险的水平进行评估,这通过不期望事件的潜在负面业务影响评估和它们发生的可能性来完成。不期望事件可能表现为直接形式,如直接的经济损失、物理设备的破坏;也可能表现为间接的影响,如法律责任、公司信誉及形象的损失等。不期望事件发生的可能性依赖于资产对于潜在攻击者的吸引力、威胁出现的可能性以及脆弱点被利用的难易程度。根据风险评估的结果来识别和选择安全措施,将风险降低到可接受的水平。

详细评估的优点是:

(1) 有可能为所有系统识别出适当的安全措施;

(2) 详细分析的结果可用于安全变更管理。

详细评估的缺点是需要更多的时间、努力和专业知识。

目前,世界各国推出的风险评估方法多属于这一类,如 AS/NZS 4360、NISTSP800-30、OCTAVE 以及我国的《信息安全风险评估指南》中所提供的方法。

2.3.3 综合风险评估

基线风险评估耗费资源少、周期短、操作简单,但不够准确,适合一般环境的评估;详细风险评估准确而细致,但耗费资源较多,适合严格限定边界的较小范围内的评估。因而实践当中,组织多是采用二者相结合的综合评估方式。

ISO/IEC 13335-3 提出了综合风险评估框架,其实施流程如图 2-3 所示。

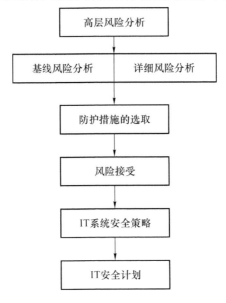

图 2-3 综合风险评估方法

　　综合风险评估的第一步是高层风险分析,其目的是确定每个 IT 系统所采用的风险分析方法(基线风险分析或详细风险分析)。高层风险分析考虑 IT 系统及其处理信息的业务价值,以及从组织业务角度考虑的风险。然后,依据高层风险分析的决定,对相应的 IT 系统实施基线风险分析或详细风险分析。接下来是依据基线风险分析与详细风险分析的结果选取相应的安全措施,并检查上述安全措施实施后,信息系统的残余风险是否在可接受范围内,对不可接受的风险需要进一步加强安全措施,必要时应采取再评估。

　　综合风险评估的最后两步是 IT 系统安全策略和 IT 安全计划,IT 系统安全策略是前面各阶段评估结果的结晶,包括系统安全目标、系统边界、系统资产、威胁、脆弱点、所选取的安全措施、安全措施选取的原因、费用估计等。IT 安全计划则处理如何去实施所选取的安全措施。

　　综合评估将基线和详细风险评估的优势结合起来,既节省了评估所耗费的资源,又能确保获得一个全面系统的评估结果,而且,组织的资源和资金能够应用到最能发挥作用的地方,具有高风险的信息系统能够被预先关注。当然,综合评估也有缺点:如果初步的高级风险分析不够准确,某些本来需要详细评估的系统也许会被忽略,最终导致某些严重的风险未被发现。

2.4　信息安全风险评估流程

2.4.1　风险评估流程概述

　　AS/NZS 4360 是澳大利亚/新西兰风险管理标准,为各种类型组织提供了一套通用的风险管理模式和总体框架,把分析风险背景放在第一步,将风险管理的目标与组织目标以及各利益相关方的要求整合在一起;并且强调风险沟通,充分发挥团队精神,调动各方面的积极性,从而为风险管理成功创造了良好的环境。

　　NISTSP800-30《IT 系统风险管理指南》中描述了风险管理方法,而且结合系统发展生命周期的各个阶段,说明风险管理过程与系统授权过程的紧密联系;提出了风险评估的方法论和一般原则,对分级的定义言简意赅,基本采用 3 级定义法,比较适合初步开展风险评估的组织使用。

　　OCTAVE(Operational Critical Threat,Asset,Vulnerability Evaluation)是可操作的关键威胁、资产和弱点评估,其基本原则为自主、适应度量、已定义的过程、连续过程的基础,它由一系列循序渐进的讨论会组成,每个讨论会都需要其参与者之间的交流和沟通。OCTAVE包括两种具体方法:面向大型组织的 OCTAVE Method 和面向小型组织的 OCTAVE-S。

　　我国信息安全风险评估指南是国信办委托国家信息中心牵头,会同公安部,保密局,中科院和解放军等部门组织专家,立足我国当前信息化建设现状编制的标准。将风险评估形式分为自评估和检查评估两大类,给出进行风险评估的实施流程,以及其中包括的若干关键点(关键步骤)和从一个关键点到另一个关键点的原则,并对细节进行开放性地处理。

　　AS/NZS 4360、NISTSP800-30、OCTAVE 以及我国的《信息安全风险评估指南》提供的风险评估方法基本都属于详细风险评估,虽然具体流程有一定的差异,但其都是围绕资产、威胁、脆弱点识别与评估展开,并进一步分析不期望事件发生的可能性及其对组织的影响,最后考虑如何选取合适的安全措施,把安全风险降低到可以接受的程度。

　　总体上看,风险评估可分为四个阶段,第一阶段为风险评估准备;第二阶段为风险识别,包括资产识别、威胁识别、脆弱点识别等工作;第三阶段为风险评价,包括风险的影响分析、可能性分析以及风险的计算等,具体涉及资产、威胁、脆弱点、当前安全措施的评价等;第四阶段为风险处理,主要工作是依据风险评估的结果选取适当的安全措施,将风险降低到可接受的程度。

考虑到我国《信息安全风险评估指南》推出最晚,它是在参考世界各国风险评估有关标准基础上,结合风险评估在我国的实践经验而推出,具有一定代表性,且可操作性强,易于指导风险评估活动在我国的广泛开展,因而在本节主要以我国《信息安全风险评估指南》为依据,阐述风险评估实施各步骤的主要内容,同时适当结合国际上其他标准。我国的《信息安全风险评估指南》提出的风险评估实施流程如图 2-4 所示。

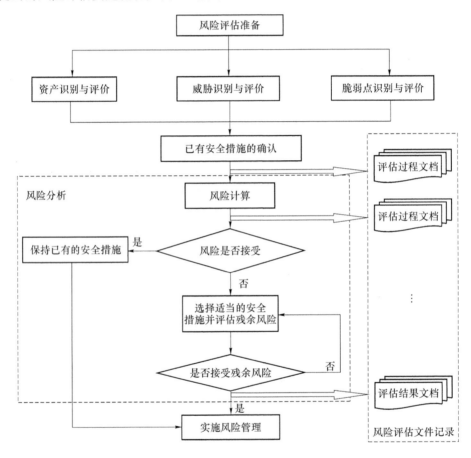

图 2-4　风险评估实施流程图

2.4.2　风险评估的准备

风险评估的准备是整个风险评估过程有效性的保证。其主要包括如下工作。

1. 确定风险评估目标

风险评估的准备阶段应明确风险评估的目标,为风险评估的过程提供导向。信息系统是重要的资产,其机密性、完整性和可用性对于维持竞争优势、获利能力、法规要求和组织形象是必要的。组织要面对来自内、外部日益增长的安全威胁,信息系统是威胁的主要目标。由于业务信息化程度不断提高,对信息技术的依赖日益增加,一个组织可能出现更多的脆弱点。风险评估的目标是满足组织业务持续发展在安全方面的需要,或符合相关方的要求,或遵守法律法规的规定等。

2．确定风险评估的对象和范围

基于风险评估目标确定风险评估的对象和范围是完成风险评估的前提。风险评估的对象可能是组织全部的信息及与信息处理相关的各类资产、管理机构,也可能是某个独立的系统、关键业务流程、与客户知识产权相关的系统或部门等。

3．组建团队

组建适当的风险评估管理与实施团队,以支持整个过程的推进,如成立由管理层、相关业务骨干、IT 技术人员等组成的风险评估小组。评估团队应能够保证风险评估工作的有效开展。

4．选择方法

应考虑评估的目的、范围、时间、效果、人员素质等因素来选择具体的风险判断方法,使之能够与组织环境和安全要求相适应。

5．获得支持

上述所有内容确定后应得到组织的最高管理者的支持、批准,并对管理层和技术人员进行传达,应在组织范围就风险评估相关内容进行培训,以明确各有关人员在风险评估中的任务。

6．准备相关的评估工具

为保证风险评估的顺利进行,需要相应的评估工具支持,如信息收集工具、数据及文档管理工具。

信息收集工具主要是漏洞扫描工具、渗透性测试工具等,常用的漏洞扫描工具有 Nessus、GFI LANguard、Retina、Core Impact、ISS Internet Scanner、X-scan、Sara、QualysGuard、SAINT、MBSA Nessus、ISS Internet Scanner、NetRecon 等。

数据及文档管理工具主要用来收集和管理评估所需要的数据和资料,并根据需要的格式生成各种报表,帮助决策。这类工具可由用户根据评估的需要自行或委托第三方开发对应的管理系统,协助评估数据的管理。

2.4.3　资产识别与评估

1．资产识别

资产的定义如 2.2.1 中所述,是指对组织具有价值的信息资源。资产识别是风险识别的必要环节。资产识别的任务就是对确定的评估对象所涉及或包含的资产进行详细的标识,它以多种形式存在,有无形的、有形的。资产识别过程中要特别注意无形资产的遗漏,同时还应注意不同资产间的相互依赖关系,关系紧密的资产可作为一个整体来考虑,同一种类型的资产也应放在一起考虑。

资产识别的方法主要有访谈、现场调查、问卷、文档查阅等。

2．资产评估

资产的评价是对资产的价值或重要程度进行评估,资产本身的货币价值是资产价值的体现,但更重要的是资产对组织关键业务的顺利开展乃至组织目标实现的重要程度。由于多数资产不能以货币形式的价值来衡量,资产评价很难以定量的方式来进行,多数情况下只能以定性的形式,依据重要程度的不同划分等级,具体划分为多少级应根据具体问题具体分析,如 5级划分方法为:非常重要、重要、比较重要、不太重要、不重要等,对这些定性值也可赋予相应的定量值,如:5、4、3、2、1。

通常信息资产的机密性、完整性、可用性、可审计性和不可抵赖性等是对资产安全属性的评价。信息安全风险评估中资产的价值可由资产在这些安全属性上的达成程度或者其安全属性未达成时所造成的影响程度来决定。可以先分别对资产在以上各方面的重要程度进行评估,然后通过一定的方法进行综合,可得资产的综合价值。

若资产在机密性、完整性、可用性、可审计性和不可抵赖性的赋值分别记为 VA_c、VA_i、VA_a、VA_{ac}、VA_n,综合价值记为 VA,综合的方法可以是如下两类。

(1) 最大原则:资产价值在机密性、完整性、可用性、可审计性和不可抵赖性方面不是均衡的,在某个方面可能大,某个方面可能小,最大原则是取最大的那个方面的赋值作为综合评价值,即 $VA = \max\{VA_c, VA_i, VA_a \; VA_{ac}, VA_n\}$。

(2) 加权原则:根据机密性、完整性、可用性、可审计性和不可抵赖性对组织业务开展影响的大小,分别为机密性、完整性、可用性、可审计性和不可抵赖性赋予一非负的权值 W_c、W_i、W_a、W_{ac}、$W_n (W_c + W_i + W_a + W_{ac} + W_n = 1)$,综合机制由加权求得,即 $VA = VA_c \cdot W_c + VA_i \cdot W_i + VA_a \cdot W_a + VA_{ac} \cdot W_{ac} + VA_n \cdot W_n$。

比如,若某资产在机密性、完整性、可用性、可审计性和不可抵赖性的赋值分别为:1、2、4、1、3,若采用最大值原则,该资产的综合评估值为4;若采用加权原则,并假定机密性、完整性、可用性、可审计性和不可抵赖性对应的权值分别为:0.1、0.2、0.35、0.1、0.25,则该资产的综合赋值为 $0.1 \cdot 1 + 0.2 \cdot 2 + 0.35 \cdot 4 + 0.1 \cdot 1 + 0.25 \cdot 3 = 2.75$。

在资产评价方面,我国的《信息安全风险评估指南》推荐了一种方法,就是先对资产在机密性、完整性、可用性三个方面分别进行定性赋值,然后通过一定的方法进行综合,所使用的综合方法基本属于最大原则。表 2-3、2-4、2-5 分别给出了机密性、完整性、可用性参考赋值表。

另外,由于系统所包含的资产往往很多,资产识别与评价时应注意区分哪些是影响组织目标的关键资产。应重点对关键资产进行风险评估。

表 2-3 资产机密性赋值表

赋值	标识	定义
5	极高	包含组织最重要的秘密,关系未来发展的前途命运,对组织根本利益有着决定性影响,如果泄漏会造成灾难性的损害
4	高	包含组织的重要秘密,其泄露会使组织的安全和利益遭受严重损害
3	中等	包含组织的一般性秘密,其泄露会使组织的安全和利益受到损害
2	低	包含仅能在组织内部或在组织某一部门内部公开的信息,向外扩散有可能对组织的利益造成损害
1	可忽略	包含可对社会公开的信息,公用的信息处理设备和系统资源等

表 2-4 资产完整性赋值表

赋值	标识	定义
5	极高	完整性价值非常关键,未经授权的修改或破坏会对组织造成重大的或无法接受的影响,对业务冲击重大,并可能造成严重的业务中断,难以弥补
4	高	完整性价值较高,未经授权的修改或破坏会对组织造成重大影响,对业务冲击严重,比较难以弥补
3	中等	完整性价值中等,未经授权的修改或破坏会对组织造成影响,对业务冲击明显,但可以弥补
2	低	完整性价值较低,未经授权的修改或破坏会对组织造成轻微影响,可以忍受,对业务冲击轻微,容易弥补
1	可忽略	完整性价值非常低,未经授权的修改或破坏对组织造成的影响可以忽略,对业务冲击可以忽略

表 2-5 资产可用性赋值表

赋值	标识	定义
5	极高	可用性价值非常高,合法使用者对信息及信息系统的可用度达到年度99.9%以上
4	高	可用性价值较高,合法使用者对信息及信息系统的可用度达到每天90%以上
3	中等	可用性价值中等,合法使用者对信息及信息系统的可用度在正常工作时间达到70%以上
2	低	可用性价值较低,合法使用者对信息及信息系统的可用度在正常工作时间达到25%以上
1	可忽略	可用性价值可以忽略,合法使用者对信息及信息系统的可用度在正常工作时间低于25%

2.4.4 威胁识别与评估

1. 威胁识别

威胁是构成风险的必要组成部分,因而威胁识别是风险识别的必要环节,威胁识别的任务是对组织资产面临的威胁进行全面的标识。威胁识别可从威胁源进行分析,也可根据有关标准、组织所提供的威胁参考目录进行分析。

根据前面的讨论,从威胁源角度,威胁可分为:自然威胁、环境威胁、系统威胁、外部人员威胁、内部人员威胁。不同的威胁源能造成不同形式的危害,威胁识别过程中应对相关资产考虑上述威胁源可能构成的威胁。

不少标准对信息系统可能面临的威胁进行了列举,如 ISO/IEC 13335-3 在附录中提供了可能的威胁目录,其中包含的威胁类别有:地震、洪水、飓风、闪电、工业活动、炸弹攻击、使用武力、火灾、恶意破坏、断电、水供应故障、空调故障、硬件失效、电力波动、极端的温度和湿度、灰尘、电磁辐射、静电干扰、偷窃、存储介质的未授权使用、存储介质的老化、操作人员错误、维护错误、软件失效、软件被未授权用户使用、以未授权方式使用软件、用户身份冒充、软件的非法使用、恶意软件、软件的非法进口/出口、未授权用户的网络访问、用未授权的方式使用网络设备、网络组件的技术性失效、传输错误、线路损坏、流量过载、窃听、通信渗透、流量分析、信息的错误路径、信息重选路由、抵赖、通信服务失效(如网络服务)、人员短缺、用户错误、资源的滥用。

德国的《IT 基线保护手册》将威胁分为五大类,分别是:不可抗力、组织缺陷、人员错误、技术错误、故意行为。每种类型威胁具体包含几十到一百多种威胁,手册分别对每类威胁进行了详细列举和说明,因而是威胁识别的重要参考。

OCTAVE 则通过建立威胁配置文件来进行威胁识别与分析,威胁配置文件包括 5 个属性,分别是:资产(asset)、访问(access)、主体(actor)、动机(motive)、后果(outcome),如人类利用网络访问对资产的威胁及系统故障对资产的威胁的配置文件分别对应图 2-5 和图 2-6 所示的威胁树。

2. 威胁评估

安全风险的大小是由安全事件发生的可能性以及它造成的影响决定的,安全事件发生的可能性与威胁出现的频率有关,而安全事件的影响则与威胁的强度或破坏能力有关,如地震的等级或破坏力等。威胁评估就是对威胁出现的频率及强度进行评估,这是风险评估的重要环节。评估者应根据经验和(或)有关的统计数据来分析威胁出现的频率及其强度或破坏能力。以下三个方面的内容,对威胁评估很有帮助。

(1) 以往安全事件报告中出现过的威胁、威胁出现频率、威胁破坏力的统计;

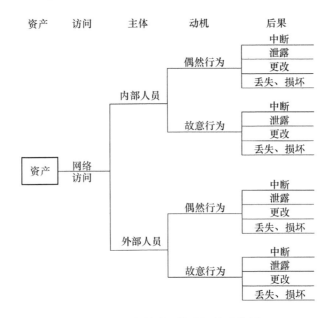

图 2-5　人类利用网络访问的威胁树

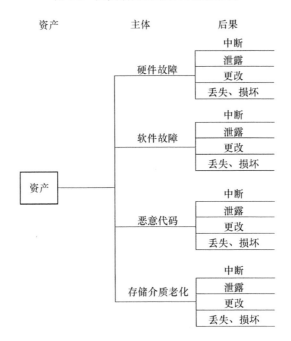

图 2-6　系统故障威胁树

（2）实际环境中通过检测工具以及各种日志发现的威胁及其频率的统计；

（3）近一两年来国际组织发布的对于整个社会或特定行业的威胁出现频率及其破坏力的统计。

威胁评估的结果一般都是定性的,我国的《信息安全风险评估指南》将威胁频率等级划分为五级,分别代表威胁出现的频率的高低。等级数值越大,威胁出现的频率越高。如表 2-6 所示。理论上,威胁的强度应该是随机的,不同强度的威胁出现的可能性也不同,但通常为简便起见,可考虑使用威胁的平均强度或直接使用最强强度,同出现频率一样,也可给出定性的评估结果。为操作方便,有时威胁评估只对威胁出现的频率进行评估,而其强度则假定为最强情况。

表 2-6　威胁赋值表

等级	标识	定义
5	很高	威胁出现的频率很高,在大多数情况下几乎不可避免或者可以证实经常发生过
4	高	威胁出现的频率较高,在大多数情况下很有可能会发生或者可以证实多次发生过
3	中	威胁出现的频率中等,在某种情况下可能会发生或被证实曾经发生过
2	低	威胁出现的频率较小,一般不太可能发生,也没有被证实发生过
1	很低	威胁几乎不可能发生,仅可能在非常罕见和例外的情况下发生

2.4.5　脆弱点识别与评估

1. 脆弱点识别

脆弱点识别也称为弱点识别,弱点是资产本身存在的,如果没有相应的威胁发生,单纯的弱点本身不会对资产造成损害。而且如果系统足够强健,再严重的威胁也不会导致安全事件,并造成损失。即,威胁总是要利用资产的弱点才可能造成危害。

脆弱点识别主要从技术和管理两个方面进行,技术脆弱点涉及物理层、网络层、系统层、应用层等各个层面的安全问题。管理脆弱点又可分为技术管理和组织管理两方面,前者与具体技术活动相关,后者与管理环境相关。

对不同的对象,其脆弱点识别的具体要求应参照相应的技术或管理标准实施。例如,对物理环境的脆弱点识别可以参照《GB/T 9361—2000 计算机场地安全要求》中的技术指标实施;对操作系统、数据库可以参照《GB 17859—1999 计算机信息系统安全保护等级划分准则》中的技术指标实施。在管理脆弱点识别方面,可以参照《ISO/IEC 17799—2005 信息安全管理实施细则》的要求对安全管理制度及其执行情况进行检查,发现管理漏洞和不足。我国的《信息安全风险评估指南》列举了不同对象的脆弱点识别内容参考,如表 2-7 所示。

表 2-7　脆弱点识别内容表

类型	识别对象	识别内容
技术脆弱点	物理环境	从机房场地、机房防火、机房供配电、机房防静电、机房接地与防雷、电磁防护、通信线路的保护、机房区域防护、机房设备管理等方面进行识别
	服务器 (含操作系统)	从物理保护、用户账号、口令策略、资源共享、事件审计、访问控制、新系统配置(初始化)、注册表加固、网络安全、系统管理等方面进行识别
	网络结构	从网络结构设计、边界保护、外部访问控制策略、内部访问控制策略、网络设备安全配置等方面进行识别
	数据库	从补丁安装、鉴别机制、口令机制、访问控制、网络和服务设置、备份恢复机制、审计机制等方面进行识别
	应用系统	从审计机制、审计存储、访问控制策略、数据完整性、通信、鉴别机制、密码保护等方面进行识别
管理脆弱点	技术管理	物理和环境安全、通信与操作管理、访问控制、系统开发与维护、业务连续性
	组织管理	安全策略、组织安全、资产分类与控制、人员安全、符合性

资产的脆弱点具有隐蔽性,有些脆弱点只有在一定条件和环境下才能显现,这是脆弱点识别中最为困难的部分。需要注意的是,不正确的、起不到应有作用的或没有正确实施的安全措施本身就可能是一个脆弱点。

脆弱点识别将针对每一项需要保护的资产,找出可能被威胁利用的弱点,并对脆弱点的严重程度进行评估。脆弱点识别时的数据应来于资产的所有者、使用者,以及相关业务领域的专家和软硬件方面的专业人员。

脆弱点识别所采用的方法主要有:问卷调查、工具检测、人工核查、文档查阅、渗透性测试等。

2. 脆弱点评估

安全事件的影响与脆弱点被利用后对资产的损害程度密切相关,而安全事件发生的可能性与脆弱点被利用的可能性有关,而脆弱点被利用的可能性与脆弱点技术实现的难易程度、脆弱点流行程度有关。脆弱点评估就是对脆弱点被利用后对资产损害程度、技术实现的难易程度、脆弱点流行程度进行评估,评估的结果一般都是定性等级划分形式,综合地标识脆弱点的严重程度。也可以对脆弱点被利用后对资产的损害程度以及被利用的可能性分别评估,然后以一定方式综合。若很多脆弱点反映的是同一方面的问题,应综合考虑这些脆弱点,最终确定这一方面的脆弱点严重程度。

对某个资产,其技术脆弱点的严重程度受到组织的管理脆弱点的影响。因此,资产的脆弱点赋值还应参考技术管理和组织管理脆弱点的严重程度。

我国的《信息安全风险评估指南》依据脆弱点被利用后,对资产造成的危害程度,将脆弱点严重程度的等级划分为五级,分别代表资产脆弱点严重程度的高低。等级数值越大,脆弱点严重程度越高。如表2-8所示。

表2-8 脆弱点严重程度赋值表

等级	标识	定义
5	很高	如果被威胁利用,将对资产造成完全损害
4	高	如果被威胁利用,将对资产造成重大损害
3	中	如果被威胁利用,将对资产造成一般损害
2	低	如果被威胁利用,将对资产造成较小损害
1	很低	如果被威胁利用,将对资产造成的损害可以忽略

2.4.6 已有安全措施的确认

安全措施可以分为预防性安全措施和保护性安全措施两种。预防性安全措施可以降低威胁利用脆弱点导致安全事件发生的可能性。这可以通过两个方面的作用来实现,一方面是减少威胁出现的频率,如通过立法或健全制度加大对员工恶意行为的惩罚,可以减少员工故意行为威胁出现的频率,通过安全培训可以减少无意行为导致安全事件出现的频率;另一方面是减少脆弱点,如及时为系统打补丁、对硬件设备定期检查能够减少系统的技术脆弱点等。保护性安全措施可以减少因安全事件发生对信息系统造成的影响,如业务持续性计划。

对已采取的安全措施进行确认,至少有两个方面的意义。一方面,这有助于对当前信息系统面临的风险进行分析,由于安全措施能够减少安全事件发生的可能性及影响,对当前安全措施进行分析与确认,是资产评估、威胁评估、脆弱点评估的有益补充,其结果可用于后面的风险分析;另一方面,通过对当前安全措施的确认,分析其有效性,对有效的安全措施继续保持,以避免不必要的工作和费用,防止安全措施的重复实施。对于确认为不适当的安全措施应核实是否应被取消,或者用更合适的安全措施替代,这有助于随后进行的安全措施的选取。

该步骤的主要任务是,对当前信息系统所采用的安全措施进行标识,并对其预期功能、有效性进行分析。

2.4.7　风险分析

风险分析就是利用资产、威胁、脆弱点识别与评估结果以及已有安全措施的确认与分析结果,对资产面临的风险进行分析。由于安全风险总是以威胁利用脆弱点导致一系列安全事件的形式表现出来,风险的大小是由安全事件造成的影响以及其发生的可能性来决定,风险分析的主要任务就是分析当前环境下,安全事件发生的可能性以及造成的影响,然后利用一定的方法计算风险。

1. 风险计算

如前所述,风险可形式化地表示为 $R=(A,T,V)$,其中 R 表示风险、A 表示资产、T 表示威胁、V 表示脆弱点。相应的风险值由 A、T、V 的取值决定,是它们的函数,可以表示为

$$VR=R(A,T,V)=R(L(A,T,V),F(A,T,V))$$

其中,$L(A,T,V)$、$F(A,T,V)$ 分别表示对应安全事件发生的可能性及影响,它们也都是资产、威胁、脆弱点的函数,但其表达式很难给出。而风险则可表示为可能性 L 和影响 F 的函数,简单的处理就是将安全事件发生的可能性 L 与安全事件的影响 F 相乘得到风险值,实际就是平均损失,即 $VR=L(A,T,V)\times F(A,T,V)$。

一种更好的方法是选取合适的效用函数 $\mu(x)$,利用其逆函数,对影响 F 计算损失效应 $\mu^{-1}(F)$,再将其值与可能性 L 相乘得到期望损失效应,用期望损失效应作为风险值,即 $VR=\mu^{-1}(F)\times L$,也可再对 $\mu^{-1}(F)\times L$ 利用效用函数求逆,得到相当的损失值,用它作为风险值,即 $VR=\mu(\mu^{-1}(F)\times L)$,与平均损失相比,这种方法的优势就是能够更好地区分"高损失、低可能性"及"低损失、高可能性"两种不同安全事件的风险。

我国的《信息安全风险评估指南》在风险分析方面采用了简化的处理方法,其风险分析流程如图 2-7 所示,相应的,风险值 $VR=R(A,T,V)=R(L(T,V),F(I_a,V_a))$。其中,$I_a$ 表示安全事件所作用的资产重要程度;V_a 表示脆弱点严重程度;其他符号意义同上。

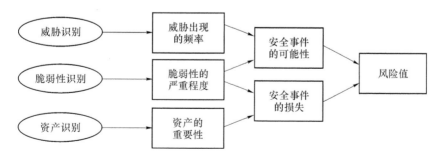

图 2-7　风险分析示意图

风险计算是一个复杂课题,无论采用哪种方法,都存在不足,这方面内容是一个有趣的研究课题。

2. 影响分析

安全事件对组织的影响可体现在以下方面:直接经济损失、物理资产的损坏、业务影响、法律责任、人员安全危害、信誉(形象)损失等。这些损失有些容易定量表示,有些则很难。

(1)直接经济损失

风险事件可能引发直接的经济损失,如交易密码失窃、电子合同的篡改(完整性受损)、公司账务资料的篡改等,这类损失易于计算。

(2)物理资产的损坏

物理资产损坏的经济损失也很容易计算,可用更新或修复该物理资产的花费来度量。

(3)业务影响

信息安全事件会对业务带来很大的影响,如业务中断,这方面的经济损失可通过以下方式来计算,先分析由于业务中断,单位时间内的经济损失,用"单位时间损失×修复所需时间+修复代价"可将业务影响表示为经济损失,当然估计单位时间内的经济损失有时会有一定的难度。业务影响除包括业务中断外,还有其他情况,如经营业绩影响、市场影响等,这些应根据具体情况具体分析,定量分析存在困难。

(4)法律责任

风险事件可能导致一定的法律责任,如因安全故障导致机密信息的未授权发布、未能履行合同规定的义务或违反有关法律、规章制度的规定,这些可用应承担应有的法律责任可能支付赔偿金额来表示经济损失,当然其中有很多不确定因素,实际应用时可参考惯例、合同本身、有关法律法规的规定。

(5)人员安全危害

风险事件可能对人员安全构成危害,甚至危及生命,这类损失很难用货币衡量。

(6)组织信誉、形象损失

风险事件可能导致组织信誉、形象受损,这类损失很难用直接的经济损失来估计,应通过一定的方式计算潜在的经济损失,如由于信誉受损,可能导致市场份额损失、与外部关系受损等,市场份额损失可以转化为经济损失,与外界各方关系的损失可通过分析关系重建的花费、由于关系受损给业务开展带来的额外花费等因素来估计,另外专家估计也是一种可取的方法。

由于风险事件对组织影响的多样性,外加相关的研究数据也比较缺乏,风险事件对组织影响的定量分析还很不成熟,更多的是采用定性分析方法,根据经验对安全事件的影响进行等级划分,如给出"极高、高、中、低、可忽略"等级。

3. 可能性分析

总体说来,安全事件发生的可能性因素有:资产吸引力、威胁出现的可能性、脆弱点的属性、安全措施的效能等。

根据威胁源的分类,引起安全事件发生的原因可能是自然灾害、环境及系统威胁、人员无意行为、人员故意行为等。不同类型的安全事件,其可能性影响因素也不同。

(1)自然灾害

威胁出现的可能指各种自然灾害出现的可能性,如地震、洪水出现可能性等。

脆弱点属性主要指能反映资产抵抗各种灾害能力的因素,如某些资产在抗打击、防水方面考虑特别成熟,即使发生这类灾害,资产依旧不会遭受损失。

(2)环境及系统威胁

威胁出现的可能性是指各类环境问题及系统故障出现的可能性,如空调、电力故障的可能性,网络故障的可能性,硬件(软件)故障的可能性等。

脆弱点属性主要反映资产在各类环境与系统威胁中遭受破坏的可能性,如资产抵抗恶劣环境的能力、故障容忍能力等。

(3)人员无意行为

威胁出现的可能性是指人员无意过失出现的可能性,对外部人员及内部人员应区分考虑,内部人员威胁大,影响深,出现可能性也高。

脆弱点属性主要反映资产在人员无意过失中遭受破坏的可能性,如系统数据完整性审查机制是否健全、操作完成是否需经多次确认等。

(4)人员故意行为

人员故意行为引发的风险事件,其发生的可能性与前述几种情况不同,其发生可能性决定于资产吸引力、脆弱点属性以及当前安全措施的效能等。

恶意人员发动攻击或其他威胁信息资产的行为的动机有获利、打击报复、恶作剧等,通过对资产发动攻击,可能获取利益或可能达到打击报复、恶作剧效果,这可统称为资产的吸引力。

恶意人员发动攻击能否成功取决于资产是否存在可利用的脆弱点以及脆弱点利用的难易程度,脆弱点被利用的难易程度决定于技术难度、成本、公开程度等。如系统是否存在可被远程网络攻击利用的安全漏洞,安全漏洞利用的技术难度、实现成本、安全漏洞及对应攻击工具的公开程度都是影响攻击能否成功的因素。当然攻击者的能力也是影响攻击能否成功的因素,但在风险分析中可采用最大原则,即假定攻击者具备当前最先进的技术与工具。

与人员无意行为一样,内部人员与外部人员应分开考虑,他们有不同的权限,对组织信息系统的了解程度也大不相同,内部人员的威胁大于外部人员的威胁。

可能性分析方法可以是定量的,也可以是定性的。定量方法可将发生的可能性表示成概率形式,而定性分析对发生可能性给出诸如极高、高、中、低等类似的等级评价。

2.4.8　安全措施的选取

风险评估的目的不仅是获取组织面临的有关风险信息,更重要的是采取适当的措施将安全风险控制在可接受的范围内。

如前所述,安全措施可以降低安全事件造成的影响,也可以降低安全事件发生的可能性,在对组织面临的安全风险有全面认识后,应根据风险的性质选取合适的安全措施,并对可能的残余风险进行分析,直到残余风险为可接受风险为止。

2.4.9　风险评估文件记录

风险评估文件包括在整个风险评估过程中产生的评估过程文档和评估结果文档,这些文档包括以下内容。

(1)风险评估计划:阐述风险评估的目标、范围、团队、评估方法、评估结果的形式和实施进度等;

(2)风险评估程序:明确评估的目的、职责、过程、相关的文件要求,并且准备实施评估需要的文档;

(3)资产识别清单:根据组织在风险评估程序文件中所确定的资产分类方法进行资产识别,形成资产识别清单,清单中应明确各资产的责任人/部门;

(4)重要资产清单:根据资产识别和赋值的结果,形成重要资产列表,包括重要资产名称、

描述、类型、重要程度、责任人/部门等;

(5)威胁列表:根据威胁识别和赋值的结果,形成威胁列表,包括威胁名称、种类、来源、动机及出现的频率等;

(6)脆弱点列表:根据脆弱点识别和赋值的结果,形成脆弱点列表,包括脆弱点名称、描述、类型及严重程度等;

(7)已有安全措施确认表:根据已采取的安全措施确认的结果,形成已有安全措施确认表,包括已有安全措施名称、类型、功能描述及实施效果等;

(8)风险评估报告:对整个风险评估过程和结果进行总结,详细说明被评估对象,风险评估方法,资产、威胁、脆弱点的识别结果,风险分析、风险统计和结论等内容;

(9)风险处理计划:对评估结果中不可接受的风险制订风险处理计划,选择适当的控制目标及安全措施,明确责任、进度、资源,并通过对残余风险的评价确保所选择安全措施的有效性;

(10)风险评估记录:根据组织的风险评估程序文件,记录对重要资产的风险评估过程。

2.5　本　章　小　结

本章对信息安全风险评估的有关概念、策略、流程以及方法进行详细阐述。信息安全风险评估是新兴的研究课题,很多方面还不够成熟,从事信息安全风险评估的学习和工作人员应更多地从金融风险评估、环境安全风险评估、电力安全风险评估等方面借鉴有关的方法。

2.6　习　　　题

1. 什么是信息安全风险评估?它由哪些基本步骤组成?

2. 信息资产可以分为哪几类?请分别举出一两个例子进行说明。

3. 威胁源有哪些?其常见表现形式分别是什么?

4. 请解释以下名词:

(1)资产　(2)威胁　(3)脆弱点　(4)风险　(5)影响

5. 风险评估方法分为哪几种?其优缺点分别是什么?

6. 请写出风险计算公式,并解释其中各项所代表的含义。

7. 风险评估文件由哪些主要文档组成?

8. 常用的综合评价方法有哪些?试进行比较。

9. 常用的定性与定量的风险分析方法有哪些?各有什么特点?

第 3 章

系统与网络安全

系统与网络知识是学习和理解系统与网络安全理论和技术的必备基础。本章首先介绍了 TCP/IP 网络协议与系统有害程序的基础知识,并在此基础上对网络安全缺陷、系统有害程序的安全威胁进行分析,给出了综合上述各种典型威胁的技术防范措施。

3.1 系统与网络安全概述

以 Internet 为代表的全球性信息化浪潮日益高涨,计算机以及信息网络技术的应用正日益普及,应用层次正在深入,应用领域从传统的、小型业务系统逐渐向大型的、关键业务系统扩展,典型的有政府部门业务系统、金融业务系统、企业商务系统等。伴随网络的普及,网络安全日益成为影响网络效能的重要问题,而由于网络自身所具有的开放性和自由性等特点,在增加应用自由度的同时,对安全提出了更高的要求。随着信息技术的发展和功能性需求,计算机系统也越来越复杂,系统中微小的差错就会导致灾难性的事故,系统安全的要求越来越高。如何使网络与信息系统不受黑客和工业间谍的入侵,已成为企业信息化健康发展所要考虑的重要问题之一。

3.1.1 系统与网络安全的含义

随着计算机软硬件的不断发展,计算机的运算能力大大增强,计算机应用越来越广泛,在生活的各个角落都可以看到各种各样的计算机系统。计算机系统是由计算机及其相关的和配套的设备、设施构成的,并按一定的应用目标和规则对信息进行采集、加工、存储、传输、检索等处理的人机系统。这种复杂的人机系统,存在多种脆弱性。计算机系统安全中的"安全"一词是指将服务与资源的脆弱性降到最低限度。系统安全是指一系列包含敏感和有价值的信息和服务的进程和机制,不被未得到授权和不被信任的个人、团体或事件公开、修改或损坏。由于它的目的在于防止不需要的行为发生而非使得某些行为发生,其策略和方法常常与其他大多数的计算机技术不同。

网络上既有存储于网络节点上的静态信息资源,又有传播于网络节点间的动态信息资源。这些静态信息和动态信息中有些是开放的,如广告、公共信息等,有些是保密的,如私人间的通信、政府及军事部门或商业的机密等。网络安全一般是指网络信息的机密性(Confidentiality)、完整性(Integrity)、可用性(Availability)及真实性(Authenticity)。网络信息的机密性是指网络信息的内容不会被未授权的第三方所知。网络信息的完整性是指信息在存储或传输时不被修改、破坏,不出现信息包的丢失、乱序等,即不能被未授权的第三方修改。当前,运行于互联网上的协议(如 TCP/IP 等),能够确保信息在数据包级别的完整性,即做到了传输过程中不丢信息包,不重复接收信息包,但却无法制止未授权第三方对信息包内部的修改。网络信息的可用性包括对静态信息的可得到和可操作性及对动态信息内容的可见性。网络信息的真实性是指信息的可信度,主要是指对信息所有者或发送者的身份的确认。

美国计算机安全专家提出了一种新的安全框架,包括:机密性(Confidentiality)、完整性(Integrity)、可用性(Availability)、真实性(Authenticity)、实用性(Utility)、占有性(Possession),即在原来的基础上增加了实用性和占有性,认为这样才能解释各种网络安全问题。网络信息的实用性是指信息加密密钥不可丢失(不是泄密),丢失了密钥的信息也就丢失了信息的实用性,失去价值。网络信息的占有性是指存储信息的节点、磁盘等信息载体被盗用,导致对信息的占用权的丧失。保护信息占有性的方法,包括使用版权、专利保护、商业秘密,提供物理和逻辑的存取限制方法,维护和检查有关盗窃文件的审计记录、使用标签等。

3.1.2　系统安全威胁

对于系统来说,由于其复杂性,对于硬件、软件、数据等均存在脆弱性。

首先,系统硬件的物理安全难以保证。地震、火灾等天灾人祸的发生不可预测,后果同样不可预测。硬件的电磁辐射使得系统中的信息有泄漏的可能。设备可以被拆除、添加、修改。硬件的通信可能被窃听。同时,计算机软件很容易被删除、修改、复制、取代。软件系统可能存在设计错误、实现错误、编程错误以及使用错误。不同软件之间可能不兼容,导致系统不正常,软件难以实现适当的存取控制。也可能由于开发过程的疏忽等,引入系统后门、隐通道、漏洞。计算机信息系统讲求互联互通,远程访问,资源共享,上述这些问题为攻击者提供了实现攻击的途径,严重威胁了系统安全。

由于人们的需求集中体现在系统功能上,功能的实现依托于程序的运作。而有害程序通过插入到信息系统中的一段程序,危害系统中数据、应用程序或操作系统的保密性、完整性或可用性,或影响信息系统的正常运行,是最重要的系统安全威胁。

3.1.3　网络安全威胁

随着网络的广泛普及和应用,政府、军队大量的机密文件和重要数据,企业的商业秘密乃至个人信息都存储在计算机中,一些不法之徒千方百计地"闯入"网络,窃取和破坏机密材料及个人信息。据专家分析,我国80%的网站是不安全的,40%以上的网站可以轻易地被入侵。网络给人们生活带来不愉快和尴尬的事例不胜枚举:存储在计算机中的信息不知不觉被删除,在数据库中的记录不知道何时被修改,正在使用的计算机却不知道何故突然"死机",等等,诸如此类的安全威胁事件数不胜数。

常见的网络安全威胁形式有以下几种。

(1)网络通信协议的弱点

TCP/IP协议设计是面向封闭专用的网络环境,缺乏类似认证等基本安全特性,这些弱点带来许多直接的安全威胁。

(2)操作系统的漏洞

操作系统不仅负责网络硬件设备的接口封装,同时还提供网络通信所需要的各种协议和服务的程序实现。几乎所有的操作系统的代码规模都很大,这决定其中极大概率存在实现的缺陷和漏洞。

(3)应用系统设计的漏洞

与操作系统情况类似,应用程序的设计过程也会带来很多由于人的局限性所导致的缺陷或漏洞。

(4) 网络系统设计的缺陷

合理的网络设计在节约资源的情况下,还可以提供较好的安全性,不合理的网络设计则成为网络的安全威胁。

(5) 恶意攻击

有组织、有特定目的的人为恶意攻击是网络安全威胁的重要表现。这样的威胁有时来自合法的用户。

(6) 网络物理设备

网络物理设备自身的电磁泄露所引起的隐患是一类极为重要的网络安全威胁,网络设备的自然老化也可能带来安全隐患。

(7) 管理不当

管理制度的不到位、技术手段的不当使用等都可能带来严重的安全隐患。比如,计算机设备的盗窃、防火墙配置不合理等。

通常保障网络信息安全的方法有两大类:以"防火墙"技术为代表的被动防卫型和建立在数据加密、用户授权确认机制上的开放型网络安全保障技术。

随着网络的发展、技术的进步,网络安全面临的挑战也在增大。一方面,对网络的攻击方式层出不穷,攻击方式的增加意味着对网络威胁的增大;随着硬件技术和并行技术的发展,计算机的计算能力迅速提高,原来认为安全的加密方式有可能失效,如 1994 年 4 月 26 日,人们用计算机破译了 RSA 发明人 17 年前提出的数学难题:一个 129 位数字中包含的一条密语,而在问题提出时用计算机需要 850 万年才能分解成功;针对安全通信措施的攻击也不断取得进展,如 1990 年 6 月 20 日美国科学家找到了 155 位大数因子的分解方法,使"美国的加密体制受到威胁"。另一方面,网络应用范围的不断扩大,使人们对网络依赖的程度增大,对网络的破坏造成的损失和混乱会比以往任何时候都大。这些对网络信息安全保护提出了更高的要求,也使网络信息安全学科的地位显得更为重要,网络信息安全必然随着网络应用的发展而不断发展。

3.2　TCP/IP 基础

3.2.1　TCP/IP 协议概述

Internet 依赖于一组称为 TCP/IP 的协议族。TCP/IP 协议族是作为美国国防部高级研究计划局(DARPA,Defence Advanced Research Projects Agency)研究项目的一部分在 20 世纪 70 年代中期开发的。TCP/IP 定义了电子设备如何连入因特网,以及数据如何在它们之间传输的标准。在现实网络世界里,TCP/IP 获得了广泛的应用,是事实上的计算机网络互连标准。目前,几乎每一个重要的操作系统都支持 TCP/IP 进行网络通信,并且随着 TCP/IP 广泛使用,许多依赖专有协议的网络操作系统也开始使用 TCP/IP。

TCP/IP 协议栈只是许多支持 ISO/OSI 分层模型的协议栈的一种。TCP/IP 是一个四层的分层体系结构。高层为传输控制协议,它负责聚集信息或把文件拆分成更小的包。低层是网际协议,它处理每个包的地址部分,使这些包正确地到达目的地。

1. OSI/RM

OSI/RM 是由国际标准化组织(ISO,International Standard Organization)制定的标准化开放式计算机网络层次结构模型。OSI/RM 定义了一个七层模型,每个功能层次实现信息交互功能的一部分,各层之间相互配合,最终实现相互连接的计算机系统的通信,模型以计算机中的关键主体-进程为通信对象。图 3-1 给出了 OSI/RM 的层次结构。

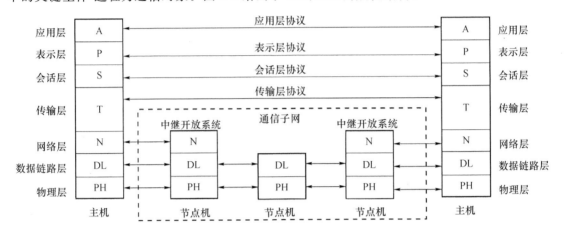

图 3-1　OSI 参考模型

OSI/RM 七层模型从下到上分别为物理层(PH,Physical Layer)、数据链路层(DL,Data Link Layer)、网络层(N,Network Layer)、传输层(T,Transport Layer)、会话层(S,Session Layer)、表示层(P,Presentation Layer)和应用层(A,Application Layer)。

各层实现的功能形象解释如下。

(1)应用层:包含直接针对用户需求的协议,即相当于"做什么";处理应用进程之间所发送和接收的数据中包含的信息内容。

(2)表示层:关注与传递数据的语法与语义,即相当于"像什么"。

(3)会话层:会话的管理与数据传输的同步,即相当于"如何检查"。

(4)传输层:端对端经网络透明地传送报文,即相当于"对方在何处"。

(5)网络层:分组传送、路由选择和网络管理,即相当于"数据如何到达对方"。

(6)数据链路层:在物理链路上无差错地传送数据帧,即相当于"每一步该怎么走"。

(7)物理层:在通信信道上传输原始的数据位,即相当于"信息实际如何传送"。

OSI 参考模型作为一个开放网络通信协议族的工业标准,很容易实现不同网络技术的互连和互操作。但是,要实现所有的七层模型过于复杂,效率也低,因此网络市场上没有一个流行的协议严格遵守了 OSI 参考模型。

2. TCP/IP 协议体系

与 OSI/RM 不同,TCP/IP 体系包括四个功能层,从下到上分别是:数据链路层、网络层、传输层和应用层。图 3-2 描述了 TCP/IP 的分层结构以及 TCP/IP 与 OSI 七层结构的对应关系。

TCP/IP 体系结构中各层功能如下。

(1)应用层

提供各种符合不同需求和特性的管理服务和应用服务,常见的有远程登录(Telnet)、文件传输（FTP）、电子邮件（SMTP、POP3）、网络管理（SNMP）、域名系统（DNS）、HTTP 等。TCP/IP 模型中的应用层对应于 OSI 模型中的表示层和应用层。

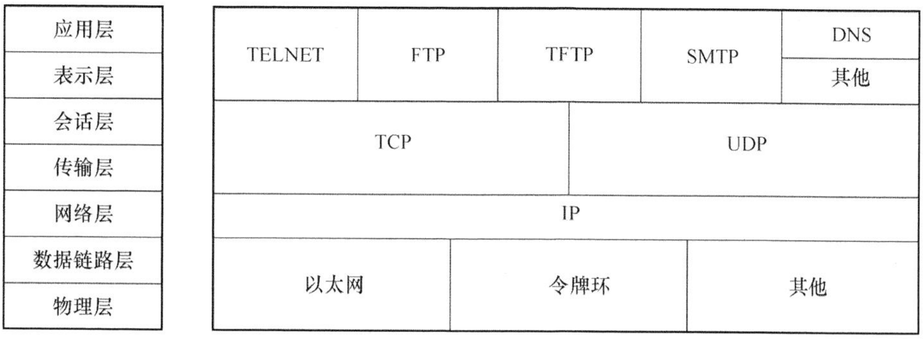

应用层	TELNET	FTP	TFTP	SMTP	DNS
表示层					其他
会话层	TCP			UDP	
传输层					
网络层	IP				
数据链路层	以太网		令牌环	其他	
物理层					

图 3-2　TCP/IP/RM 与 OSI/RM 的对比

（2）传输层

传输层为信源节点和目的节点间的通信提供端到端的数据传输，而通信子网只能提供相邻节点之间的点到点传输。在这里通信子网指的是网络层以及以下各层，在 TCP/IP 体系结构中是指 IP 以下的各层。这种从"点到点"传输到"端到端"传输体现服务质量的一个飞跃。它的功能包括格式化信息流（将数据流分段）和提供可靠传输。传输层协议主要包含用户数据报协议（UDP）和传输控制协议（TCP）两个协议。TCP/IP 模型中的传输层对应于 OSI 模型中的会话层和传输层。

（3）网络层

网络层通常称为 IP 层。IP 层的主要功能是分组转发和路由选择，实现网络中点对点互连，IP 协议是其实现的基础协议。IP 协议是无连接的，不可能完全避免分组丢失，也不能保证分组到达的顺序。这种方式可以使分组转发设备（路由器）不必保存任何有关数据流的状态，可以大大提高其分组转发的效率。TCP/IP 模型中的 IP 层对应于 OSI 模型中的网络层。

（4）数据链路层

数据链路层有时又称网络接口层，数据链路层协议实现了网络中相邻设备之间的互连。数据链路层定义了各种介质的物理连接的特性，及其在不同介质上的信息帧格式。数据链路层涵盖了各种物理介质层网络技术，可以支持以太网、令牌环、ATM（Asynchronous Transfer Mode）、FDDI（Fiber Distributed Data Interface）、帧中继等数据链路技术。TCP/IP 模型中的数据链路层结合了 OSI 模型中的物理层和数据链路层的功能。

3. 协议封装

层次结构模型中数据的实际传送过程如图 3-3 所示。

图 3-3 中发送进程送给接收进程和数据，实际上是经过发送方各层从上到下传递到物理介质；通过物理媒体传输到接收方后，再经过从下到上各层的传递，最后到达接收进程。

在发送方从上到下逐层传递的过程中，每层都要加上适当的控制信息，即图中所示的 H7、H6、…、H1，统称为报头。到最底层成为由"0"或"1"组成和数据比特流，然后再转换为电信号在物理媒体上传输至接收方。接收方在向上传递时过程正好相反，要逐层剥去发送方相应层加上的控制信息。

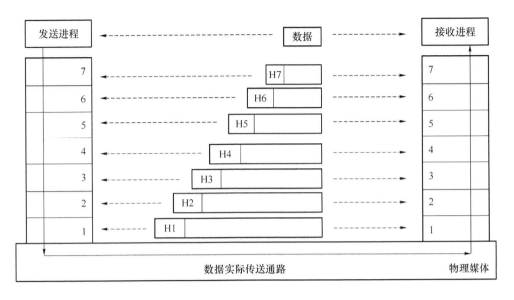

图 3-3　数据的实际传送过程

因接收方的某一层不会收到底下各层的控制信息,而高层的控制信息对于它来说又只是透明的数据,所以它只阅读和去除本层的控制信息,并进行相应的协议操作。发送方和接收方的对等实体看到的信息是相同的,就好像这些信息通过虚通信直接给了对方一样。

在基于 TCP/IP 协议的网络中,各种应用层的数据都被封装在 IP 数据包中在网络上进行传输,其数据封装过程如图 3-4 所示。

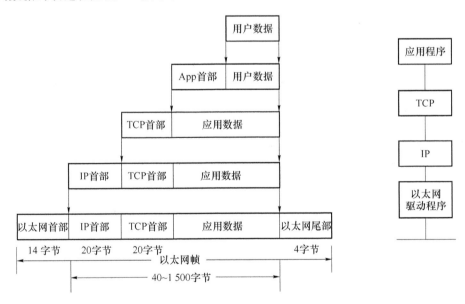

图 3-4　TCP/IP 协议数据封装

用户数据在传输层被称作段(segment),在网络层被称作数据报(datagram),在链路层叫作帧(frame)。数据封装成帧后发送到传输介质上,到达目的主机后每层协议再剥掉相应的首部,最后将应用层数据交给应用程序处理。

3.2.2 IP 协议

因特网协议(IP)定义了如何将网络传输的数据装配为 IP 数据报(也叫作 IP 包)以及在因特网上传输 IP 数据报的规则,它是 TCP/IP 的核心。因特网数据是在 IP 包中携带并通过网络传输的,而传输层协议的作用则是通过本地 IP 程序接口向互联层提供数据报。当数据抵达目标主机时,本地 IP 程序将负责数据报的接收并把数据报的有效载荷交给本地传输层程序进行处理。

IP 协议是不可靠的协议,因为 IP 并没有做任何事情来确认数据包是否按顺序发送或者有没有被破坏。IP 数据包中含有源地址和目的地址。

1. IP 的功能

- 分组的传输:使用 IP 分组格式,按照 IP 地址进行传输差错处理与控制。
- 路由的选择和维护:根据 IP 地址,使用路由协议进行路由的选择和维护。

2. IP 的特点

- IP 层属于通信子网,位于通信子网的最高层。
- 提供无连接的分组传输:简单、不能保证传输的可靠性。
- IP 协议是点到点的:对等 IP 层实体间的通信不经过其他节点。

3. 每个 IP 数据报包含一个头部和正文部分

头部有一个 20 字节的定长部分和一个可选的变长部分。图 3-5 显示了 IP 数据报的头部格式。

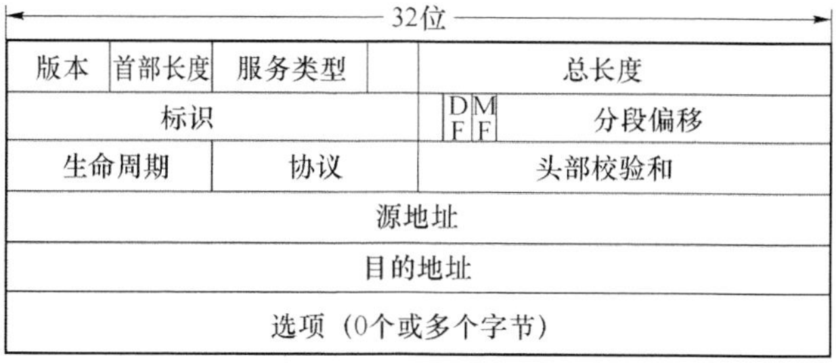

图 3-5 IPv4(Internet 协议)头部格式

- 本书中分析的协议的版本号(Version)是 4,即 IPv4 。
- 首部长度(Header Length)指的是首部以 32 位为单位的长度,其中包括任何选项。由于它是一个 4 位字段,因此首部最长为 60 字节。普通 IP 数据报(没有任何选择项)字段的值是 5。
- 总长度(Total Length)字段是指整个 IP 数据报的长度,以字节为单位。利用首部长度字段和总长度字段,就可以知道 IP 数据报中数据内容的起始位置和长度。由于该字段长 16 位,所以 IP 数据报最长可达 65 535 字节。

4. IP 地址

- IP 地址是 IP 协议定义的,对每个物理终端来说是其在全网唯一的通用 32 位地址格式,IP 地址解决 Internet 中的寻址问题(屏蔽了异种网络之间物理地址等特性的差异)。五类不同的 IP 地址格式如图 3-6 所示。
- IP 地址的分配是在网络信息中心(NIC)的统一管理下进行的。

- IP 地址的结构:网络号和主机号。其中网络号会因子网划分,分成网络号和子网号两部分。
- IP 地址可以划分为 A、B、C、D、E 五类,其中 A、B、C 是基本类,D、E 类作为多播和保留使用。这五类 IP 地址的具体划分如图 3-6 所示。

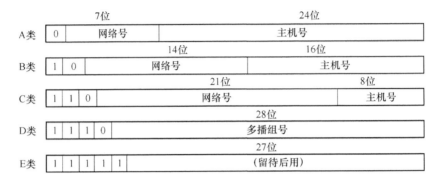

图 3-6 五类 IP 地址

5. IP 层的安全机制

- 不提供认证服务。
- 不提供数据保密性服务。
- 不提供数据完整性保护。
- 不提供抗抵赖服务。
- 不保证可用性和服务质量(QoS)。
- 通过防火墙可以提供基于 IP 地址的访问控制。

3.2.3 TCP 协议

1. TCP 基本情况

Internet 中的 TCP 协议是最为广泛应用的一个传输层协议,是专门为了在不可靠的互联网络上提供一个可靠的端到端字节流而设计的。TCP 协议建立在 IP 协议之上,它提供的是一种可靠的、按序递交的服务。

TCP/UDP 服务通过创建套接字(socket)实现。每个套接字有一个套接字序号,包括主机的 IP 地址以及一个主机本地的 16 位端口号。序号小于 256 的端口是通用端口(well-known port),在 RFC1700 中定义。

图 3-7 显示了 TCP 数据段的布局结构。每个数据段的起始部分是一个固定格式的 20 字节的头。固定的头部后可能跟着头选项。在选项之后,如果该数据段有数据部分的话,则后面跟着最多可达 65 495 字节的数据。无任何数据的 TCP 段也是合法的,通常被用于确认和控制消息。

TCP 头部中的源端口(Source Port)和目标端口(Destination Port)域标明了一个连接的两个端点。知名的端口被定义在 www.iana.org 上,但是,每台主机可以自由地分配其他的端口。一个端口加上其主机的 IP 地址构成了一个 48 位的唯一端点。源端点和目标端点合起来标识一个连接。序列号表示所发送的数据的第一字节的序号,用以标识从 TCP 发端向 TCP 收端发送的数据字节流。确认序号指期望收到的下一个字节的序号。只有在标识位中的 ACK 比特设置为 1 时,此序号才有效。TCP 头部长度指以 32 位为计算单位的 TCP 段首部的长度。标识位有 6 个,如图 3-8 所示。窗口大小域指滑动窗口协议中的窗口大小。校验和是对整个 TCP 首部和 TCP 数据部分的检校。紧急指针是一个正的偏移量,与序号字段的值相加等于该数据的最后一个字节的序号。

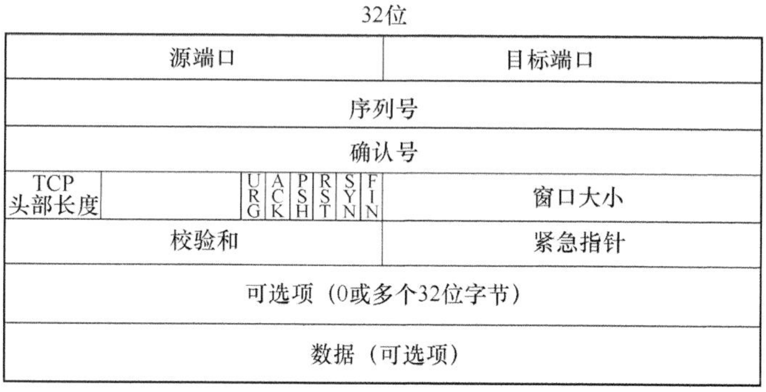

32位	
源端口	目标端口
序列号	
确认号	
TCP头部长度　　URG ACK PSH RST SYN FIN	窗口大小
校验和	紧急指针
可选项 (0或多个32位字节)	
数据 (可选项)	

图 3-7　TCP 数据报头部

URG	紧急指针有效
ACK	确认序列号有效
PSH	接收方应当尽快将这个报文交给应用层
RST	连接复位
SYN	同步序列号用来发起一个连接
FIN	发送端完成发送任务

图 3-8　TCP 协议标识位

2. TCP 三次握手机制

基于 TCP/IP 协议的链接通常采用客户端/服务器模式。客户端与服务器之间的面向连接的访问是基于 TCP 三次握手机制。三次握手机制首先要求对本次连接的所有报文进行编号,取一个随机值作为初始序号。由于序号域足够长,可以保证序号循环一周时使用同一序号的旧报文早已传输完毕。网络上也就不会出现关于同一连接、同一序号的两个不同报文。在三次握手法的第一次中,A 机向 B 机发出连接请求(简称 CR),其中包含 A 机端的初始报文序号(比如 X)。第二次,B 机收到 CR 后,发回连接确认(CC),其中包含 B 机端的初始报文序号(比如 Y),以及 B 机对 A 机初始序号 X 的确认。第三次,A 机向 B 机发送 $X+1$ 序号数据,其中包含对 B 机初始序号 Y 的确认。三次握手机制如图 3-9 所示。

3. 传输层安全机制

· 可以提供基于 IP 地址的认证和访问控制。

· 不提供数据保密性、完整性服务。

· 不提供抗抵赖服务。

· 不提供可用性服务,不保证服务质量。

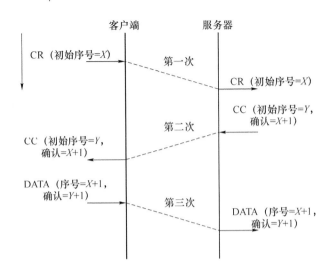

图 3-9　建立连接的理论过程

3.3　TCP/IP 安全

在理解了 TCP/IP 协议族的一些参数之后,再来理解 TCP/IP 协议族中的设计漏洞就比较容易了。

3.3.1　网络层问题

1. IP 路由欺骗

网络层的主要功能是将分组从源机器路由到目标机器中。在大多数子网中,分组需要经过多跳(hop)才能到达目的地。因此路径选择成为分组能否顺利到达的关键。路由协议就是负责确定一个进来的分组应该被传送到哪一条输出线路上。如果子网内部使用了数据报,那么路由器必须针对每一个到达的数据分组重新选择路径,因为从上一次选择了路径之后,最佳的路径可能已经改变了。路由信息的交换主要分为以下几类。

(1) 自治系统要通过系统内一个授权的非核心网关向所属核心网关报告本地路由信息,核心网关也要通过它报告主干网路由信息。(外部网关协议 EGP,External Gateway Protocol,如 BGP)。

(2) 核心网关之间相互交换路由信息。(核心网关协议 GGP,Gateway-Gateway Protocol)。

(3) 自治系统是独立的,其内部可采用自己的路由协议。(内部网关协议 IGP,Internal Gateway Protocol,如 OSPF, RIP, IGRP 等)。

IP 报文首部的可选项中有"源站选路",可以指定到达目的站点的路由。正常情况下,目的主机如果有应答或其他信息返回源站,就可以直接将该路由反向运用作为应答的回复路径。

IP 路由欺骗过程如图 3-10 所示。

(1) 攻击条件

- 主机 A(假设 IP 地址是 192.168.100.11)是主机 B 的被信任主机;

- 主机 X 想冒充主机 A 从主机 B(假设 IP 地址是 192.168.100.1)获得某些服务。

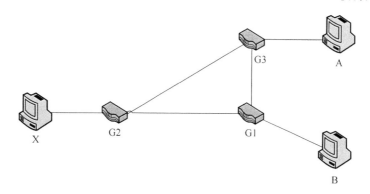

图 3-10 IP 路由欺骗过程

(2) 攻击过程

- 攻击者修改距离 X 最近的路由器 G2,使得到达此路由器且包含目的地址 192.168.100.1 的数据包以主机 X 所在的网络为目的地;
- 攻击者 X 利用 IP 欺骗(把数据包的源地址改为 192.168.100.11)向主机 B 发送带有源路由选项(指定最近的路由器 G2)的数据包。当 B 回送数据包时,按收到数据包的源路由选项反转使用源路由,就传送到被更改过的路由器 G2。由于 G2 路由表已被修改,收到 B 的数据包时,G2 根据路由表把数据包发送到 X 所在网络,X 可在其局域网内较方便地进行侦听,收取此数据包。

IP 源路由欺骗防范措施如下:

- 关闭源路由选项功能;
- 路由器配置参数的监控;
- 防火墙的过滤措施。

2. ARP 欺骗

ARP,即地址解析协议,实现通过 IP 地址得知其物理地址的目的。在 TCP/IP 网络环境下,每个主机都分配了一个 32 位的 IP 地址,这种互联网地址是在网际范围标识主机的一种逻辑地址。为了让报文在物理网络上传送,必须知道对方目的主机的物理地址。这样就存在把 IP 地址变换成物理地址的地址转换问题。以以太网环境为例,为了正确地向目的主机传送报文,必须把目的主机的 32 位 IP 地址转换为 48 位以太网的地址。这就需要在互连层有一组服务将 IP 地址转换为相应物理地址,这组协议就是地址解析协议(ARP,Address Resolution Protocol)。ARP 协议用于 IP 地址到物理地址的映射。逆向地址解析协议(RARP,Reverse Address Resolution Protocol)用于物理地址到 IP 地址的映射。

当 IP 需要把一个目的 IP 地址转换为一个硬件接口地址时,它就发送一个 ARP 请求。然后请求被广播到本地网络内的每一台机器。当具有此 IP 地址的机器看到这个请求包时,它就发送一个应答(它无须再广播应答包,因为它可以从请求包当中获得硬件和 IP 地址),在应答中给出其硬件地址。这样发送请求的机器就可以提取硬件地址,并且在缓存中保存这个地址,以备后用。现在,IP 层可以以适当的源和目的 MAC 地址构造整个以太网帧。ARP 协议过程如图 3-11 所示。

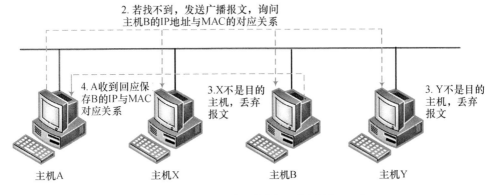

图 3-11 MAC 查询

ARP 的最大问题是它的无状态性。也就是说,侦听响应的进程同发送请求的进程之间没有什么关系。如果机器收到一个 ARP 响应,那么我们是无法知道是否真的发送过对应的 ARP 请求的。如图 3-12 所示,假想这样一种情形,主机 A 要和主机 B 进行通信,如果在主机 A 的 ARP 映射表里不存在主机 B 的 MAC 地址,那么它会发出 ARP 请求,这时攻击者构造虚假的 ARP 响应,更改了主机 A 和主机 B 的 ARP 映射表,把攻击者的 MAC 地址映射到主机 A 和 B,那么主机 A 和 B 之间的流量就会在其不知情的情况下发往攻击者的系统中。

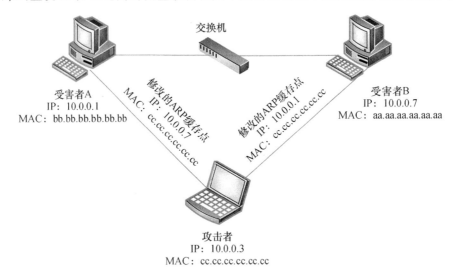

图 3-12 ARP 欺骗

ARP 欺骗防范措施如下。

- 认证:确保线路上已授权的机器使用自身的 MAC 地址,现在很多交换机可以配置 MAC 地址和端口的映射。
- 检测:检测此类攻击的工具,例如 ARPWatch,监视局域网内所有 MAC 地址和 IP 地址的映射对,一旦有改变将产生告警或日志。

3. Smurf

如图 3-13 所示,攻击者将目的地址设置成广播地址(以太网地址为 FF:FF:FF:FF:FF:FF:FF)后,将会被网络中所有主机接收并处理。显然,如果攻击者假冒目标主机的地址发出广播信息,则所有主机都会向目标主机回复一个应答使目标主机淹没在大量信息中,无法提供新的服务。这个攻击就是利用广播地址的这一特点将攻击放大而实施的拒绝服务攻击。

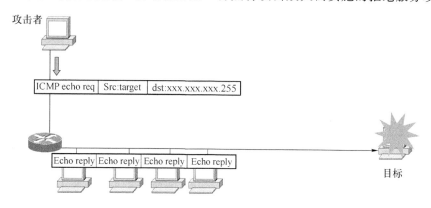

图 3-13　Smurf 攻击

Smurf 欺骗防范措施如下:

- 配置路由器禁止 IP 广播包进网;
- 配置网络上所有计算机的操作系统,禁止对目标地址为广播地址的 ICMP 包响应;
- 被攻击目标与 ISP 协商,由 ISP 暂时阻止这些流量;
- 对于从本网络向外部网络发送的数据包,本网络应该将其源地址为其他网络的这部分数据包过滤掉。

4. 死亡之 ping

最简单的基于 IP 的攻击可能要数著名的死亡之 ping(ping of death),这种攻击主要是由单个包的长度超过了 IP 协议规范所规定的包长度所致。产生这样的包很容易,事实上,许多操作系统都提供了称为 ping 的网络工具。在 Windows 98 中,开一个 DOS 窗口,输入 ping-l 65510 the.target.ip.addr 就可达到该目的。UNIX 系统也有类似情况。

早期的路由器对所通过的数据包有最大尺寸的限制,所以许多操作系统对 TCP/IP 栈的实现也有相应的限制,比如规定 ICMP 包长度限制为 64 KB。很自然地,操作系统在对包的标题头进行读取之后,要根据该标题头里包含的信息来为有效载荷生成缓冲区。当接收到规格与该要求不一致的数据包时,比如出现声称自己的尺寸超过 ICMP 上限的数据包的情况,操作系统内存分配可能出现异常,从而导致系统协议栈崩溃或最终系统死机。通过设定特定的 ICMP 包,导致主机系统网络崩溃的攻击,这里称为死亡之 ping。

由于使用 ping 工具很容易完成这种攻击,以至于它也成了这种攻击的首选武器,这也是这种攻击名称的由来。当然,还有很多程序都可以做到这一点,因此仅仅阻塞 ping 的使用并不能够完全解决这个漏洞。

预防死亡之 ping 的最好方法是对操作系统进行补丁,这样内核将不再对超过规定长度的包进行重组。

5．Teardrop

链路层具有最大传输单元(MTU)这个特性，MTU 特性要求 IP 协议栈能够处理 IP 数据的分片与重组。IP 分片数据中偏移量和长度用来指示当前分片在原数据包中的位置和自身长度。对于人为设计的偏移量、长度有矛盾的数据包的重组处理，可能导致操作系统出现异常，利用操作系统这种缺陷实施的攻击称为 IP 包碎片攻击。Teardrop 是典型的 IP 包碎片攻击。

攻击者可以通过发送两段(或者更多)数据包来实现 Teardrop 攻击：第一个包的偏移量为 0，长度为 N；第二个包的偏移量小于 N，而且算上第二片 IP 包的数据部分，也未超过第一片的尾部。这样就出现了重叠现象(overlap)。为了合并这些数据段，有的系统(如 Linux 2.0 内核)的 TCP/IP 堆栈会计算出负数值(对应取值很大的无符号数)，将分配超乎寻常的巨大资源，从而造成系统资源的缺乏甚至机器的重新启动。

3.3.2　传输层问题

1．Land 拒绝服务攻击

在 Land 攻击中，向目标主机发送一个特别伪造的 SYN 包，它的 IP 源地址和目标地址都被设置为目标主机，此举将导致目标主机向它自身发送 SYN-ACK 消息，而其自身又发回 ACK 消息并创建一个空连接，每一个这样的连接都将保留直到超时，这样的空连接多了，由于 TCP/IP 协议栈对连接有数量的限制，就会造成拒绝服务攻击。不同系统对 Land 攻击反应不同，许多 UNIX 系统将崩溃，Windows NT 变得极其缓慢。

2．TCP 会话劫持

在 TCP 成功连接后没有任何的认证机制。TCP 假定只要接收到的数据包包含正确的序列号就认为数据是可以接受的。一旦连接建立，服务器无法确定进入的数据包确实是来自真正的客户机器还是来自某一台假冒的机器。

一个客户程序通过 TCP 正在与一台服务器进行通信。攻击者使用 ARP 欺骗技术来截获客户与服务器之间的数据流，使之经过攻击者的机器。攻击者可以采取被动攻击以免引起注意，即客户的所有命令保持原样被发送到服务器，服务器的响应也不加修改地发送给客户。对于客户和服务器来说，它们都认为是在直接进行通信。由于攻击者可以看到序列号，有必要的话，它可以把伪造的数据包放到 TCP 流中。

这将允许攻击者以被欺骗的客户具有的特权来访问服务器。攻击者同样也可以查看所有同攻击相关的输出，而且不把它们送往客户机。这样的攻击是透明的。在这种情况下，攻击者甚至不需要知道访问机器所需的口令，只需简单地等待用户登录到服务器，然后劫持(Hijack)会话数据流即可。

3．SYN Flood 攻击

SYN Flood 攻击是一种利用 TCP 协议缺陷，大量伪造 TCP 连接请求，导致被攻击方资源耗尽(CPU 满负荷或内存不足)的攻击方式。

如图 3-14 所示，客户端向服务器端发送一个 SYN 请求，服务器就会发送一个 SYN/ACK 来应答。服务器每接收一个这样的 SYN 请求，就会留出一部分资源管理这个新连接。此时如果攻击者发送大量带欺骗地址的 SYN 请求给服务器，这些半开连接最终导致服务器把所有可用的 TCP 连接资源都分配殆尽，从而不能处理新的请求。

实施这种攻击有两种方法：第一种，向目标机发送 SYN 分组并确保发送分组的地址不会应答 SYN/ACK 分组，这需要监听数据包并在主机或路由器上阻断；第二种，伪装成当时不在线的 IP 地址向目标机发动攻击，这样也不会有应答（RST 分组）回应给目标机。

从防御角度来说，有几种简单的解决方法。

第一种是缩短 SYN Timeout 时间，由于 SYN Flood 攻击的效果取决于服务器上保持的 SYN 半连接数，这个值＝SYN 攻击的频度×SYN Timeout，所以通过缩短从接收到 SYN 报文到确定这个报文无效并丢弃该连接的时间，例如设置为 20 秒以下（过低的 SYN Timeout 设置可能会影响客户的正常访问），可以成倍地降低服务器的负荷。

第二种方法是设置 SYN Cookie，就是给每一个请求连接的 IP 地址分配一个 Cookie，如果短时间内连续受到某个 IP 的重复 SYN 报文，就认定是受到了攻击，以后从这个 IP 地址来的包会被丢弃。

可是上述两种方法只能对付比较原始的 SYN Flood 攻击，缩短 SYN Timeout 时间仅在对方攻击频度不高的情况下生效，SYN Cookie 更依赖于对方使用真实的 IP 地址，如果攻击者以数万/秒的速度发送 SYN 报文，同时利用 SOCK_RAW 随机改写 IP 报文中的源地址，以上的方法同样没有用处。

防范 SYN Flood 攻击的另一种方法是：设置路由器和防火墙在给定的时间内只允许数量有限的半开 TCP 连接发往主机，这样半开 TCP 连接就无法填满目标机的缓冲区，攻击无法成功。

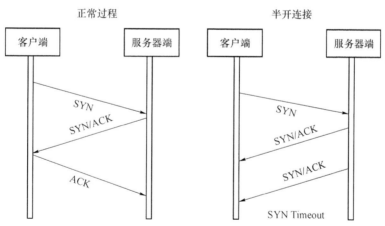

图 3-14　SYN Flood 攻击示意

4. 分布式拒绝服务攻击

分布式拒绝服务攻击（DDoS，Distributed Denial of Service）是在传统的 DoS 攻击基础之上产生的一类攻击方式。它借助于客户/服务器技术，将多个计算机联合起来作为攻击平台，对一个或多个目标发动 DoS 攻击，从而成倍地提高拒绝服务攻击的威力。由于 DDoS 攻击工具的泛滥及所针对的协议层的缺陷短时无法改变的事实，DDoS 也就成为目前流传最广、最难防范的攻击方式之一。DDoS 攻击原理如图 3-15 所示。

DDos 攻击分为三层：攻击者、主控端、代理端。三者在攻击中扮演着不同的角色。

- 攻击者：攻击者所用的计算机是攻击主控台，可以是网络上的任何一台主机，甚至可以是一个活动的便携机。攻击者操纵整个攻击过程，它向主控端发送攻击命令。

- 主控端:主控端是攻击者非法侵入并控制的一些主机,这些主机还分别控制大量的代理主机。主控端主机的上面安装了特定的程序,因此它们可以接受攻击者发来的特殊指令,并且可以把这些命令发送到代理主机上。
- 代理端:代理端同样也是攻击者侵入并控制的一批主机,它们上面运行攻击器程序,接受和运行主控端发来的命令。代理端主机是攻击的执行者,真正向受害者主机发送攻击。

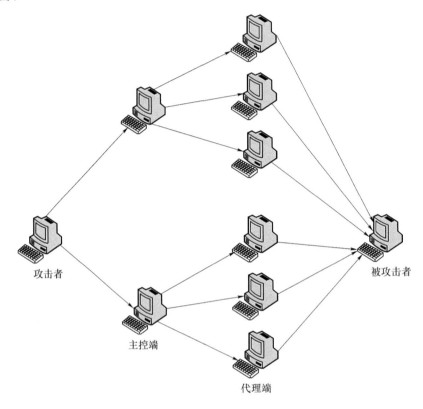

图 3-15　DDoS 攻击的原理图

3.3.3　应用层问题

1. DNS 安全问题

本节以域名系统(DNS,Domain Name System)欺骗为例,简要介绍 DNS 协议的安全问题。

(1) DNS 协议

为便于记忆,在因特网上大量使用主机名而不是 IP 地址,它们之间的转换需要使用 DNS 域名服务。DNS 的本质是一种分层次的、基于域的命名方案,并且用一个分布式数据库系统来实现此命名方案。

DNS 的两个重要特性:DNS 对于自己无法解析的域名,会自动向其他 DNS 服务器查询。为提高效率,DNS 会将所有已经查询到的结果存入缓存(Cache)。

(2) DNS 的工作过程

第 1 步,客户机提出域名解析请求,并将该请求发送给本地的域名服务器。

第 2 步,当本地域名服务器收到请求后,首先查询本地缓存,如果有该记录项,则本地域名服务器直接把查询的结果返回。

第 3 步,如果本地缓存中没有该记录,则本地域名服务器直接把请求发给根域名服务器,然后根域名服务器再返回给本地域名服务器一个查询域(根的子域)的域名服务器的地址。

第 4 步,本地服务器再向第 3 步返回的域名服务器发送请求,接受请求的服务器查询自己的缓存,如果没有该记录,则返回相关的下级的域名服务器的地址。

重复第 4 步,直到找到正确的记录。

本地域名服务器把返回的结果保存到缓存,同时将结果返回给客户机。

域名解析的方式有两种。第一种叫递归解析(Recursive Resolution),要求名字服务器系统一次性完成全部名字-地址变换;第二种叫反复解析(Iterative Resolution),每次请求一个服务器,若成功则请求别的服务器。二者的区别在于前者将复杂性和负担交给服务器软件,后者则交给解析器软件。显然递归解析方式在名字请求频繁时性能不好,而反复解析方式在名字请求不多时性能不好。

(3) DNS 欺骗

DNS 是一种用于 TCP/IP 应用程序的分布式数据库,它提供主机名字和 IP 地址之间的转换以及有关电子邮件的选路信息。DNS 有两个重要特性:一是 DNS 对于自己无法解析的域名,会自动向其他 DNS 服务器查询;二是为提高效率,DNS 会将所有已经查询到的结果存入缓存(Cache)。正是这两个特点,使得 DNS 欺骗(DNS Spoofing)成为可能。DNS 的正常工作过程如图 3-16 所示。

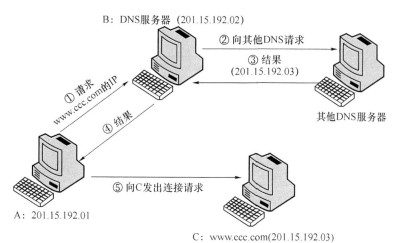

图 3-16　DNS 工作过程示意图

图 3-16 有 A、B、C 三台主机,其中 B 向 A 提供 DNS 服务,A 想要访问 C(www. ccc. com),这个过程如下。

① A 向 B 发一个 DNS 查询请求,要求 B 告诉 www. ccc. com 的 IP 地址,以便与之通信。

② B 查询自己的 DNS 数据库,找不到 www. ccc. com 的 IP 地址,遂向其他 DNS 服务器求援,逐级递交 DNS 请求。

③ 某个 DNS 服务器查到了 www. ccc. com 的 IP 地址,向 B 返回结果。B 将这个结果保存在自己的缓存中。

④ B 将结果告诉 A。

⑤ A 得到了 C 的地址,就可以访问 C 了(如向 C 发出连接请求)。

在上述过程中,如果 B 在一定的时间内不能给 A 返回要查找的 IP 地址,就会给 A 返回主机名不存在的错误信息。

实施 DNS 欺骗的基本思路是:让 DNS 服务器的缓存中存有错误的 IP 地址,即在 DNS 缓存中放一个伪造的缓存记录。为此,攻击者首先需要伪造一个用户的 DNS 请求,其次再伪造一个查询应答。

但是,在 DNS 的消息格式中还有一个 16 位的查询标识符(Query ID),它将被复制到 DNS 服务器的相应应答中,在多个查询未完成时,用于区分响应。所以,回答信息只有 Query ID 和 IP 都吻合才能被 DNS 服务器接受。因此,进行 DNS 欺骗攻击,还需要能够精确地猜测出 Query ID。由于 Query ID 每次加 1,只要通过第一次向将要欺骗的 DNS 服务器发一个查询包并监听其 Query ID 值,随后再发送设计好的应答包,包内的 Query ID 就是要预测的 Query ID。下面结合图 3-16,介绍一次 DNS 欺骗过程。

① 入侵者先向 B(DNS 服务器)提交查询 www.ccc.com 的 IP 地址的请求。

② B 向外递交查询请求。

③ 入侵者立即伪造一个应答包,告诉 www.ccc.com 的 IP 地址是 201.15.192.04(往往是入侵者的 IP 地址)。

④ 查询应答被 B(DNS 服务器)记录到缓存中。

⑤ 当 A 向 B 提交查询 www.ccc.com 的 IP 地址请求时,B 将 201.15.192.04 告诉 A。

可以看出,DNS 欺骗是有一定的局限性的,一方面,入侵者不能替换 DNS 缓存中已经在的记录,另外,缓存中的记录具有一定的生存期,过期就会被刷新。

要实现对 DNS 欺骗防范可以通过对所得 IP 地址再次验证实现。同时需要保护 DNS 服务器的安全,防止 DNS 服务不可用,可以通过及时更新补丁,购买安全防御工具的手段解决。运营商需要和 DNS 提供商建立良好的沟通机制,建立必要的应急联动机制。

2. HTTP 安全问题

本节以 Web 欺骗为例,简述 HTTP 安全问题。

Web 欺骗是一种电子信息欺骗,攻击者在其中创造了整个 Web 世界的一个令人信服但是完全错误的副本。错误的 Web 看起来十分逼真,它拥有相同的网页和链接。然而,攻击者控制着错误的 Web 站点,这样受攻击者浏览器和 Web 之间的所有网络信息完全被攻击者所截获,其工作原理就好像是一个过滤器。

欺骗能够成功的关键是在受攻击者和其他 Web 服务器之间设立起攻击者的 Web 服务器,这种攻击种类在安全问题中称为"来自中间的攻击"。为了建立起这样的中间 Web 服务器,黑客往往进行以下工作。

首先,攻击者改写 Web 页中的所有 URL 地址,这样它们指向了攻击者的 Web 服务器而不是真正的 Web 服务器。假设攻击者所处的 Web 服务器是 www.org,攻击者通过在所有链接前增加 http://www.www.org 来改写 URL。例如,http://home.xxx1.com 将变为 http://www.www.org/http://home.xxx1.com. 当用户点击改写过的 http://home.xxx1.com(可能它仍然显示的是 http://home.xxx1),将进入的是 http://www.www.org,然后由 http://www.www.org 向 http://home.xxx1.com 发出请求并获得真正的文档,然后改写文档中的所有链接,最后经过 http://www.www.org 返回给用户的浏览器。

其工作流程如下:

① 用户点击经过改写后的 http://www.www.org/http://home.xxx1.com；

② http://www.www.org 向 http://home.xxx1.com 请求文档；

③ http://home.xxx1.com 向 http://www.www.org 返回文档；

④ http://www.www.org 改写文档中的所有 URL；

⑤ http://www.www.org 向用户返回改写后的文档。

很显然,修改过的文档中的所有 URL 都指向了 www.org,当用户点击任何一个链接都会直接进入 www.org,而不会直接进入真正的 URL。如果用户由此依次进入其他网页,那么他们是永远不会摆脱受攻击的可能。

如果受攻击者填写了一个错误 Web 上的表单,那么结果看来似乎会很正常,因为只要遵循标准的 Web 协议,表单欺骗很自然地不会被察觉:表单的确定信息被编码到 URL 中,内容会以 HTML 形式来返回。既然前面的 URL 都已经得到了改写,那么表单欺骗将是很自然的事情。

当受攻击者提交表单后,所提交的数据进入了攻击者的服务器。攻击者的服务器能够观察,甚至是修改所提交的数据。同样地,在得到真正的服务器返回信息后,攻击者在将其向受攻击者返回以前也可以为所欲为。

为了提高 Web 应用的安全性,有人提出了安全连接的概念。它是在用户浏览器和 Web 服务器之间建立一种基于 SSL 的安全连接。可是让人感到遗憾的是,它在 Web 欺骗中基本上无所作为。受攻击者可以和 Web 欺骗中所提供的错误网页建立起一个看似正常的"安全连接":网页的文档可以正常地传输而且作为安全连接标志的图形(通常是关闭的一把钥匙或者锁)依然工作正常。换句话说,也就是浏览器提供给用户的感觉是一种安全可靠的连接。但正像我们前面所提到的那样,此时的安全连接是建立在 www.org 而非用户所希望的站点。

3.4　有 害 程 序

程序是指在一定的软、硬件环境下可执行的代码,实现设计者期望的计算机行为、状态。而有害程序是指侵入计算机系统,破坏系统、信息的机密性、完整性和可用性等的程序。有害程序有时也叫作恶意代码(malicious code)。有害程序事件是指蓄意制造、传播有害程序,或是因受到有害程序的影响而导致的信息安全事件。

有害程序事件包括计算机病毒事件、蠕虫事件、木马事件、僵尸网络事件、混合攻击程序事件、网页内嵌恶意代码事件和其他有害程序事件七个第二层分类。

伴随着计算机技术的发展,有害程序也经过了 30 多年的发展,其破坏性和感染性在不断增强,种类也在不断增多。特别是在步入网络时代后,随着网络的逐步普及,网络的开放和快捷的特性为有害程序的发展提供了很好的环境,有害程序对人们生活的影响也越来越大。随着当前移动智能终端的发展,可以预见,有害程序转战智能设备将是未来的趋势。

3.4.1　计算机病毒

1. 计算机病毒简介

计算机病毒是一个程序,一段可执行代码。像生物病毒一样,计算机病毒有其独特的复制能力,可以很快地蔓延,又常常难以根除,它们能把自身附着在各种类型的文件上,当文件被复制或从一个用户传送到另一个用户时,它们就随同文件一起蔓延开来。现在,随着计算机网络的发展,计算机病毒和计算机网络技术相结合,蔓延的速度更加迅速。

计算机病毒从不同的角度出发,会有多种不同的定义。《中华人民共和国计算机信息系统安全保护条例》第二十八条是这样定义计算机病毒的:"计算机病毒,是指编制或者在计算机程序中插入的破坏计算机功能或者毁坏数据,影响计算机使用,并能自我复制的一组计算机指令或者程序代码。"

一般计算机病毒具备以下特性。

可执行性:与其他合法程序一样,是一段可执行程序,但不是一个完整的程序,而是寄生在其他可执行程序上,当病毒运行时,便与合法程序争夺系统的控制权,往往会造成系统崩溃,导致计算机瘫痪。

传染性:正常的计算机程序一般是不会将自身的代码强行连接到其他程序之上的。而病毒却能够使自身的代码强行传染到一切符合其传染条件的未受到传染的程序之上。计算机病毒可以通过各种可能的渠道,如软盘、光盘和计算机网络去传染给其他的计算机,是否具有传染性是判别一段程序是否为计算机病毒的最重要条件。

隐蔽性:病毒一般是具有很高编程技巧、短小精悍的一段程序,通常潜入在正常程序或磁盘中。病毒程序与正常程序不容易被区别开来,在没有防护措施的情况下,计算机病毒程序取得系统控制权后,可以在很短的时间内感染大量程序。而且受到感染后,计算机系统通常仍能正常运行,用户不会感到有任何异常。正是由于其隐蔽性,计算机病毒得以在用户没有察觉的情况下扩散到其他计算机中。

潜伏性:大部分病毒在感染系统之后不会马上发作,它可以长时间地隐藏在系统中,只有在满足其特定条件时才启动其表现(破坏)模块。这些病毒在平时会隐藏得很好,只有在发作日才会被激活,产生破坏性。

破坏性:任何病毒只要侵入系统,都会对系统及应用程序产生不同程度的影响。良性病毒可能只做一些恶作剧,或者根本没有任何破坏动作,只是会占用系统资源。恶性病毒则有明确的目的,或破坏数据、删除文件或加密磁盘、格式化磁盘,有的甚至对数据造成不可挽回的破坏。

计算机病毒之所以具有寄生能力和破坏能力,与病毒程序的结构有密切关系。目前已出现的病毒一般包含三大模块,即:引导模块、感染模块和表现(破坏)模块。其中,后两个模块都包括一段触发条件检查程序段,它们分别检查是否能满足出发条件和是否满足表现(破坏)条件。一旦相同的条件得到满足,病毒就会进行感染和表现(破坏)。

2. 计算机病毒分类

要系统地了解计算机病毒,就要先对计算机病毒进行分类。计算机病毒的分类方法有很多种,以下列举几种常见的分类方法。

按计算机病毒攻击的机型分类可分为:攻击微型机的病毒;攻击小型机的病毒;攻击工作站的病毒;攻击中、大型计算机的病毒。

按病毒的传播媒介分类可分为:单机病毒,通常以磁盘、U 盘、光盘等存储设备为载体;网络病毒,通过网络协议或电子邮件进行传播。

按病毒攻击的操作系统分类可分为:DOS 病毒;Windows 病毒;UNIX 或 OS/2 系统病毒;Macintosh 系统病毒;其他操作系统病毒,如嵌入式操作系统。

按病毒的链接方式分类可分为:源码型病毒,此类病毒攻击用高级语言编写的程序,在编译之前将病毒代码插入到源程序中;入侵型病毒,此类病毒将自身嵌入到已有程序中,把计算机病毒的主体程序与其攻击对象以插入方式链接,并代替其中部分不常用的功能模块或堆栈区;外壳型病毒,此类病毒通常附着在宿主程序的首部或尾部,相当于给宿主程序加了一个"外壳";译码型病毒,此类病毒隐藏在如 Office、HTML 等文档中,如常见的宏病毒、脚本病毒;操作系统型病毒,此类病毒加入或取代部分操作系统功能进行工作,具有很强的破坏性。

按病毒的表现(破坏)情况分类可分为:良性病毒,不包含对计算机系统产生直接破坏作用的代码,只是不停地传播并占用资源,包括无危害型病毒和无危险型病毒;恶性病毒,代码中包含损伤和破坏计算机系统的操作,传染或发作时对系统产生直接破坏作用,包括危险型病毒和非常危险型病毒。

按计算机病毒寄生方式分类可分为:引导型病毒,病毒程序占据操作系统引导区,如小球病毒;文件型病毒,主要感染一些如.COM、.EXE 的可执行文件,是主流的病毒,如目录病毒、宏病毒;混合型病毒,集引导型和文件型病毒特性于一体。

3. 计算机病毒的传播机制

计算机病毒的传播途径有很多,包括:通过不可移动的计算机硬件设备进行传播,如硬盘;通过移动存储设备传播,如磁带、软盘、移动硬盘、U 盘、光盘等;通过有线网络系统传播,主要包括电子邮件、Web、BBS、FTP、即时通信等;通过无线通信系统传播,如攻击和利用 WAP 服务器、网关、蓝牙等。

计算机病毒的传播机制,也称为计算机病毒的感染机制或传染机制,其目的是实现病毒自身的修复和隐藏。病毒的感染对象主要有两种:一种是寄生在磁盘引导扇区;另一种是寄生在可执行文件中。另外,宏病毒、脚本病毒是比较特殊的病毒,在用户使用 Office 或浏览器的时候获取执行权;还有一些蠕虫只寄生在内存中,而不感染引导扇区和文件。

不同种类的病毒,其传染机理也不同。引导型病毒的传染机理是利用在开机引导时窃取中断控制权,并在计算机运行过程中监视软盘读写时机,趁机完成对软盘的引导区感染,被感染的软盘又会传染给其他计算机。文件型病毒传染机理是执行被感染的可执行文件后,病毒进驻内存,监视系统运行,并查找可能被感染的文件进行感染。混合感染则既感染引导扇区,又感染文件。交叉感染是指一个宿主程序上感染多种病毒,这类感染的消毒处理比较麻烦。

为更好地说明计算机病毒的传播机制,下面介绍两个计算机病毒实例,一个是通过 U 盘自启动功能传播的 AutoRun 病毒,另一个是通过电子邮件传播的 ILOVEYOU 病毒。

(1) AutoRun 病毒

U 盘病毒一般是通过移动介质的自启动功能传播的。U 盘病毒也称 AutoRun 病毒,能够通过产生的 AutoRun.inf 进行传播的病毒都可称为 U 盘病毒。

AutoRun.inf 文件是从 Windows 95 开始的,最初用在其安装盘里,实现自动安装,以后的各版本都保留了该文件并且部分内容也可用于其他存储设备。AutoRun.inf 的关键字如表3-1 所示。

表 3-1 AutoRun.inf 的关键字

AutoRun.inf 关键字	说明
[AutoRun]	表示 AutoRun 部分开始
Icon=X:\"图标".ico	给 X 盘一个图标
Open=X:\"程序".exe 或者"命令行"	双击 X 盘执行的程序或命令
shell\"关键字"="鼠标右键菜单中加入显示的内容"	右键菜单新增选项
shell\"关键字"\command="要执行的文件或命令行"	选中右键菜单新增选项执行的程序或命令

U 盘病毒会在系统中每个磁盘目录下创建 AutoRun.inf 病毒文件,借助"Windows 自动播放"的特性,使用户双击盘符时就可以立即激活指定的病毒。

一般来说,U 盘病毒都会通过隐藏扩展名,伪装成系统图标等方式来隐藏自己,用户可通过修改"文件夹选项"设置来显示这些隐藏的病毒。

(2) ILOVEYOU 病毒

ILOVEYOU 病毒属于恶意代码范畴,别名为情书病毒或 Love Letter 病毒。ILOVEY-OU 病毒是一种主要借助邮件传播,借助 ILOVEYOU 的虚假外衣,欺骗相关用户打开其内存的 VBS 附件从而感染病毒。感染后,该病毒会通过 Outlook 通讯录向外传播,并且在本机中大量搜索相关账号和密码,并发给开发者,是恶性病毒的一种。所以要提醒广大计算机用户警惕不明邮件,不要打开来源不明的邮件所包含的附件,如图 3-17 所示。

图 3-17 ILOVEYOU 病毒的传播

ILOVEYOU 病毒主要有以下几个危害:

- 病毒会经由被感染者 Outlook 通讯录的名单发出自动信件,借以连锁性地大规模散播,造成企业邮件服务器瘫痪。
- 病毒发作时,会感染并覆写后缀名为 *.mp3, *.vbs, *.jpg, *.jpeg, *.hta, *.vbe, *.js, *.jse 等十种文件格式。
- 病毒大肆复制自身,覆盖音乐和图片文件。

该病毒还会在受到感染的机器上搜索用户的账号和密码,并发送给病毒作者。

3.4.2 特洛伊木马

1. 特洛伊木马简介

特洛伊木马是指通过欺骗手段植入到网络与信息系统中,并具有控制该目标系统或进行信息窃取等功能的有害程序。它是一种具有隐藏性的、自发性的可被用来进行恶意行为的程序,多不会直接对计算机产生危害,而是以控制为主。RFC1244 节点安全手册中给出"特洛伊木马程序是这样一种程序,它提供了一些有用的,或仅仅是有意思的功能。但是通常要做一些用户不希望的事,诸如在你不了解的情况下复制文件或窃取你的密码",这种对木马程序定义的叙述被人们广泛接受。传统计算机木马的基本原理如图 3-18 所示。

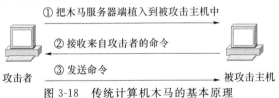

图 3-18 传统计算机木马的基本原理

木马在发展过程中经历了几次重要的技术革新,通常将木马分为五代。

第一代木马功能较为单一,主要以破坏文件和窃取密码为主。1986 年出现的 Pc-Write 木马是第一个在计算机界出名的木马。该木马伪装成共享软件 Pc-Write 的 2.72 版本(实际上编写 Pc-Write 的 Quicksoft 公司从未发行过 2.72 版本)。当用户信以为真下载并运行该程序时,这个木马会做两件事:一是清除 FAT(文件分配表,计算机上用于组织硬件存储内容的系统);二是格式化硬盘,删除所有存储的数据。该木马具有病毒的特征现象,被称为伪病毒型木马。

第二代木马功能较为完备,可以实现文件控制、信息窃取、转向攻击后门等多种功能,以 BO2000、Sbuseven 为代表。"冰河"是国内著名的木马,由国内安全程序员黄鑫在 1999 年编写完成,凭借着国产化和暂时无杀毒软件能防范的优势迅速成为当时黑客使用最广泛的木马,是当时为数不多的具有窗口界面的国产木马。"冰河"木马属于文本关联型程序,其服务器会随文本文件的打开而运行,具有远程修改注册表,点对点即时通信功能,可以对受害者机器上的文件进行复制、修改、删除等非法操作。

第三代木马在信息传递方面有较大突破,如反弹端口、ICMP 协议传输等。国内的"灰鸽子"采用反弹端口技术,主动向客户端发起连接,逃避防火墙对外部连接请求的阻碍。"灰鸽子"具有后门功能,感染后的机器可以被黑客远程控制,如记录键盘、结束指定的进程、强制重启计算机、执行系统命令、获取系统信息、从网上下载指定的文件等。具有相似功能的还有十大流行病毒之一的"德芙"木马病毒。

第四代木马在进程隐藏方面有重大突破。DLL 注入型木马经常使用我们常见的一些系统服务进程作为寄主进程,如 lsass. exe、svhost. exe 和 iexplore. exe 等系统服务进程,这些进程本来就会存在,不会引起怀疑,从而增强其隐蔽性。

第五代木马与蠕虫、病毒相结合,具有更大的危害性。2006 年的"熊猫烧香"病毒,就是融合了木马、蠕虫、病毒 3 种入侵手段,利用蠕虫的传播能力和多种渠道传播,在短短几个月内感染了数以万计的计算机,疯狂下载、运行各种木马程序。类似的还有"仇英""艾妮"等病毒。

2. 木马的特性及分类

木马有以下五个特性。

(1) 程序性:程序性是指木马是一段执行特殊功能的非授权性程序,进行一些用户所不希望的操作,如窃取密码、盗取文件和提供后门等。程序性是木马的本质特性,说明木马是人为制造的,是在一定技术基础上设计完成的,同样也可以使用技术手段进行反击。只不过从现阶段来看,与木马技术相比,反木马技术尚处于被动的追赶阶段,反木马战役的成功有赖于相关技术的提高,如对木马最新技术的剖析和对未知木马的预测等。

(2) 隐藏性:隐藏性是指木马服务端能够躲避杀毒软件的扫描,不会被轻易地发现。没有服务端的支持,木马程序就无法实现远程控制和破坏。木马服务端长期潜伏在用户计算机内的前提就是要隐藏自己,功能实现往往次之。隐藏性较差的木马往往会被杀毒软件发现,若在运行之前被消灭在用户主机内部,就发挥不了作用。与病毒相比,木马的使命决定了它需要具有更高的隐藏性。隐藏性是木马最大的特性。

(3) 有效性:有效性是指入侵的木马与其控制端(入侵者)建立有效的通信联系,能接收到控制端的命令信息,并能将搜集的信息返回给入侵者。木马运行在目标机器上的目的就是要实现入侵者的某些企图。如果入侵者和木马的通信途径被切断,植入的木马对入侵者来说就不再具有任何价值。成功入侵的木马对目标机器的监控和信息采集能力也是衡量其有效性的一个重要内容。

(4) 顽固性:顽固性是指有效清除木马的难易程度,体现了木马对反木马操作的免疫性。当木马被用户通过杀毒软件或其他途径检测出来(失去隐蔽性)后,为了继续确保其侵入的有效性,往往还具有另外一个重要特性——顽固性。如果一个木马不能一次性有效清除,那么该木马就具有较强的顽固性。一些常用的反清除技术有多实例法,将木马程序(多份)分别存放在目标机器不同的目录下,这些木马实例互相监督,以防止某个木马实例被查杀,确保木马工作还能继续进行。多实例可以通过采用同时运行多个线程或进程来实现。

(5) 易植入性:任何木马要想发挥作用必须首先进入目标机器(植入操作),可见易植入性是木马有效性的先决条件。

按照不同的分类标准,木马的分类方法不尽相同,常见的有以下几种分类标准。

按照功能可分为以下几种类型。

(1) 密码发送型:用于搜集用户的各种密码,并在用户不知道的情况下,通过邮件或即时通信的方式发送给指定的目标,如入侵者的邮箱或者是木马客户端。各种账号和密码都可能成为木马觊觎的目标,如邮箱、MSN、QQ、网上银行、网络游戏等。密码获取的方式也有多种,如搜寻所有和密码相关的文件、监测输入和欺骗输入等。目前存在的 QQ 盗号木马就是通过模拟与 QQ 客户端相似的界面或者监测真正的 QQ 登录界面作为实现手段,待用户输入用户名和密码时偷偷将其记录下来,寻找机会发给使用木马的入侵者。

(2) 键盘记录型:键盘记录型木马用于监测用户的键盘敲击动作,并将敲击的内容详细记录下来,伺机发送出去。这种木马程序一般随 Windows 系统的启动自动加载,通过记录用户的键盘敲击内容,监控用户的一举一动。入侵者通过分析木马记录的内容,提取感兴趣的信息,如用户的上网习惯或疑似密码的输入信息等。

(3) 屏幕截取型:屏幕截取型木马可以抓取用户当前计算机屏幕上的图像。入侵者通过接收到的图像可以看到用户具体在干什么,就好像站在受害者计算机的旁边看受害者操作计算机一样,只不过是依据抓屏的频率间歇性地偷看一下。

(4) 文件控制型:文件控制型木马用于对受害者主机的各种文件进行各种非法操作,范围涉及普通文件、注册表文件和系统文件等。

(5) 后门型:后门型木马通过打开目标机器的一个端口或连入因特网,将目标机器暴露给入侵者。在木马服务端的配合下,入侵者可获取目标机器的部分或全部操作权限,通过控制端对目标机器进行远程控制。

按照隐藏技术可分为以下几种类型。

(1) EXE 伪装型:木马的伪装主要有文件伪装和进程伪装。通常的文件伪装主要有以下几种方式:将文件属性改为隐藏,采用类似于系统文件的文件名,将木马文件的创建时间设定成与系统文件相同的时间。进程伪装主要是将木马自己的进程名设为与系统进程类似的名称,在任务栏中隐藏自己,肉眼很难看见。一般用户对系统了解不足,以为是系统进程而不敢轻易删除。

(2) 传统 DLL\VxD 型:传统 DLL\VxD 型木马是一种使用 DLL(动态链接库)技术进行隐藏的木马。与 EXE 型木马不同,此类型木马本身是一个 DLL 文件,它本身不能自己运行,在系统启动时或其他程序(如 IE 或资源管理器)启动时一并被载入执行,也可通过 Rundll32.exe 被载入运行。在任务管理器中并不能看到它的踪迹,此类型木马躲藏在当前载入的 DLL\VxD 模块列表中。

（3）DLL 关联型：DLL 关联型木马采用与已知 DLL 相关联的机理实现木马功能。如通过精心设计一个 DLL 替换已知的系统 DLL 或潜入其内部，并对所有的函数调用进行过滤转发，对于正常的调用直接转发给被替换的系统 DLL，对于特定的情况，则首先会进行一些木马操作。例如，杀毒软件在扫描木马文件时会使用系统调用功能，木马程序会对此监听，当判断要打开的是木马文件本身时，返回文件不存在等假结果，使得木马文件不能被发现。木马采用同样的方式接管某些系统调用函数，隐藏自己的注册表启动项、注册表的系统服务和木马进程。

（4）DLL 注入型：DLL 注入型木马将木马的 DLL 文件注入某个进程的地址空间，然后潜伏在其中并完成木马的工作。DLL 注入的方法有很多种，比较有效的是远程缓冲区溢出技术和远程线程技术。远程线程技术就是通过在另一个进程中创建远程线程的地址空间，在远程嵌入完成后，再将原进程关掉，木马模块就作为线程在另一个进程中运行，系统中不存在木马进程的痕迹，是一种很有效的木马隐藏技术。远程缓冲区溢出技术是将木马程序写入目前正在运行的某个进程的内存中，更改该进程异常处理（ExceptionHandle）代码，使之转向木马程序模块处运行。

按照通信技术可分为以下几种类型。

（1）传统 C/S 通信型：该类型木马服务端打开某个端口监听来自控制端的连接消息，以便与控制端进行通信交流。这是一般 C/S 模式的程序采用的通信方式。但防火墙一般会阻断来自外部的连接请求，使得采用这种传统通信模式的木马与控制端的通信受到限制。

（2）端口寄生型：端口寄生型木马利用目标机器上一个已经打开的端口进行监听（寄生其上），遇到（来自控制端的特殊格式）指令就进行解释执行。由于这种木马寄生在目标机器已有的系统服务之上，没有另开端口，因此此类木马在系统端口扫描时不会被发现。

（3）反弹端口型：反弹端口型木马采用服务端主动向控制端发起连接的方式进行通信。由于绝大多数防火墙都严格限制由外向内的连接请求，工作在传统 C/S 通信模式下的木马往往很难奏效。而一般防火墙对由内向外的连接请求通常不加限制，这样使得采用反弹端口模式的木马能够躲避一般防火墙的阻截。例如，如果将控制端主机的监听端口设为 80，伪装成 Web 服务器，则目标机器的通信请求都会被防火墙误认为是 HTTP 请求而予以通行。有时控制端机器伪装成 FTP 服务器或 SMTP 服务器，将通信伪装成合法化。

（4）ICMP 型：ICMP 型木马采用 ICMP 协议进行通信交流，由于不需要建立连接，可有效避免被端口扫描工具发现。服务端通过在协议数据包中加入特殊格式的信息，实现与控制端的通信。但由于这类协议是无连接的，不适合用来进行实时图像传输和远程控制，可以用来传输一些敏感信息。与 ICMP 协议类似，ARP 协议有时也用于木马的通信。

（5）电子邮件型：该类型木马的服务端将搜集的信息以邮件的方式发到木马使用者的邮箱内。与反弹端口型木马相比，电子邮件型木马通信效率相对较低，但是它具有不会暴露木马使用者的 IP 的强大优势，同时比较容易通过防火墙，因此目前应用比较广泛。

（6）网卡或 Modem 直接编程型：这类木马与控制端进行通信时不利用套接字，而采用直接对网卡或 Modem 进行编程，可以防止杀毒软件的套接字检测扫描。

下面具体介绍一下 ICMP 型木马的原理。

基于 ICMP 的隐蔽通信的思路是，由于 ICMP 报文是由系统内核或进程直接处理而不是通过端口，这就给木马一个摆脱端口的绝好机会，木马将自己伪装成一个 ping 的进程，系统就会将 ICMP_ECHOREPLY（ping 的回包）的监听、处理权交给木马进程，一旦事先约定好的

ICMP_ECHOREPLY 包出现（可以判断包大小、ICMP_SEQ 等特征），木马就会接受、分析并从报文中解码出命令和数据。

ICMP 与 IP 位于同一层，它通常被认为是 IP 层的一个组成部分，如图 3-19 所示。它传递差错报文以及其他需要注意的控制信息。ICMP 报文是在 IP 数据报内部被传输的。ICMP 的报文格式如图 3-20 所示，所有报文的前四个字节都是一样的，但是剩下的其他字节则互不相同。下面简要介绍各种报文格式。

图 3-19　ICMP 数据报封装格式 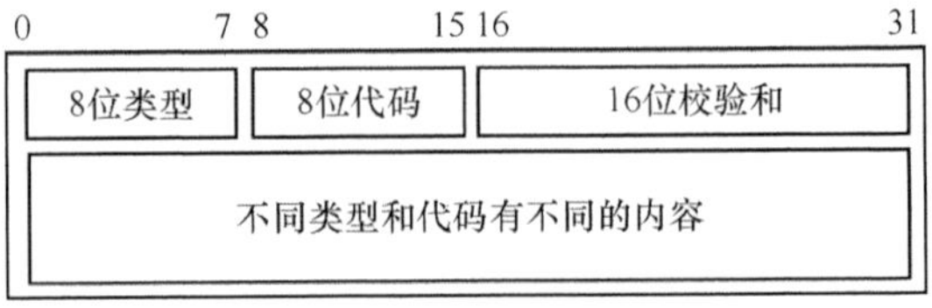　　　　图 3-20　ICMP 报文

类型字段可以有 15 种不同的值，以描述特定类型的 ICMP 报文。某些 ICMP 报文还使用代码字段的值来进一步描述不同的条件。校验和字段覆盖整个 ICMP 报文。使用的算法和 IP 首部校验和算法相同。ICMP 的校验和是必需的。图 3-21 所示是一个真实的 ICMP 通信的例子。

```
ICMP Request
0000  08 00 df 5a 03 00 6b 01 61 62 63 64 65 66 67 68   ...Z..k.abcdefgh
0010  69 6a 6b 6c 6d 6e 6f 70 71 72 73 74 75 76 77 61   ijklmnopqrstuvwa
0020  62 63 64 65 66 67 68 69                           bcdefghi
ICMP Reply
0000  00 00 e7 5a 03 00 6b 01 61 62 63 64 65 66 67 68   ...Z..k.abcdefgh
0010  69 6a 6b 6c 6d 6e 6f 70 71 72 73 74 75 76 77 61   ijklmnopqrstuvwa
0020  62 63 64 65 66 67 68 69                           bcdefghi
```

图 3-21　一个 ICMP 通信实例

针对这种 ICMP 隐藏通信有简单有效的防御方法，即禁止 ICMP_ECHOREPLY 报文，但这种方法会导致 ping 命令失效。

3. 木马的植入

特洛伊木马的植入是指特洛伊木马程序在被攻击系统中被激活，自动加载运行的过程。特洛伊木马自启动的方式几乎涵盖操作系统所能支持的程序启动方式，以下分别描述。

（1）系统配置文件的自启动选项

在 Windows 系统中，直接在程序启动组目录“C:\Windows\Start Menu\Programs\Start Up”加入特洛伊木马的程序可以简单实现自启动，但这种方法隐蔽性太差。win. ini 和 system. ini 这两个文件包含了操作系统所有的控制功能和应用程序信息，特洛伊木马经常会修改这两个文件，以达到自启动的目的。

- win. ini 文件：win. ini 文件的［Windows］字段中，包含“Load＝”和“Run＝”两项，一般情况下这两项的内容为空，特洛伊木马可以把自己的存储位置添加到其中，使其能够自启动。
- system. ini 文件：system. ini 文件的［386Enh］字段中，可以通过修改“driver＝路径\程序名”的方式，使特洛伊木马随 Windows 的启动而自动加载运行。另外，system. ini 文件的［mic］、［drivers］、［drivers32］和［boot］4 个字段也起到加载驱动程序的作用，也有可能被特洛伊木马修改。

此外 Windows 系统中 Autoexec. bat、config. sys、AutoRun. inf 等文件也可能用于设置程序自动启动。

（2）加载自启动的注册表项

以下是 Windows 系统经常使用的用于加载程序自启动的注册表项,通过修改它们可以实现特洛伊木马的自启动。

√ HKEY_CURRENT_USER\Software\Microsoft\Windows\CurrentVersion\Run

√ HKEY_LOCAL_MACHINE\Software\Microsoft\Windows\CurrentVersion\Run

√ HKEY _ LOCAL _ MACHINE \ Software \ Microsoft \ Windows \ CurrentVersion \ RunOnce

√ HKEY _ CURRENT _ USER \ Software \ Microsoft \ Windows \ CurrentVersion \ RunOnce

√ HKEY_CURRENT_USER\Software\Microsoft\Windows\CurrentVersion\RunServicesOnce

√ HKEY_LOCAL_MACHINE\Software\Microsoft\Windows\CurrentVersion\RunServicesOnce

√ HKEY_CURRENT_USER\Software\Microsoft\Windows\CurrentVersion\RunServices

√ HKEY_LOCAL_MACHINE\SoftwareMicrosoft\Windows\CurrentVersion\RunServices

√ HKEY_CURRENT_USER\Software\Microsoft\Windows\CurrentVersion\RunOnceEx

√ HKEY _ LOCAL _ MACHINE \ Software \ Microsoft \ Windows \ CurrentVersion \ RunOnceEx

√ HEY_CURRENT_USER\Software\Microsoft\WindowsNT\CurrentVersion\Windows 下的 load 键值

√ HKEY_LOCAL_MACHINE\Software\Microsoft\WindowsNT\CurrentVersion\Winlogon 下的 Userinit、Shell 键值

（3）通过修改文件关联加载

通过修改文件关联启动的特洛伊木马的迷惑性很强,其原理是利用 Windows 系统在双击某个文件时,自动启动与此文件相应的处理程序功能,将处理程序偷换成木马程序,这样在用户双击该文件时,木马程序就会自动启动了。这种木马有可能会修改 TXT 文件、DLL 文件、EXE 文件、COM 文件、BAT 文件、HTA 文件、PIF 文件、HTA 等文件的关联,通过修改注册表［HKEY_CLASSES_ROOT］根键下上述各文件的 command 键值完成。

以修改 EXE 文件关联为例,详细说明特洛伊木马修改文件关联的方法。注册表［HKEY_CLASSES_ROOT\exefile\shell\open\command］键值中记录的是 EXE 文件的打开方式,其默认键值为:"％1\" ％ ＊。如果特洛伊木马(被控端为 Trojan. exe)把此默认键值改为 Trojan. exe "％1\" ％ ＊,那么在运行 EXE 文件时就会启动 Trojan. exe 文件,该木马就可以加载运行了。"灰鸽子"木马就是通过关联 EXE 文件方式打开的,"冰河"木马是通过关联 TXT 文件方式打开的。

4. 木马隐藏技术

木马有多种隐藏方式,常见的有:任务栏隐藏,使程序不出现在任务栏;进程隐藏,躲避任务管理器等进程管理工具;端口隐藏,躲避嗅探工具,使用户无法发现隐蔽的网络通信;通信隐藏,进行通信时,将目标端口设定为常用的 80、21 等端口,可以躲过防火墙的过滤;隐藏加载方式,通过各类脚本允许木马;修改设备驱动程序或修改动态链接库(DLL)来加载木马。

木马的隐藏技术大体可分为进程隐藏技术,文件隐藏技术,通信隐藏技术三类。

进程隐藏,就是通过某种手段,使用户不能发现当前运行着的病毒(此处主要是指木马、蠕虫)进程,或者当前病毒程序不以进程或服务的形式存在。

文件隐藏技术有很多实现方法,常见的有:①取与系统文件类似的名字;②合并文件,有个别木马程序能把它自身的.exe 文件和服务器端的图片文件绑定;③采用 NTFS 文件系统一个文件中包含多个数据流;④APIHook 技术,文件的枚举最终调用的是 NtQueryDirectoryFile 函数;⑤通过修改系统服务描述符表(SSDT,System Service Descriptor Tables),截获系统服务调用;⑥通过文件系统过滤驱动来实现,主要是通过拦截系统的文件操作,其实就是拦截 I/O 管理器发向文件系统驱动程序的 IRP。

通信隐藏技术是在用户毫无感知的情况下完成木马客户端与服务器端的数据交互。早期的木马(如"冰河")采用的通信技术都是简单的 TCP 连接方式,这样用户很容易就能够发现非法的连接,从而发现恶意代理的存在。随着技术的发展,隐蔽通信的技术也在不断发展,反弹端口技术、ICMP 型木马技术等隐蔽通信技术纷纷出现。

3.4.3 蠕虫

1. 蠕虫简介

蠕虫是一种通过网络自我复制的恶意程序。其一旦被激活,可以表现得像细菌和病毒一样,向系统注入特洛伊木马,或进行任何次数的破坏或毁灭行动。典型的蠕虫只会在内存维持一个活动副本。此外,蠕虫是一个独立程序,自身不改变任何其他程序,但可以携带具有改变其他程序的病毒。

在行为特征上,通过对已发现的蠕虫的分析,可以总结出蠕虫具有如下行为特征。

(1) 主动攻击:在本质上,网络蠕虫是黑客入侵的自动化工具,当网络蠕虫被释放后,先是搜索漏洞,到利用搜索结果攻击系统,到复制副本,整个过程都是由网络蠕虫自身主动完成。这是网络蠕虫与计算机病毒最大的区别。

(2) 行踪隐藏:在网络蠕虫传播过程中,不像计算机病毒需要计算机使用者的辅助工作(如执行文件、打开文件、浏览网页、阅读邮件等),网络蠕虫的传播过程计算机使用者基本上察觉不到。值得注意的是,行踪隐藏和快速传播是一对矛盾,具有快速传播能力的蠕虫,会引起网络数据流量剧增,甚至网络瘫痪,也就是说,要达到快速传播同时也暴露了蠕虫行踪。

(3) 利用漏洞:计算机系统存在漏洞是蠕虫传播的前提,利用这些漏洞,网络蠕虫获得被攻击的计算机系统的一定权限,继而完成后续的复制和传播过程。这些漏洞有的是操作系统本身的问题,有的是应用服务程序的问题,有的是网络管理人员的配置问题。正是由于产生漏洞原因的复杂性,导致防御网络蠕虫攻击的困难性。

(4) 降低系统性能:网络蠕虫入侵计算机系统后,会在此计算机上复制自身多个副本,每个副本又开始自动启动搜索程序探测网络中新的攻击目标。大量的进程会消耗系统的资源,致使系统性能下降,尤其对网络服务器的影响明显。

（5）造成网络拥塞：网络蠕虫传播的第一步是大面积搜索网络上的主机，找到网络上其他存在漏洞的目标主机。搜索探测动作包括：判断其他计算机是否存在；判断特定应用服务是否存在；判断漏洞是否存在，等等，这样的动作不可避免地增加网络流量。感染网络蠕虫的主机，也开始在网络上探测存在漏洞的目标主机。之后，网络蠕虫副本在不同主机间传递或是向某一目标发出攻击时都不可避免地产生大量网络数据流量，导致整个网络瘫痪，造成巨大的经济损失。

（6）产生安全隐患：大部分网络蠕虫有搜索、扩散、窃取系统敏感信息（如用户密码）功能，并在系统中留下后门，这些会给系统带来安全隐患。

2. 蠕虫功能结构

蠕虫的实现包括 3 个模块，分别是扫描模块、感染模块和执行功能模块，如图 3-22 所示。

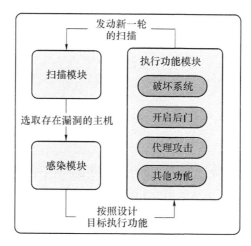

图 3-22　计算机蠕虫的组成

在蠕虫的传播过程中，不同模块负责完成各自相对应的环节的功能，具体如下。

- 扫描：由蠕虫的扫描模块负责探测目标主机。扫描模块利用对方主机的漏洞、邮件或者即时通信方式得到一个可传播的对象。
- 感染：感染模块感染扫描得到的对象，进而感染此计算机。
- 功能执行：感染后执行蠕虫设计者预定义的功能，如破坏系统、开启后门、将此计算机作为代理进一步攻击等。

蠕虫的传播速度是指数级的，一轮传播之后，蠕虫会再次利用扫描模块进行更大范围的传播。一旦一台计算机感染了蠕虫，它就会按照一定的策略传播其自身。如果是向相邻的计算机进行传播，那么网络中大量的主机很快就会被蠕虫所感染。而这些已经被感染的主机往往会不断地寻找新的感染目标，进而达到大规模消耗网络资源的目的。

3. 蠕虫的扫描策略

蠕虫扫描策略是指网络蠕虫在扩散的过程中，选择下一步潜在感染对象时所采用的方法，扫描策略的好坏与否，直接影响着网络蠕虫传播速度。研究人员对目前出现的蠕虫进行分析得知网络蠕虫的扫描策略主要有：随机性扫描、顺序扫描、目标列表扫描、路由信息扫描、DNS 扫描、分治扫描等。

（1）选择性随机扫描（selective random scan）：随机扫描会对整个地址空间的 IP 随机抽取进行扫描，即 IP 地址没有任何规律；选择性随机扫描是将最有可能存在漏洞主机的地址集合作为扫描的地址空间,这也是随机扫描策略的一种。选择性随机扫描所选的目标地址按照一定的算法随机生成,互联网地址空间中未分配的或者保留的地址块不在扫描之列。选择性随机扫描具有算法简单、实现容易的特点,若与本地优先原则结合,则能达到更好的传播效果。但选择性随机扫描容易引起网络阻塞,使得网络蠕虫在爆发之前易被发现,隐蔽性差。CodeRed,Slapper 和 Slammer 的传播采用了选择性随机扫描策略。

(2) 顺序扫描(sequential scan):顺序扫描是指被感染主机上网络蠕虫会随机选择一个 C 类网络地址进行传播。根据本地优先原则,网络蠕虫一般会选择它所在网络内的 IP 地址。若蠕虫扫描的目标地址 IP 为 A,则扫描的下一地址 IP 为 $A+1$ 或者 $A-1$。一旦扫描到具有很多漏洞主机的网络时就会达到很好的传播效果。该策略的不足是对同一台主机可能重复扫描,引起网络拥塞。W32.Blaster 是典型的顺序扫描蠕虫。

(3) 基于目标列表的扫描(hit-list scan):基于目标列表的扫描,是指网络蠕虫在寻找受感染的目标之前预先生成一份可能易传染的目标列表,然后对该列表进行攻击尝试和传播。目标列表生成方法有两种:通过小规模的扫描或者互联网的共享信息产生目标列表;通过分布式扫描可以生成全面的列表数据库。理想化蠕虫 Falsh 就是一种基于 IPv4 地址空间列表的快速扫描网络蠕虫。

(4) 基于路由的扫描(routable scan):基于路由的扫描是指网络蠕虫根据网络中的路由信息,对 IP 地址空间进行选择性扫描的一种方法。采用随机扫描的网络蠕虫会对未分配的地址空间进行探测。而这些地址大部分在互联网上是无法路由的,因此会影响到蠕虫的传播速度。如果网络蠕虫能够知道哪些 IP 是可路由的,它就能够更快、更有效地进行传播,并能躲避对抗工具的检测。

(5) 基于 DNS 扫描(DNS scan):基于 DNS 扫描是指网络蠕虫从 DNS 服务器获取 IP 地址来建立目标地址库。这种扫描策略的优点在于,所获得的 IP 地址具有针对性和可用性强的特点。这种扫描策略的缺点是,难以得到有 DNS 记录的地址完整列表;蠕虫代码需要携带非常大的地址库,传播速度慢;目标地址列表中地址数受公共域名主机的限制。例如 CodeRed I 所感染的主机中几乎一半没有 DNS 记录。

4. CodeRed 蠕虫

CodeRed 是一种网络病毒,其传播所使用的技术可以充分体现网络时代网络安全与病毒的巧妙结合,将网络蠕虫、计算机病毒、木马程序合为一体,开创了网络病毒传播的新路,可称为划时代的病毒。如果稍加改造,将是非常致命的病毒,可以完全取得所攻破计算机的所有权限而为所欲为,可以盗走机密数据,严重威胁网络安全。

CodeRed 病毒传播过程可以分为三个阶段。

(1) 扫描阶段:由 CodeRed 扫描功能模块探测存在漏洞的主机,通过 IIS 系统漏洞进行感染。

(2) 攻击阶段:CodeRed 通过 TCP/IP 协议和端口 80,将自己作为一个 TCP/IP 流直接发送到染毒系统的缓冲区,以便能够感染其他的系统。

(3) 复制阶段:CodeRed 利用服务器的网络连接,将病毒从一台计算机内存传到另一台计算机内存。

3.4.4　僵尸程序

僵尸程序(Bot),是一种能实现恶意控制功能的程序代码。

僵尸网络(Botnet),是指采用僵尸程序通过一种或多种传播手段,感染大量主机,从而在控制者和被感染主机之间形成一个可一对多控制的僵尸网络。僵尸网络往往被黑客用来发起大规模的网络攻击,如 DDoS、海量垃圾邮件等,同时黑客控制的这些计算机所保存的信息,如银行账户的密码等也都可被黑客随意"取用"。在 Botnet 的概念中有这样几个关键词。首先"bot 程序"是 robot 的缩写,是指实现恶意控制功能的程序代码;僵尸计算机,就是被植入 bot 的计算机;Control Server 是指控制和通信的中心服务器,在基于 IRC 协议进行控制的 Botnet 中,就是指提供 IRC 聊天服务的服务器。

僵尸网络是一个可控制的网络,这个网络并不是指物理意义上具有拓扑结构的网络,它具有一定的分布性,随着 bot 程序的不断传播而不断有新位置的僵尸计算机添加到这个网络中来。这个网络采用了一定的恶意传播手段形成,如主动漏洞攻击、邮件病毒等各种病毒与蠕虫的传播手段,都可以用来进行 Botnet 的传播。其最主要的特点就是可以一对多地执行相同的恶意行为,比如可以同时对某目标网站进行 DDoS 攻击,同时发送大量的垃圾邮件等,而正是这种一对多的控制关系,使得攻击者能够以极低的代价高效地控制大量的资源为其服务,这也是 Botnet 攻击模式近年来受到黑客青睐的根本原因。在执行恶意行为的时候,Botnet 充当了一个攻击平台的角色,这就使得 Botnet 不同于简单的病毒和蠕虫,也与通常意义的木马有所不同。

Botnet 的工作过程包括传播、加入和控制三个阶段。

一个 Botnet 首先需要的是具有一定规模的被控计算机,而这个规模是逐渐地随着采用某种或某几种传播手段的 bot 程序的扩散而形成的,在这个传播过程中有如下几种手段。

(1) 主动攻击漏洞。其原理是通过攻击系统所存在的漏洞获得访问权,并在 Shellcode 执行 bot 程序注入代码,将被攻击系统感染成为僵尸主机。属于此类的最基本的感染途径是攻击者手动地利用一系列黑客工具和脚本进行攻击,获得权限后下载 bot 程序执行。攻击者还会将僵尸程序和蠕虫技术进行结合,从而使 bot 程序能够进行自动传播。

(2) 邮件病毒。bot 程序还会通过发送大量的邮件病毒传播自身,通常表现为在邮件附件中携带僵尸程序以及在邮件内容中包含下载执行 bot 程序的链接,并通过一系列社会工程学的技巧诱使接收者执行附件或点击链接,或是通过利用邮件客户端的漏洞自动执行,从而使得接收者主机被感染成为僵尸主机。

(3) 即时通信软件。利用即时通信软件向好友列表中的好友发送执行僵尸程序的链接,并通过社会工程学技巧诱骗其点击。

(4) 恶意网站脚本。攻击者在提供 Web 服务的网站中在 HTML 页面上绑定恶意的脚本,当访问者访问这些网站时就会执行恶意脚本,使得 bot 程序下载到主机上,并被自动执行。

(5) 特洛伊木马。伪装成有用的软件,在网站、FTP 服务器、P2P 网络中提供,诱骗用户下载并执行。

在加入阶段,每一个被感染主机都会随着隐藏在自身上的 bot 程序的发作而加入到 Botnet 中去,加入的方式根据控制方式和通信协议的不同而有所不同。在基于 IRC 协议的 Botnet 中,感染 bot 程序的主机会登录到指定的服务器和频道中去,在登录成功后,在频道中等待控制者发来的恶意指令。

在控制阶段,攻击者通过中心服务器发送预先定义好的控制指令,让被感染主机执行恶意行为,如发起 DDos 攻击、窃取主机敏感信息、更新升级恶意程序等。

3.4.5 恶意脚本

脚本是嵌入到数据文档中执行一个任务的一组指令。最典型的脚本是嵌入到网页中的脚本,它们可以实现网站的点击计数器、格式处理器、实时时钟、鼠标效果、搜索引擎等功能。脚本由脚本语言描述。常用的脚本语言有:VBScript、Jscript、JavaScript、PerScript 等。

脚本病毒是一些嵌入在应用程序、数据文档和操作系统中的恶意脚本。脚本病毒一般嵌入在 CSC(CoreDraw)、Web(HTML、HTM、HTH、PHP)、INF(information)、REG(registry)等文件中,主要通过电子邮件和网页传播。

脚本病毒编写比较简单,且具有传播快、破坏性强等特点。

图 3-23 所示是一个简单的网页恶意脚本的例子,在利用网页脚本的传播与感染方式中,主要是利用 Web 浏览器的客户端功能扩展,如 JavaApplet,JavaScript,ActiveX,VBScript 等。利用网页脚本,恶意脚本可以实现很多恶意功能,如读写文件、修改注册表、发送电子邮件等。

```
<HTML>
<HEAD><TITLE> HELLO</TITLE></HEAD>
<SCRIPT LANGUAGE="VBSCRIPT">
<!—
  Dim fso, f1
  Set fso=CreateObject("Scripting.FileSystemObject")
  Set f1=fso.CreateTextFile("C:\vbscript-test.txt", True,True)
  f1.WriteLine("Hello, VBScript can write any date into your hard disk !!!")
  f1.WriteLine("If you don't configure your browser secure")
  f1.Close
-->
</SCRIPT>
</HEAD>
<BODY>
<OBJECT classid=clsid:F935DC22-1CF0-11D0-ADB9-00C04FD58A0B id=wsh
<SCRIPT LANGUAGE="VBSCRIPT">

wsh.RegWrite("HKCU\\Software\Microsoft\\Internet Explorer\\Main\\Start Page'
                "http://www.ccert.edu.cn")
</SCRIPT>
Hello, Check your C:\
</BODY>
<HTML>
```

图 3-23　网页恶意脚本示例

3.4.6 有害程序防范技术

有害程序防范技术包括:

- 恶意代码特征扫描;
- 完整性检验;
- 系统检测;
- 行为阻断;
- 启发式分析。

1. 恶意代码特征扫描

通过对已知恶意代码特征的精确定义,使用"签名字符串"在系统中搜索已知的恶意代码。

恶意代码特征扫描器的运行必须依靠大量的已知恶意代码的特征库。如图 3-24 所示。

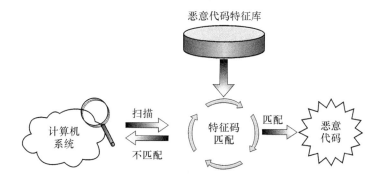

图 3-24　恶意代码特征扫描

2. 完整性检验

通过检测程序或者其他可执行文件是否被更改来判断这些程序是否被感染。

（1）系统数据对比

硬盘主引导扇区、软盘的引导扇区、DOS 分区引导扇区的变化。

FAT 表、中断向量表、设备驱动程序头（主要是块设备驱动程序头）的变化。

（2）文件完整性检验

文件完整性校验如图 3-25 所示。

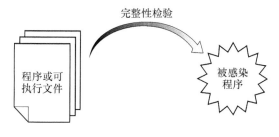

图 3-25　完整性检验

3. 启发式扫描

启发式扫描是手动分析病毒方法的延伸：通过识别可疑的程序指令实现病毒特性的检测，如

- 格式化磁盘类操作；
- 搜索和定位各种可执行程序的操作；
- 实现驻留内存的操作和发现非正常的未公开的系统功能调用的操作。

4. 行为阻断

早期的行为阻断技术的形式主要有：防病毒卡，在系统引导的时候取得系统部分资源控制权（通常就是文件的读写）；一般意义的文件读写监控。

现在的行为阻断技术主要是全方位的行为监控：通过所有可能的异常行为（文件读写、注册读写、进程访问、网络访问等）进行病毒判断，适合于 Windows 等系统。

3.5　安全防护技术

随着信息技术的进步与各种需求的发展,设备和产品变得越来越复杂,安全问题愈发突出;同时由于一般在系统的基础上实现网络功能,因此网络和系统的紧密结合是安全性的重要关注点。本节将介绍基于 TCP/IP 协议不同层次的网络安全解决方案,包括防火墙技术、VPN 技术、入侵检测、入侵防御、安全网关等网络防护技术,以及云安全管理、桌面安全管理等终端防护技术。

3.5.1　网络防护技术

1. 防火墙

（1）防火墙概述

防火墙是位于两个信任程度不同的网络之间(如企业内部网络和 Internet 之间)的软件或硬件设备的组合,它对两个网络之间的通信进行控制,通过强制实施统一的安全策略,防止对重要信息资源的非法存取和访问以达到保护系统安全的目的。

防火墙具有以下一些功能。

① 集中管理。Internet 防火墙允许网络管理员定义一个中心"扼制点"来防止非法用户,如黑客、网络破坏者等进入内部网络。禁止存在安全脆弱性的服务进出网络,并抗击来自各种路线的攻击。Internet 防火墙能够简化安全管理,网络安全性是在防火墙系统上得到加固,而不是分布在内部网络的所有主机上。

② 访问控制。防火墙是在两个网络通信时执行一种访问控制尺度,它能允许你"同意"的人和数据进入你的网络,同时将你"不同意"的人和数据拒之门外,最大限度地阻止网络中的黑客来访问你的网络。

③ 内容控制。内容控制实质还是关键字过滤,内容过滤的速度取决于关键字模式的查找速度。内容过滤的关键就在于发现异常模式而切断连接,至于连接的切断模式也有各种方式,最好是能让用户知道被切断的原因。

④ 日志。网络管理员可以记录所有通过防火墙的重要信息。

⑤ 流量控制。流量控制是几乎任何防火墙都具备的功能,但各种防火墙的流量控制的实现各种各样,能实现控制的能力也各有千秋。可以从流量限制、流量保障、服务质量三方面评价防火墙的流量控制能力。

（2）防火墙的分类

根据防火墙的组成、实现技术和应用环境等方面的不同,可以对防火墙进行分类理解。

根据防火墙自身的体系结构,可以将防火墙分为以下几类:包过滤防火墙、应用级网关、状态检测防火墙、电路级网关等。通过后面对防火墙体系结构和实现技术的描述,我们可以进一步理解这些内容。

① 包过滤防火墙

防火墙最简单的形式是包过滤防火墙。一个包过滤防火墙通常是一台有能力过滤数据包某些内容的路由器。当执行包过滤时,包过滤规则被定义在防火墙上,这些规则用来匹配数据包内容以决定哪些包被允许和哪些包被拒绝。当拒绝流量时,可以采用两种操作方式:①通知流量的发送者其数据将丢弃;②没有任何通知直接丢弃这些数据。采用第①种方式,用户将知道流量被防火墙过滤了,如果这是一个试图访问内部资源的内部用户,该用户可以与管理员联系。采用第②种方式,用户将由于不知道为什么不能建立连接而花费更多的时间和精力解决这个问题。当然,第①种方式对黑客也有一定的价值。

包过滤防火墙能过滤以下类型的信息:

- 源 IP 地址;
- 目的 IP 地址;
- 源端口;
- 目的端口;
- 协议类型;
- ACK 字段;
- 在 IP/TCP 层实现。

包过滤防火墙有两个主要的优点。

- 实现包过滤几乎不再需要费用(或极少的费用),因为这些特点都包含在标准的路由器软件中;能以更快的速度处理数据包;易于匹配绝大多数网络层和传输层报文头的域信息,在实施安全策略时提供许多灵活性。
- 包过滤路由器对用户和应用来讲是透明的,所以不必对用户进行特殊的培训和在每台主机上安装特定的软件。

因为包过滤防火墙只检查网络层和/或传输层信息,所以很多路由产品支持这种过滤类型。由于路由器通常是在网络的边界,提供 WAN 和 MAN 接入,所以能利用包过滤来提供额外层面的安全。这些路由器通常称为边界路由器。即使使用最简单的网络层和传输层过滤,包过滤防火墙也能提供针对多种攻击的保护,包括某些类型的拒绝服务攻击,内部的防火墙可以处理包过滤防火墙不能检测和处理的其他威胁和攻击。

包过滤防火墙具有以下缺点:

- 维护比较困难(需要对 TCP/IP 了解);
- 安全性低(无法防范 IP 欺骗等);
- 不提供有用的日志,或根本就不提供日志;
- 不能防范数据驱动型攻击;
- 不能根据状态信息进行控制;
- 不能处理网络层以上的信息;
- 无法对网络上流动的信息提供全面的控制。

使用包过滤防火墙的优点在于它们可升级,不依赖应用程序,而且由于并不对数据包进行大量处理,因此具有较高的性能。它们往往被用作第一道防御来找出明显恶意或者不是针对某一特定网络的网络流量。这些网络流量再经由更为复杂的防火墙,来识别不太明显的安全风险。

② 应用级网关

应用网关防火墙(AGF,Application Gateway Firewall),通常称为代理防火墙或简称为应用级网关,由于它在应用层处理信息,因此绝大多数防火墙控制和过滤是通过软件来完成的,这比包过滤防火墙和状态防火墙提供更多的流量控制。

应用网关防火墙可以支持一个应用,也可以支持有限数量的多个应用,这些应用通常包括

E-mail、Web 服务、DNS、Telnet、FTP、Usenet 新闻、LDAP、finger 等。

应用网关防火墙的一个功能是它首先对连接请求进行认证,之后再允许流量到达内部资源,实现了对用户请求的连接而不是设备进行认证。而包过滤防火墙和状态防火墙只检查网络层和传输层信息。因此只能认证设备的网络层地址。

应用网关防火墙具有很多优点,包括:

- 实施细粒度的访问控制;
- 认证个人而非设备;
- 能够监控和过滤应用层信息;
- 能够提供详细的日志。

应用网关防火墙在具有很多优点的同时,也存在以下局限性:

- 对每一类应用需要专门的代理;
- 灵活性差;
- 支持的应用比较有限;
- 有时要求特定的客户端软件。

③ 状态检测防火墙

状态检测防火墙工作在协议栈的 4、5 层之上。状态检测防火墙能够实现连接的跟踪功能,比如对于一些复杂协议,除了使用一个公开的端口进行通信外,在通信过程中还会动态建立自连接进行数据传输。状态检测防火墙能够分析主动连接中的内容信息,识别出缩写上的自连接的端口而在防火墙上将其动态打开。

状态防火墙存在以下优势:

- 了解连接的各个状态,因此可以在连接终止后及时阻止此后来自外部设备的该连接的流量,防止伪造流量通过;
- 无须为了允许正常通信而打开更大范围的端口;
- 通过使用状态表能够阻止更多类型的 DoS 攻击;
- 具有更强的日志功能。

④ 电路级网关

电路级网关用来监控受信任的客户或服务器与不受信任的主机间的 TCP 握手信息,来决定该会话是否合法,电路级网关是在 OSI 模型中会话层上来过滤数据包,这样比包过滤防火墙要高两层。另外,电路级网关还提供一个重要的安全功能:网络地址转换(NAT)将所有公司内部的 IP 地址映射到一个"安全"的 IP 地址,这个地址是由防火墙使用的。有两种方法来实现这种类型的网关,一种是由一台主机充当筛选路由器而另一台充当应用级防火墙。另一种是在第一个防火墙主机和第二个之间建立安全的连接。这种结构的优点是当一次攻击发生时能提供容错功能。

(3) 防火墙的体系结构

① 双重宿主主机体系结构

如图 3-26 所示,一个双重宿主主机是一种防火墙,双重宿主主机至少有两个网络接口,外部网络能够与双重宿主主机通信,内部网络也能够与双重宿主主机通信,但是内部网络和外部网络之间的通信必须经过双重宿主主机的过滤和控制。这种防火墙的最大特点是 IP 层的通信是被阻止的,两个网络之间的通信可通过应用层数据共享或应用层代理服务来完成。

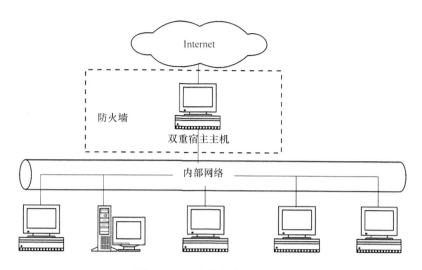

图 3-26　双重宿主主机防火墙

NAT(Network Address Translation,网络地址转换)是双重宿主主机体系结构的一个关键技术,其核心思想就是将一个 IP 地址用另一个 IP 地址代替。地址转换主要用在两个方面:一是网络管理员希望隐藏内部网络的 IP 地址,这样互联网上的主机无法判断内部网络的情况;二是内部网络的 IP 地址是无效的 IP 地址,这种情况主要是因为现在的 IP 地址不够用,要申请到足够多的合法 IP 地址很难办到,因此需要转换 IP 地址。

在上面两种情况下,内部网对外面是不可见的,互联网不能访问内部网,但是内部网内主机之间可以相互访问。网络管理员可以决定哪些内部的 IP 地址需要隐藏,哪些地址需要映射成为一个对互联网可见的 IP 地址。地址转换可以实现一种"单向路由",这样不存在从互联网到内部网的或主机的路由。图 3-27 展示了地址转换技术的基本原理。

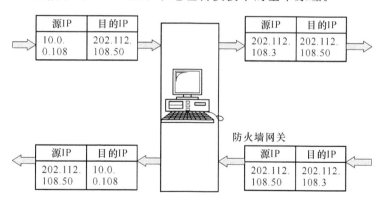

图 3-27　NAT 技术基本原理

② 被屏蔽主机体系结构

屏蔽主机防火墙强迫所有的外部主机与一个堡垒主机相连接,而不让它们直接与内部主机相连。屏蔽主机防火墙由包过滤路由器和堡垒主机组成。这个防火墙系统提供的安全等级比包过滤防火墙系统要高,因为它实现了网络层安全(包过滤)和应用层安全(代理服务),如图 3-28 所示。所以入侵者在破坏内部网络的安全性之前,必须首先渗透两种不同的安全系统。堡垒主机配置在内部网络上,而包过滤路由器则放置在内部网络和 Internet 之间。在路由器上进行规则配置,使得外部系统只能访问堡垒主机,去往内部系统上其他主机的信息全部被阻塞。由于内部主机与堡垒主机处于同一个网络,内部系统是否允许直接访问 Internet,或者是要求使用堡垒主机上的代理服务来访问 Internet 由机构的安全策略来决定。对路由器的过滤规则进行配置,使得其只接收来自堡垒主机的内部数据包,就可以强制内部用户使用代理服务。

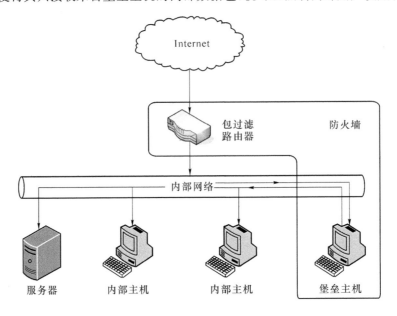

图 3-28　屏蔽主机防火墙结构

③ 被屏蔽子网体系结构

被屏蔽子网体系结构的最简单的形式为:两个屏蔽路由器,每一个都连接到周边网。一个位于周边网与内部网络之间,另一个位于周边网与外部网络(通常为 Internet)之间。这样就在内部网络与外部网络之间形成了一个"隔离带"。如图 3-29 所示。

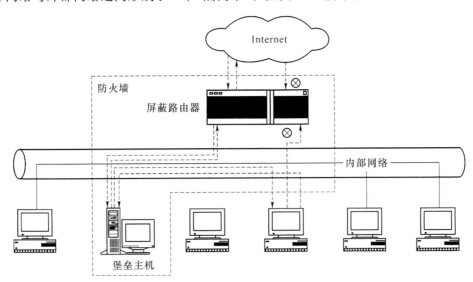

图 3-29　被屏蔽子网体系结构

（4）防火墙的局限性

目前的防火墙技术主要存在以下局限性:

- 防火墙不能防范不经防火墙的攻击；

- 防火墙不能防止感染了病毒的软件传播；

- 防火墙不能防范内部攻击；

- 端到端加密可以绕开防火墙；

- 防火墙不能提供细粒度的访问控制。

2. VPN

（1）VPN 概述

网络层或网络层以下实现的安全机制对应用有较好的透明性。因此，通常意义下称网络层或网络层以下实现的安全通信协议为虚拟专网技术（VPN，Virtual Private Network）。常用的 VPN 协议包括：IPSec、PPTP 等。随着网络安全通信技术的发展，传输层的安全通信协议 SSL 也用作 VPN。VPN 利用这些安全协议，在公众网络中建立安全隧道，提供专用网络的功能和作用。

为了保障信息在互联网上传输的安全性，VPN 技术采用了认证、存取控制、机密性、数据完整性等措施，以保证信息在传输中不被偷看、篡改和复制。由于使用国际互联网进行传输相对于租用专线来说，费用极为低廉，所以 VPN 的出现使企业通过互联网既安全又经济地传输私有的机密信息成为可能。

图 3-30 是一个典型 VPN 系统的具体组成。

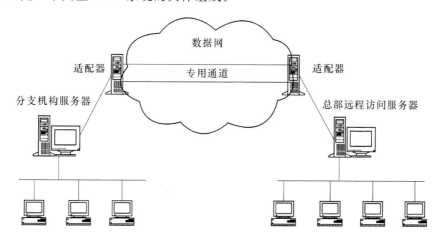

图 3-30 典型 VPN 系统具体组成

（2）VPN 的分类

VPN 技术按用途可分为 3 类：远程访问 VPN、内联网 VPN 和外联网 VPN。按照隧道协议又可分为 5 种实现方式：PPTP、L2F、L2TP、IPSec 和 SSL/TLS。具体如图 3-31 所示。

（3）IPSec 协议

互联网协议安全性（IPSec，Internet Protocol Security）是 IETF IPSec 工作组为了在 IP 层提供通信安全而指定的一套安全算法和总体框架，允许一对通信实体利用其中的一个算法为通信提供安全性。IPSec 提供了如何使敏感数据在开放的网络（如 Internet）中传输的安全机制。IPSec 协议可以在主机和网关（如路由器、防火墙）上进行配置，对主机与主机间、安全网关与安全网关间、安全网关与主机间的路径进行安全保护，主要是对数据的加密和数据收发方的身份认证。

	PPTP	L2F	L2TP	IPSec	SSL/TLS
层	2	2	2	3	应用/传输
加密	基于PPP、MPPE	基于PPP、MPPE	PPP加密，MPPE	DES、3DES AES、IDEA	DES、3DES AES、IDEA
认证	基于PPP	基于PPP	基于PPP	数字证书、预共享密钥	数字证书、预共享密钥
数据的完整性	无	无	无	MD5、SHA-1	MD5、SHA-1
密钥管理	无	无	无	IKE	
多重通信协议支持	否	是	是	否(仅IP)	是
主要支持的VPN类型	用户到网关	用户到网关	用户到网关	用户到网关、网关到网关	用户到网关
RFC参考	RFC2637	RFC2341	RFC2661	RFC2401~2409	RFC2246

图 3-31　VPN 技术按照隧道协议分类

IPSec 结构的第一个主要部分是安全结构。Internet 草案文件《IP 协议的安全结构》描述了用于 IPv4 和 IPv6 的安全机制和服务，它提供了对 IPSec 的介绍并且描述了结构的每一个组件。IPSec 的安全结构由四个部分内容构成(如图 3-32 所示)，以及包含若干个用于加密和认证的算法。

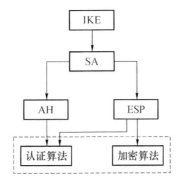

图 3-32　IPSec 体系结构

Internet 密钥交换协议(IKE，Internet Key Exchange Protocol)负责密钥管理和策略协商,定义了通信实体之间进行身份认证、协商加密算法和生成会话密钥的方法。协商结果保存在安全关联(SA，Security Association)中。解释域(DOI)为使用 IKE 进行协商 SA 的协议统一分配标识符。SA 负责将安全服务与使用该服务的通信流相联系。

认证头协议(AH，Authentication Header)提供无连接的数据完整性认证(hash 校验)、数据源身份认证(带密钥的 hmac)和防重放攻击(AH 头中的序列号)。安全载荷协议(ESP，Encapsulating Security Payload)比 AH 多了两种功能,数据包加密和数据流加密。数据包加密可以加密整个 IP 包,也可以只加密 IP 包的载荷,一般用于计算机端;数据流加密用于路由器,源端路由把整个 IP 包加密后传输,目的端路由解密后转发。AH 和 ESP 可以同时使用也可以单独使用。

IPSec 有两种运行模式:传输模式和隧道模式。AH 和 ESP 都支持两种使用模式。传输模式只保护 IP 载荷,可能是 TCP/UDP/ICMP,IP 头没有保护。隧道保护的内容是整个 IP 包,隧道模式为 IP 协议提供安全保护。通常 IPSec 的双方只要有一方是网关或者路由,就必须使用隧道模式。路由器需要将要保护的原始 IP 包看成一个整体,在前面添加 AH 或者 ESP 头,再添加新的 IP 头,组成新的 IP 包之后再转发出去。两种模式下的数据包如图 3-33 所示。

图 3-33　IPSec 两种传输模式数据包对比

（4）SSL 协议

安全套接字层(SSL,Secure Socket Layer)是由 Netscape 设计的一种开放协议;它指定了一种在应用程序协议(如 HTTP、Telnet、NNTP、FTP)和 TCP/IP 之间提供数据安全性分层的机制。它为 TCP/IP 连接提供数据加密、服务器认证、消息完整性以及可选的客户机认证。

SSL 协议是在 Internet 基础上提供的一种保证私密性的安全协议,主要采用公开密钥密码体制和 X.509 数字证书技术,其目标是保证两个应用间通信的保密性、完整性和可靠性。

SSL 协议中有两个重要概念:SSL 连接和 SSL 会话。一个 SSL 连接(connection)是一个提供一种合适类型服务的传输。SSL 的连接是点对点的关系,并且是暂时性的,每一个连接和一个会话关联。一个 SSL 会话(session)是在客户与服务器之间的一个关联。会话由 SSL 握手协议创建。会话定义了一组可供多个连接共享的加密安全参数。会话的目的是避免为每一个连接提供新的安全参数所需昂贵的谈判代价。

SSL 协议的实现属于 Socket 层,处于应用层和传输层之间。应用层数据不再直接传递给传输层而是传递给 SSL 层,SSL 层对从应用层收到的数据进行加密,并增加自己的 SSL 头。其结构如图 3-34 所示。

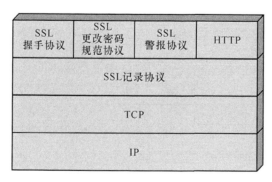

图 3-34　SSL 协议结构

SSL 的主要目的是在两个通信应用程序之间提供私密信和可靠性。这个过程通过以下 3 个元素来完成。

握手协议。这个协议负责协商被用于客户机和服务器之间会话的加密参数。当一个 SSL 客户机和服务器第一次开始通信时,它们在一个协议版本上达成一致,选择加密算法,选择相互认证,并使用公钥技术来生成共享密钥。

记录协议。这个协议用于交换应用层数据。应用程序消息被分割成可管理的数据块,还可以压缩,并应用一个 MAC(消息认证代码);然后结果被加密并传输。接收方接收数据并对它解密,校验 MAC,解压缩并重新组合它,并把结果提交给应用程序协议。

警报协议。这个协议用于指示在什么时候发生了错误或两个主机之间的会话在什么时候终止。

3. 入侵检测/入侵防御

(1) 入侵检测概述

入侵检测系统(IDS,Intrusion Detection Systems)是从计算机网络或计算机系统中的若干关键点搜集信息并对其进行分析,从中发现网络或者系统中是否有违反安全策略的行为和遭到攻击的迹象的一种机制。入侵检测采用旁路侦听的机制,通过对数据包流的分析,可以从数据流中过滤出可疑数据包,通过与已知的入侵方式进行比较,确定入侵是否发生以及入侵的类型并进行报警。网络管理员可以根据这些报警确切地知道所受到的攻击并采取相应的措施。

通用入侵检测框架(CIDF,Common Intrusion Detection Framework)阐述了一个入侵检测系统的通用模型,如图 3-35 所示。

在图 3-35 的模型中,入侵检测系统分为四个基本组件:事件产生器、事件分析器、响应单元和事件数据库。其中的事件是指 IDS 需要分析的数据。这四个组件只是逻辑实体,一个组件可能是某台计算机上的一个进程甚至线程,也可能是多个计算机上的多个进程。这些组件以统一入侵检测对象(GIDO,General Intrusion Detection Object)格式进行数据交换。从功能的角度,这种划分体现了入侵检测系统所必须具有的体系结构:数据获取、数据分析、行为响应和数据管理,因此具有通用性。事件产生器、事件分析器和响应单元通常以应用程序的形式出现,而事件数据库是以文件或数据流的形式出现。GIDO 数据流可以是发生在系统中的审计事件或对审计事件的分析结果。

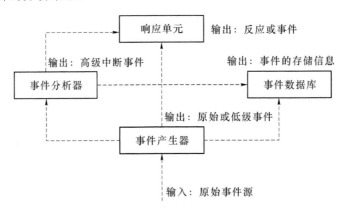

图 3-35 CIDF 入侵检测模型

事件产生器的任务是从入侵检测系统之外的计算环境中收集事件但并不分析它们,并将这些事件转换成 CIDF 的 GIDO 格式传送给其他组件。事件分析器分析从其他组件收到的GIDO,并将产生的新 GIDO 再传送给其他组件。事件数据库用来存储 GIDO,以备系统需要的时候使用。响应单元处理收到的 GIDO,并根据处理结果,采取相应的措施,如杀死相关进程、将连接复位、修改文件权限等。

（2）入侵检测系统分类

主机 IDS 与网络 IDS 体现了 IDS 不同的体系结构，本节分别对它们进行介绍。

① 基于主机的入侵检测系统

主机入侵检测系统主要是对该主机的网络连接行为以及系统审计日志进行智能分析和判断。如果其中主体活动十分可疑或违反统计规律，入侵检测系统就会采取相应措施。作为对主机系统的全面防护，主机入侵检测通常包括网络监控和主机监控两个方面。

基于主机的入侵检测系统在发展过程中融入了其他技术。对关键系统文件和可执行文件的入侵检测的一个常用方法，是通过定期检查校验和来进行的。主机文件检测包括以下内容。

• 系统日志检测

系统日志文件记录了各种类型的信息。如果日志文件中存在异常记录，就可以认为发生了网络入侵。

• 文件系统检测

恶意的网络攻击者会修改网络主机上的各种数据文件。如果入侵检测系统发现文件系统发生了异常的改变，就可以怀疑发生了网络入侵。

• 进程记录检测

黑客可能使程序终止，或执行违背用户意图的操作。如果入侵检测系统发现某个进程存在异常行为，就可以怀疑有网络入侵。

• 系统运行控制

针对操作系统的特性，采取措施防止缓冲区溢出，增加对文件系统的保护。

尽管基于主机的入侵检查系统不如基于网络的入侵检查系统快捷，但它确实具有基于网络的系统无法比拟的优点。这些优点包括：

• 检测准确度较高；
• 可以检测到没有明显行为特征的入侵；
• 成本较低；
• 不会因为网络流量影响性能；
• 适用于加密和交换环境。

同时，它也有部分不可避免的缺陷：

• 实时性较差；
• 无法检测数据包的全部；
• 检测效果取决于日志系统；
• 占用主机资源性能；
• 隐蔽性较差。

② 基于网络的入侵检测系统

基于网络的入侵检测系统使用原始的网络分组数据报作为进行攻击分析的数据源，一般利用一个网络适配器来实时监视和分析所有通过网络进行传输的通信。大多数的攻击都有一定的特征，入侵检测系统将实际的数据流量记录与入侵模式库中的入侵模式进行匹配，寻找可能的攻击特征。基于网络的入侵检测系统的典型部署方式如图 3-36 所示。

基于网络的入侵监测系统可以实现如下功能：

• 对数据包进行统计，详细地检查数据包；
• 检测端口扫描；

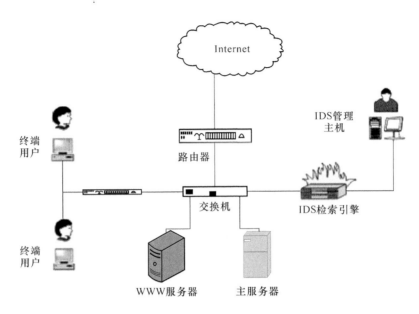

图 3-36　基于网络的入侵检测系统的典型部署方式

- 检测常见的攻击行为；
- 识别各种各样可能的 IP 欺骗攻击；
- 当检测到一个不希望的活动时，入侵检测系统可以重新配置防火墙以拦截从入侵者发来的数据。

基于网络的入侵检测系统具有基于主机的入侵检测系统无法比拟的优点。这些优点包括：

- 可以提供实时的网络监测行为；
- 可以同时保护多台网络主机；
- 具有良好的隐蔽性；
- 有效保护入侵证据；
- 不影响被保护主机的性能。

同时，它也有部分不可避免的缺陷：

- 防入侵欺骗的能力较差；
- 在交换式网络环境中难以配置；
- 检测性能受硬件条件限制；
- 不能处理加密后的数据。

（3）入侵防御系统

和入侵检测系统相比，入侵防御系统（IPS，Intrusion Prevent Systems）的目的是为了提供资产、资源、数据和网络的保护。而入侵检测的目的是提供网络活动的监测、审计、证据以及报告。IDS 和 IPS 之间最根本的不同在于确定性，即 IDS 可以使用非确定性的方法从现有的和以前的通信中预测出任何形式的威胁，而 IPS 所有的决策必须是正确的、确定的。

入侵防御系统的典型部署方式如图 3-37 所示。

和 IDS 相比，IPS 具有以下优势：

- 迅速终止入侵；

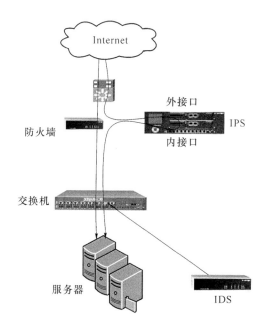

图 3-37　IPS 的典型部署方式

- 更准确和可靠的检测；
- 积极防御。

IPS 的设计需求包括：

- 能够准确、可靠地检测，精确地阻断攻击；
- IPS 的运行对网络的性能和可用性没有负面影响；
- 可以有效地安全管理；
- 可以容易地实现对未来攻击的防御。

4. 安全网关

UTM 是统一威胁管理的缩写，国际数据公司（IDC，International Data Corporation）对其提出的定义是：由硬件、软件和网络技术组成的具有专门用途的设备，它主要提供一项或多项安全功能，将多种安全特性集成于一个硬设备之中，构成一个标准的统一管理平台。UTM 设备应该具备的基本功能包括网络防火墙、网络入侵检测/防御和网关防病毒功能。这几项功能并不一定要同时都得到使用，不过它们应该是 UTM 设备自身固有的功能。

UTM 安全设备也可能包括其他特性，如安全管理、日志、策略管理、服务质量（QoS）、负载均衡、高可用性（HA）和报告带宽管理等。不过，其他特性通常都是为主要的安全功能服务的。其部署方式如图 3-38 所示。

信息安全威胁开始逐步呈现出网络化和复杂化的态势，以前的安全威胁和恶意行为与现今不可同日而语，现在每天都有数百种新攻击手段被释放到互联网上，而各种主流软件平台的安全漏洞更是数以千计，计算机设备面临的安全困境远超从前。

传统的防病毒软件只能用于防范计算机病毒，防火墙只能对非法访问通信进行控制，而入侵检测系统只能被用来识别特定的恶意攻击行为。在一个没有得到全面防护的计算机设施中，安全问题的炸弹随时都有爆炸的可能，用户必须针对每种安全威胁部署相应的防御手段，这样复杂度和风险性都难以下降，而且不同产品各司其职的方式已经无法应对当前更加智能的攻击手段。整合式安全设备 UTM 可从不同的方式获取信息，综合使用这些信息，防御更具智能化的攻击行为,实现主动识别、自动防御的能力。因此UTM类型的产品成为信息安全的一种新的潮流。

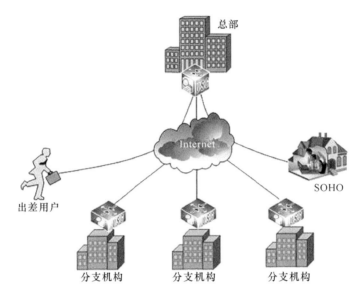

图 3-38　UTM 部署方式

UTM 产品对于中小企业用户,既可以应付资金比较薄弱的问题,又可以简化管理,大大降低在技术管理方面的要求,弥补中小企业在技术力量上的不足,同时也可以使企业在信息安全方面的安全级别得到真正的提升。

和传统的安全设备相比,UTM 安全设备具有以下优点:

- 成本较低;
- 统一管理,降低人力投入;
- 技术复杂度低。

UTM 的不足之处包括:

- 单项功能性能较低;
- 稳定性需要提升;
- 功能过度集中,出现故障影响较大。

3.5.2　终端防护技术

1. 云安全管理

云安全(Cloud Security)融合了并行处理、网格计算、未知病毒行为判断等新兴技术和概念,通过网状的大量客户端对网络中软件行为的异常监测,获取互联网中木马、恶意程序的最新信息,传送到服务器端进行自动分析和处理,再把病毒和木马的解决方案分发到每一个客户端。

要想建立云安全系统,并使之正常运行,需要解决四大问题。第一,需要海量的客户端(云安全探针)。只有拥有海量的客户端,才能对互联网上出现的病毒、木马、挂马网站有最灵敏的感知能力。目前瑞星有超过一亿个的自有客户端,如果能够完全覆盖国内的所有网民,无论哪个网民中毒、访问挂马网页,都能在第一时间做出反应。第二,需要专业的反病毒技术和经验。大量专利技术、虚拟机、智能主动防御、大规模并行运算等技术的综合运用,才能使云安全系统能够及时处理海量的上报信息,将处理结果共享给云安全系统的每个成员。第三,需要大量的资金和技术投入。硬件基础、相应的顶尖技术团队、未来数年持续的研究花费需要大量的投入规模。第四,必须是开放的系统,而且需要大量合作伙伴的加入。

云安全技术的应用包括以下两个部分。

- 特征库或类特征库在云端的储存与共享。信息安全产品具有很强的终端特性,仅仅将特征库放在云端,并无优势。因为在现有网络环境中,下载速度不成问题,而且在本地存放特征库还会大大减少因网络故障带来的响应失败问题。
- 作为一个最新的恶意代码、垃圾邮件或钓鱼网址等的快速收集、汇总和响应处理的系统。随着恶意程序的爆炸式增长,用户更为迫切地需要在第一时间就对新的恶意程序及其产生的不良影响进行防御,甚至在新的恶意威胁出现之前就具备对其进行防御的能力。

2. 桌面安全管理

内部网络和应用系统发生故障的原因很少是由网络设备和应用系统自身的问题所引起的,更多的是因为内网的其他安全因素导致,如病毒爆发、资源滥用、恶意接入、用户误操作等。而这些安全因素,几乎全部来源于用户桌面计算机。典型问题包括:

- 缺乏必要的安全加固手段;
- 缺乏有效的接入控制手段;
- 缺乏有效的行为监控手段;
- 缺乏必要的配置管理手段。

桌面安全管理将终端安全管理、终端补丁管理、终端用户行为管理、网上行为管理有机地结合在一起,通过对网络中所有设备的统一策略制定,用户行为的统一管理,安全工具的集中审计,最大限度地减少安全隐患。同时,它还对个人桌面系统的软件资源实施安全管理,通过对个人桌面系统的工作状况进行管理,有效地提高员工工作效率。

桌面安全管理的主要功能有:

- 补丁管理;
- 主机防火墙;
- 主机准入控制;
- 桌面监控审计;
- 网络行为监控;
- 桌面配置管理。

下面将介绍三种桌面安全管理的实现技术方案:IBM Tivoli 桌面安全管理、LANDesk、SCCM。

(1) IBM Tivoli 桌面安全管理

IBM Tivoli 的体系结构如图 3-39 所示。

其功能包括:

- 操作系统镜像管理;
- 资产管理(计算机软硬件);
- 软件分发;
- 补丁管理;
- 报表统计;

- 远程协助；
- 一致性检查；
- 文件实时备份。

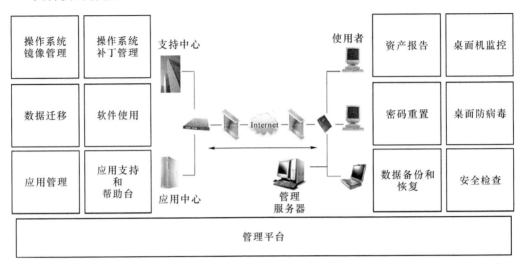

图 3-39　IBM Tivoli 的体系结构

（2）LANDesk

LANDesk 是目前世界上顶尖的桌面管理软件，LANDesk 管理套件和安全套件为 LANDesk 的旗舰产品，能帮助 IT 管理员简单方便地通过单一控制台和单一数据库全面主动地了解、管理、更新和保护所有桌面计算机、服务器以及各种各样的移动设备。并且可以允许 IT 管理员通过单一控制台同时使用 LANDesk 资产管理器、LANDesk 系统管理器、LANDesk 应用程序虚拟化、LANDesk 企业版防病毒软件以及主机入侵防护系统等各种其他可选的产品功能。同时还能与 LANDesk 流程管理器和 LANDesk 服务器管理器集成使用。可以为企业 IT 安全管理提供最为完整的解决方案。LANDesk 安全套件中最为出彩的是补丁管理器和安全准入。补丁管理器能帮助企业 IT 人员系统、便捷地管理计算机，包括补丁下载、安装，回退卸载。安全准入结合 Rount 的 802.1x 能很有效地保障企业内网的安全性，杜绝有不安全因素的计算机接入内网中。

LANDesk 解决方案实现了主动的，企业级的桌面设备、服务器以及移动设备的系统管理，能够帮助企业：

- 保持最新的安全补丁和病毒更新；
- 高效的安装和维护桌面软件；
- 减少软件许可证的费用以及响应审计的要求；
- 降低支持中心费用，管理固定资产、合同以及财务资产；
- 向新操作系统迁移用户和配置信息。

LANDesk 的功能模块如图 3-40 所示。

（3）SCCM

微软系统中心配置管理器（SCCM，Microsoft System Center Configuration Manager）是一套全面的网络系统运维管理系统，为微软平台的变更与配置管理提供了一套全面性的解决方案，它充分利用了 Windows 平台内建的管理能力来降低运作成本，可以很轻松地监控及管理企业复杂的 IT 环境。

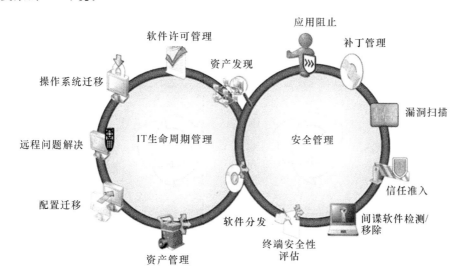

图 3-40　LANDesk 功能模块

- 资产智能。SCCM 提供的资产智能技术可让 IT 管理员始终清楚他们拥有哪些硬件和软件资产、谁正在使用这些硬件和软件资产以及这些硬件和软件资产的位置,从而让组织更好地管理其 IT 基础结构和资产。
- 软件分发。SCCM 软件分发可简化将应用程序和更新分发给企业网络内的桌面计算机、服务器、便携式计算机和移动设备这一复杂任务。
- 软件更新管理。SCCM 软件更新管理可简化将更新传送到企业内的 IT 系统并管理更新这一复杂任务。IT 管理员可以将针对 Microsoft 产品、第三方应用程序、自定义内部业务线应用程序、硬件驱动程序和系统 BIOS 的更新传送到各种设备,包括桌面计算机、便携式计算机、服务器和移动设备。
- 操作系统部署。SCCM 操作系统部署是一个非常灵活的自动化解决方案,它使 IT 管理员能够从任何以前的状态完全部署和配置服务器和桌面计算机,其中包括裸机部署。
- 所需配置管理。SCCM 所需配置管理降低了监视复杂的 IT 基础架构配置更改的复杂性。使用所需配置管理,IT 管理员可以轻松地跨网络监视和掌握服务器、台式机、便携式计算机和移动设备并根据法规和企业要求评估这些设备的配置一致性。

3. 移动智能终端防护技术

随着移动互联网的发展,智能终端的安全问题日益突出。目前,针对移动终端的安全防护,在借鉴传统 PC 防护技术基础上,针对移动终端系统脆弱性高、威胁源多、传播途径广的特点,主要采取了以下技术手段和管理策略。移动端安全防护的关键技术有:

- 应用程序权限监控技术

在 Android 系统中,应用程序请求的权限被定义为一系列组件,这些组件将会传递到 Application Framework 层,被定义在该层的 ApplicationContext 处理。当 ApplicationContext 接收到这个意图时,会执行两个方法来检查,第一个是 checkPermission(),用于检查这些权限是否与 这个意图相关联;第二个是 checkCallingPermission(),用于检查被调用的组件是否被相关联的意图赋予了权限。如果这个意图不能通过这两项检查，就会抛出安全异常。

- 基于云平台的骚扰拦截技术

骚扰拦截的主要功能是来电静避与短信防火墙。来电静避提供来电黑名单功能，用户可以把需要过滤的号码加入黑名单，系统会将被屏蔽的号码铃声设置成静音。短信防火墙同样提供黑名单功能，用户不会再收到黑名单号码所发来的短信。

常见的垃圾短信过滤方法的分类方式有很多种。按垃圾短信处理位置可分为基于短信中心的垃圾短信过滤方法和基于移动终端的垃圾短信过滤方法；按照过滤技术可分为号码黑白名单过滤技术、基于内容关键字的垃圾短信过滤技术以及基于统计的垃圾短信过滤技术。

基于拦截准确率和拦截反应时间考虑，建立一种基于云平台的骚扰拦截机制。普通用户在收到新的骚扰信息后，及时反馈到云端；云端获取到大量数据后，利用云计算的自身优势，快速制定拦截策略推送到用户终端设备，以建立一套快速、高效的骚扰拦截机制。

- 基于云平台的移动终端远程安全控制技术

考虑到设备的低功耗以及流量的限制，云端与终端之间采用可扩展消息处理现场协议（XMPP，Extensible Messaging and Presence Protocol）进行推送，以实现移动终端的远程安全控制。

移动终端安全防护的主要管理策略有：

- 制定统一的智能移动终端系统操作网络的安全管理标准

用户对无线网络以及智能移动终端安全意识薄弱，造成对网络安全的威胁，甚至引发一系列网络安全问题争端。同时，智能移动终端和私人计算机之间数据的链接和传输也为网络终端的恶意攻击行为带来契机。因此，在使用智能移动终端系统时，要加强对网络设备以及智能移动终端系统操作的安全性，比如企业可以禁止有关人员大规模地布设具有无线接入功能的路由器及一些网络设备，对于已经布设的设备要利用先进的技术手段，实现其与重要服务系统和网络设备的隔离，禁止一些无线热点接入较为敏感的企业信息网络系统，有效防止恶意信息经由互联网传入企业智能移动设备终端。

- 制定统一的移动智能终端主机安全防范技术标准

限制主机应用开发的操作系统（OS）种类，加强对 OS 种类安全性能的检查，及时中断不合理 OS 的使用，同时要对主机安装的一些软件进行严格的规定和管理；对于涉及企业隐私信息的智能移动终端系统主机，要对其设置密码、备份等，加强对其信息泄露和流失的防范；对企业使用的智能移动终端主机软件要定期进行统一的安全检验和更新。

- 制定统一的智能移动终端使用范围、功能及方法的规范

加强对智能移动终端使用范围的规范；加强对智能移动终端操作人员的安全培训，其中培训的内容重点包括智能移动终端操作的安全性、操作范围、禁止使用等方面；对企业智能移动终端设备进行统一的登记和管理。

3.6 本 章 小 结

本章首先介绍了最流行的网络互联协议——TCP/IP 协议的基本原理，并在此基础上进一步分析 TCP/IP 协议族中的设计漏洞，并分别列举了网络层、传输层以及应用层常见的安全

攻击形式。随着网络的逐步普及,网络的开放、快捷特性为有害程序的发展提供了很好的环境,在信息系统的复杂性、功能的多样性威胁的基础上,有害程序对人们生活的影响也越来越大。本章基于对有害程序的作用机理及其具体表现形式的分析,对常见的有害程序防范技术进行了介绍。最后,针对各种各样的系统与网络安全威胁,从网络防护与终端防护两个方面,对常用的安全防护技术进行了梳理,给出了具体的解决方案。并在终端防护方面,对近年迅速发展的移动终端安全威胁进行了分析,对常见的安全技术与管理策略进行了介绍。本章为信息安全管理的技术基础,是信息安全管理的重要内容之一。

习　题

1. 请简述 OSI 七层模型中的数据传输过程和各层的功能。

2. 请简述 TCP/IP 协议体系。

3. 什么是 TCP/IP？IP、TCP 的运行机制如何？

4. TCP/IP 安全隐患的根源是什么？举例说明。

5. 如何防范 TCP/IP 相关攻击？

6. 什么是 DDoS 攻击？

7. ARP 协议用来解决什么问题？简述 ARP 的工作原理。

8. 简述域名系统工作原理。

9. 请简述 SYN Flood 攻击的原理。

10. TCP 会话劫持相对于其他攻击方法有哪些特点？

11. 如何防范 DNS 欺骗？

12. 请简述有害程序的概念及分类。

13. 有害程序的危害有哪些？

14. 有害程序常见的传播与感染途径有哪些？

15. 请简述 AutoRun 病毒原理。

16. 恶意代码常见的进程隐藏技术有哪些？

17. 请简述基于 ICMP 协议的隐蔽通信的原理？

18. 什么是计算机蠕虫？如何对计算机是否感染蠕虫进行检测？

19. 计算机木马的种类有哪些？各自用到了什么技术？如何进行防范？常见的有害程序防范技术有哪些？

20. 请简述恶意代码特征扫描的基本原理及流程。

21. 请列举出你了解的与有害程序相关的法律法规。

22. 请简述防火墙的主要功能。

23. 请简述包过滤防火墙的特点及其优缺点。

24. 什么是 NAT？

25. 请简述防火墙的三类体系结构。

26. IPSec 中 AH 和 ESP 有什么区别？

27. IPSec 有哪两种运行模式,其主要区别是什么？

28. 请简述 SSL 连接和 SLL 会话的概念。

29. 请简述 SSL 协议的整体流程。

30. 请简述入侵检测的 CIDF 模型。

31. IDS 和 IPS 的根本区别是什么？

32. 请简述 UTM 的优缺点？

33. 请简述两种终端防护技术，并通过某一具体实现方案进行说明。

第 4 章

物理安全

物理安全是信息系统安全的前提,其目的是为保护计算机设备、设施免遭自然灾害和环境事故以及人为操作失误及计算机犯罪所导致的破坏。本章系统地讲述了物理安全的内涵、产生的根源、策略以及相关的法律法规。结合物理安全的需求,具体介绍了设备安全、环境安全以及人员安全的基本内容。

4.1 物理安全概述

物理安全是保护计算机设备、设施(网络及通信线路)免遭地震、水灾、火灾等环境事故和人为操作失误或错误及各种计算机犯罪行为破坏的措施和过程。保证计算机信息系统各种设备的物理安全是保证整个信息系统安全的前提。

1. 物理安全威胁

信息系统物理安全面临多种威胁,可能面临自然、环境和技术故障等非人为因素的威胁,也可能面临人员失误和恶意攻击等人为因素的威胁,这些威胁通过破坏信息系统的保密性(如电磁泄露类威胁)、完整性(如各种自然灾害类威胁)、可用性(如技术故障类威胁)进而威胁信息的安全。物理安全的主要威胁包括以下几种。

(1) 自然灾害:主要包括鼠蚁虫害、洪灾、火灾、地震等。

(2) 电磁环境影响:主要包括断电、电压波动、静电、电磁干扰等。

(3) 物理环境影响:主要包括灰尘、潮湿、温度等。

(4) 软硬件影响:主要包括设备硬件故障、通信链中断、系统本身或软件缺陷等。

(5) 物理攻击:物理接触、物理破坏、盗窃。

(6) 无作为或操作失误:由于应该执行而没有执行相应的操作,或无意地执行了错误的操作,对信息系统造成的影响。

(7) 管理不到位:物理安全管理无法落实、不到位,造成物理安全管理不规范或者管理混乱,从而破坏信息系统正常有序运行。

(8) 越权或滥用:通过采用一些措施,超越自己的权限访问了本来无法访问的资源,或者滥用自己的职权,做出破坏信息系统的行为。如非法设备接入、设备非法外联。

(9) 设计、配置缺陷:设计阶段存在明显的系统可用性漏洞,系统未能正确有效地配置,系统扩容和调节引起的错误。

2. 物理安全需求

造成物理安全威胁的因素大体可分为人为因素和环境因素两个方面,其中人为因素包括恶意和非恶意两种,环境因素包括自然界不可抗的因素和其他物理因素。针对不同的物理安全威胁,产生了四类主要的物理安全需求:设备安全、介质安全、环境安全和人员安全。

（1）设备安全

设备安全包括各种电子信息设备的安全防护,如电力能源供应、输电线路安全、电源的稳定性等。同时要注意保护存储媒体的安全性,包括存储媒体自身和数据的安全,防止电磁信息的泄露、线路截获,以及抗电磁干扰等。

（2）环境安全

要保证信息系统的安全、可靠,必须保证系统实体有一个安全环境条件。这个环境就是指机房及其设施,它是保证系统正常工作的基本环境,应具备消防报警、安全照明、不间断供电、温湿度控制系统和防盗报警等条件。

（3）介质安全

介质安全包括各种存储介质自身与介质内数据的安全防护。存储介质包括:纸介质、磁盘、光盘、磁带、录音/录像带等,它们的安全对信息系统的恢复、信息的保密、防病毒起着十分关键的作用。介质自身的安全应保证对介质的安全保管,防盗、防毁、防霉等,介质内数据的安全应保证防拷贝、防消磁、防丢失。

（4）人员安全

无论环境和设备怎样安全,对机器设备提供了多么好的工作环境,外部安全做得怎样好,如果对人员不加控制,那么讨论系统的安全是没有丝毫意义的。

组织内部人员一般都具有对系统一定的合法访问权限,对系统内重要信息存放地、信息处理流程、内部规章制度等比较了解。如果相关技术人员违规操作(如管理员泄露密码),即使组织有最好的安全技术的支持,也保证不了信息安全。因此,人员安全管理首先要建立完善的内部人员管理制度和监督机制。

信息系统除应加强管理内部人员的行为外,还应严防外部人员的侵袭。在这方面还应看到我国与国外,尤其是与美国的系统安全是不对等的,因为我国的许多硬件设备是从国外进口的,而我国自己的安全产品研究及开发尚处在初级阶段,因此应特别留意那些进口产品及谙熟这些产品的高级计算机人员。

3. 国内外物理安全标准

与安全的其他领域一样,物理安全也需要健全的组织策略和相关标准做指导。这些物理安全策略和标准指导着信息资产的使用者,使其能适当地使用计算资源和信息资产,并能全天候地保护自身的安全。这里列举了国内外物理安全的相关标准,并将在后续的内容中结合这些标准对物理安全的具体要求进行详细的阐述。

（1）国内标准:

- GB 50222《建筑物内部装修设计防火规范》
- GB/T 9361—2011《计算机场地安全要求》
- GB/T 2887—2011《计算机场地通用规范》
- GB/T 14715—1993《信息技术设备用 UPS 通用技术条件》
- GB 50174—2008《电子信息系统机房设计规范》
- GB 4943.1—2011《信息技术设备 安全 第 1 部分:通用要求》
- GGBB 1—1999《信息设备电磁泄漏发射限值》
- GB 50057—2010《建筑物防雷设计规范》
- GB 50016—2014《建筑设计防火规范》

- BMB4—2000《电磁干扰器技术要求和测试方法》
- SJ/T 10796—2001《防静电活动地板通用规范》

（2）国外标准：

- ECMA-83:1985《公共数据网 DTE 到 DEC 接口安全标准》
- ECMA-129:1988《信息处理设备的安全》
- FIPS-73:1981《计算机应用安全指南》
- DODI 5200-1-1982《DOD 信息安全保密程序》
- DODI 5200-1-R-1986《信息安全保密程序规章》
- DODI 5200.28-1988《自动信息系统安全保密要求》
- DODI 5200.28-STD-1985《国防可信计算机系统评估准则》
- DODD 5215.1-1982《计算机安全保密评估中心》
- DODD 5215.2-1986《计算机安全保密技术脆弱性报告程序》

4.2　设 备 安 全

设备可能会受到环境因素（如火灾、雷击）、未授权访问、供电异常、设备故障等方面的威胁，使组织面临资产损失、损坏、敏感信息泄露或商业活动中断的风险。因此，设备安全应考虑设备安置、供电、电缆、设备维护、办公场所外的设备及设备处置与再利用方面的安全控制。设备安全主要包括计算机设备的防盗、防毁、防电磁泄露发射、抗电磁干扰及电源保护等。

4.2.1　防盗和防毁

计算机系统或设备被盗所造成的损失可能远远超过计算机设备本身的价值。因此，防盗、防毁是计算机防护的一个重要内容。应妥善安置及保护设备，以降低来自未经授权的访问及环境威胁所造成的风险。对于保密程度要求高的计算机系统及其外部设备，应安装防盗报警装置，制定安全保护办法和夜间留人值守。

设备的安置与保护可以考虑以下原则。

- 设备的布置应有利于减少对工作区的不必要的访问。
- 敏感数据的信息处理与存储设施应当妥善放置，降低在使用期间对其缺乏监督的风险。
- 要求特别保护的项目与存储设施应当妥善放置，降低在使用期间对其缺乏监督的风险；要求特别保护的项目应与其他设备进行隔离，以降低所需保护的等级。
- 采取措施，尽量降低盗窃、火灾等环境威胁所产生的潜在的风险。
- 考虑实施"禁止在信息处理设施附近饮食、饮水和吸烟"的规定等。

防盗、防毁主要措施包括以下几类。

- 设置报警器

在机房周围空间放置侵入报警器。侵入报警的形式主要有：光电、微波、红外线和超声波。

- 锁定装置

在计算机设备中，特别是个人计算机中设置锁定装置，以防犯罪盗窃。

- 视频监控

在机房周围空间及其他重要保障区域安装视频监控器并保证监控系统的安全性,实时监控并保存、定期审查监控录像资料,防止盗窃、毁坏并能对易发生行为进行追踪。

· 设备标识

根据承载数据或软件的重要程度与设备关键信息对设备进行唯一标识,以便有效地跟踪设备安全问题,防止被盗、被毁以及信息的非法泄露。

· 计算机保险

在计算机系统受到侵犯后,可以得到损失的经济补偿,但是无法补偿失去的程序和数据,为此应设置一定的保险装置。

· 列出清单或绘制位置图

最基本的防盗安全措施是列出设备的详细清单,并绘出其位置图。

4.2.2 防电磁泄露

任何一台电子设备工作时都会产生电磁辐射,计算机设备也不例外,计算机设备包括主机、磁盘机、磁带机、终端机、打印机等,所有设备都会不同程度地产生电磁辐射,造成信息泄露,如主机中各种数字电路电流的电磁泄露、显示器视频信号的电磁泄露、键盘开关引起的电磁泄露、打印机的低频泄露等。由于计算机设备具有信息泄露的特性,可以通过采取一定手段对信号进行接收和还原,这比用其他获取情报的方法更为及时、准确、广泛、连续且隐蔽。所以,国外的情报机构早在 20 世纪 80 年代初期就把接收计算机电磁辐射信息作为窃密的重要手段之一。

1. 抑制电磁信息泄露的技术途径

计算机信息泄露主要有两种途径:一是被处理的信息会通过计算机内部产生的电磁波向空中发射,称为辐射发射(图 4-1);二是这种含有信息的电磁波也可以通过计算机内部产生的电磁波向空中发射,称为传导发射(图 4-2)。通常,起传导作用的电源线、地线等同时具有传导和辐射发射的功能,也就是说,传导泄露常常伴随着辐射泄露。由于电磁泄露造成的信息暴露会严重影响信息安全,电磁泄露发射技术成为信息保密技术领域的主要内容之一。国际上称之为 TEMPEST(Transient ElectroMagnetic Emanation Surveillance Technology)技术。美国国家安全局(NSA)和国防部(DoD)曾联合研究与开发这一项目,主要研究计算系统和其他电子设备的信息泄露及其对策,研究如何抑制信息处理设备的辐射强度,或采取有关的技术措施使对手不能接收到辐射的信号,或从辐射的信息中难以提取有用的信号。

图 4-1 辐射泄露图示

目前,抑制计算机中信息泄露的技术途径有两种:一是电子隐蔽技术,二是物理抑制技术。电子隐蔽技术主要用干扰、调频等技术来掩饰计算机的工作状态和保护信息;物理抑制技术则是抑制一切有用信息的外泄。物理抑制技术可分为包容法和抑源法。包容法主要是对辐射源进行屏蔽,以阻止电磁波的外泄传播;抑源法就是从线路和元器件入手,从根本上阻止计算机系统向外辐射电磁波,消除产生较强电磁波的根源。

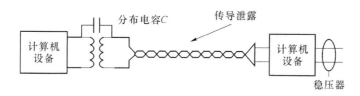

图 4-2　传导泄露图示

2. 电磁辐射防护措施

计算机系统在实际应用中采用的防泄露措施主要有以下几种。

（1）对辐射的防护

① 选用低辐射设备

这是防止计算机设备信息泄露的根本措施。所谓低辐射设备就是指经有关测试合格的 TEMPEST 设备。这些设备在设计生产时已对能产生电磁泄露的元器件、集成电路、连接线和阴极射线管（CRT, Cathode-Ray Tube）等采取了防辐射措施，把设备的辐射抑制到最低限度。这类设备的价格相当昂贵。

② 利用噪声干扰源

噪声干扰源有两种：一种是白噪声干扰源，另一种是相关干扰器。

使用白噪声干扰源有两种方法。一种是将一台能够产生白噪声的干扰器放在计算机设备旁边，让干扰器产生的噪声与计算机设备产生的辐射信息混杂在一起向外辐射，使计算机设备产生的辐射信息不容易被接收复现；二是将处理重要信息的计算机设备放置在中间，四周放置一些处理一般信息的设备，让这些设备产生的辐射信息一起向外辐射，这样就会使接收复现时难辨真伪，同样会给接收复现增加难度。

使用相关干扰器会产生大量的仿真设备的伪随机干扰信号，使辐射信号和干扰信号在空间叠加成一种复合信号向外辐射，破坏了原辐射信号的形态，使接收者无法还原信息。这种方法比白噪声干扰源效果好，但由于这种方法多采用覆盖的方式，而且干扰信号的辐射强度大，因此容易造成环境的电磁噪声污染。

③ 采取屏蔽措施

电磁屏蔽是抑制电磁辐射的一种方法。计算机系统的电磁屏蔽包括设备屏蔽和电缆屏蔽。设备屏蔽就是把存放计算机设备的空间用具有一定屏蔽度的金属丝屏蔽起来，再将此金属网罩接地；电缆屏蔽就是对计算机设备的接地电缆和通信电缆进行屏蔽。屏蔽的效能如何，取决于屏蔽体的反射衰减值的大小，以及屏蔽的密封程度。

④ 距离防护

由于设备的电磁辐射在空间传播时随距离的增加而衰减，因此在距设备一定的距离时，设备信息的辐射场强就会变得很弱。因此，就无法接收到辐射的信号。这是一种非常经济的方法，但这种方法只适用于有较大防护距离的单位，在条件许可时，在机房的位置选择时应考虑这一因素。安全防护距离与设备的辐射强度和接收设备的灵敏度有关。

⑤ 采用微波吸收材料

目前，已经生产出了一些微波吸收材料，这些材料各自适用不同的频率范围，并具有不同的其他特性，可以根据实际情况，采用相应的材料以减少电磁辐射。

（2）对传导线路的防护

用于传送数据的通信电缆或支持信息服务的电力电缆被截断会造成信息的不可用，甚至造成整个系统的中断;用于传送敏感信息的通信电缆被截获,会造成秘密泄露。因此,计算机设备信息泄露应当对传输信息资料的通信电缆或支持信息服务的电力电缆加以保护,使其免于被窃听或被破坏。如电缆应尽可能埋在地下,或得到其他适当的保护;使用专门管线,避免线路通过公共区域;电源电缆应与通信电缆分离,以防干扰;定期对线路进行维护,及时发现线路故障隐患等;计算机机房装修材料应选择 GB 50016—2014《建筑设计防火规范》中规定的难燃材料和非燃材料,应能防潮、吸音、防起尘、抗静电等。

4.2.3 设备管理

1. 设备维护

设备应进行正确维护,以确保其持续的可用性及完整性。设备维护不当会引起设备故障,从而造成信息不可用甚至不完整。因此,组织应按照设备维护手册的要求和有关维护规程对设备进行适当的维护,确保设备处于良好的工作状态。

设备维护相关措施有:

(1) 按照供应商推荐的保养时间间隔和规范进行设备保养;

(2) 只有经授权的维护人员才能维修和保养设备;

(3) 维修人员应具备一定的维修技术能力;

(4) 应当把所有可疑故障和实际发生的事故记录下来;

(5) 当将设备送外进行保养时,应采取适当的控制,防止敏感信息的泄露。

2. 设备的处置和重复利用

设备在报废或再利用前,应当清除存储在设备中的信息。信息设备到期报废或被淘汰需处置时,或设备改为他用时,处理不当会造成敏感信息的泄露。

设备的处置和重复利用可采取的措施有:

(1) 在设备处置或征得利用之前,组织应采取适当的方法将设备内存储媒体的敏感数据及许可的软件清除;

(2) 应在风险评估的基础上履行审批手续,以决定对设备内装有敏感数据的存储设备的处置方法——消磁、物理销毁、报废或重新利用;

(3) 制定明确的设备淘汰处理程序,确保进行处理的时候不会出现错误和疏忽导致的问题;

(4) 完成整个淘汰过程处理后要签字确认。

3. 设备的转移

设备在转移前,应当对设备转移行为进行授权审核、转移时间限制及设备前后一致性检查等,保证设备及其内部信息的完整性、保密性。

(1) 未经授权,不得将设备、信息或软件带离工作场地;

(2) 应识别有权移动资产的各方,包括离开办公场地的雇员、合同方和第三方用户;

(3) 应设置设备移动的时间限制,并在返还时执行一致性检查。必要时可以删除设备中的记录,当设备返还时,再恢复记录。

4.2.4 电源安全

电源是计算机网络系统的命脉,电源系统的稳定可靠是计算机网络系统正常运行的先决条件。欠压或过压均会增加对计算机系统元器件的压力,加速其老化;电压波动可使磁盘驱动器工作不稳定而引起读、写错误；电压瞬间变动会造成元器件的突然损坏。为此，计算机系统对电源的基本要求，一是电压要稳，二是机器工作时不能停电。因此，对电源的防护措施应包括：电源调整器，不间断电源（UPS，Uninterruptible Power System）以及电源相关操作的管理。

1. 电源调整器

电源调整器有以下三种。

（1）隔离器。隔离器包括暂态反应压制器、浪涌电流保护器及隔离元件。当电源线上产生脉冲电压或浪涌电流时，隔离器将电压的变化限制在额定值的±25％之内。

（2）稳压器。电源电压的变动若超过±10％，都有必要使用稳压器。稳压器可以把电源维持在适当的电压上。

（3）滤波器。滤波器能滤除 60 Hz 以外的任何杂波。

选择电源调整器时，必须考虑以下几点：

（1）对电压脉冲的反应速度；

（2）是否有能力滤除高频杂波；

（3）是否有能力控制持续的暂态反应；

（4）是否使电力供应保持在一定的水准；

（5）能否使输入的电压变动范围减至最小；

（6）能否同时供应几台计算机充足的电力。

2. 不间断电源

常见的 UPS 系统有：持续供电型 UPS、马达发电机、顺向转换型 UPS、逆向转换型 UPS。

（1）持续供电型 UPS

其将外线交流电源整流成直流电对电池充电。外线电力中断时，把电池直流电源变成交流电源，供计算机使用。

（2）马达发电机

使用外线电力、汽油或柴油引擎带动发电，可提供大容量电压稳定电力，供应计算机系统、家庭或办公室照明所需的电力。

（3）顺向转换型 UPS

平时由外线电力带动的发电机发电给电池充电，外线电力一旦中断，电池马上可取代外线电力，用变流器把电池的直流变成交流，供给计算机。

（4）逆向转换型 UPS

其大部分时间由电池来供电，能够忍受像外线电力电压过高、过低或电源线的暂态反应等冲击。而且对外线电力中断要迅速做出反应，在最短的时间间隔内将电力供应给电路。

选择备用电源时，必须考虑以下几个方面：

· 能否提供足够的电源满足用户需要；

· 切换至备用电源所需的时间；

· 有内装的电源调整器；

· 有过高及过低电压保护。

3. 电源相关操作

对电源进行操作时应保障以下几点：

（1）在计算机系统的安装过程中，要特别注意电源和地线的安装；

（2）计算机系统电源的输入电压规格繁多，在插电源之前必须仔细检查输入电压的标称值，确保输入电压和标称值相匹配；

（3）在开关机以及插拔电缆或板卡时，要按照正确的操作顺序和方法进行，避免造成元器件损坏。

4.3 介质安全

存储媒介安全包括媒介本身的安全及媒介数据的安全。媒介本身的安全保护，指防盗、防毁、防霉等。媒体数据的安全保护，指记录的信息不被非法窃取、篡改、破坏或使用。为了对不同重要程度的信息实施相应的保护，首先需要对计算机系统的记录按其重要性和机密程度进行分类。

1. 一类记录——关键性记录

这类记录对设备的功能来说是最重要的、不可替换的，是火灾或其他灾害后立即需要，但又不能再复制的那些记录，如关键性程序、主记录、设备分配图表及加密算法和密钥等密级很高的记录。

2. 二类记录——重要记录

这类记录对设备的功能来说很重要，可以在不影响系统最主要功能的情况下进行复制，但比较困难和昂贵，如某些程序、存储及输入、输出数据等都属于此类。

3. 三类记录——有用记录

这类记录的丢失可能引起极大的不便，但可以很快复制，如已留备份的程序就属于此类。

4. 四类记录——不重要记录

这类记录在系统调试和维护中很少应用。

常用的存储媒介有硬盘、磁盘、磁带、打印纸、光盘等。各类记录存储在媒介上时，应加以明显的分类标志，可以在封装上以鲜艳的颜色编码表示，也可以做磁记录标志。全部一类记录都应该复制，其复制品应分散存放在安全地方；二类记录也应有类似的复制品和存放办法。

4.3.1 介质管理

为了保证一般介质的存放安全和使用安全，介质的存放和管理应有相应的制度和措施。

（1）存放有业务数据或程序的介质，必须注意防磁、防潮、防火、防盗。

（2）对硬盘上的数据，要建立有效的级别、权限，并严格管理，必要时要对数据进行加密，以确保硬盘数据的安全。

（3）存放业务数据或程序的介质，管理必须落实到人，并分类建立登记簿。

（4）对存放有重要信息的介质，要备份两份并分两处保管。

（5）打印有业务数据或程序的打印纸，要视同档案进行管理。

（6）凡超过数据保存期的介质，必须经过特殊的数据清除处理。

（7）凡不能正常记录数据的介质，必须经过测试确认后销毁。

（8）对删除和销毁的介质数据，应采取有效措施，防止被非法复制。

（9）对需要长期保存的有效数据，应在介质的质量保证期内进行转储，转储时应确保内容正确。

4.3.2　移动介质安全

移动存储介质通用性强、存储量大、体积小、易携带,给信息传递带来方便的同时也带来了不容忽视的信息安全保密隐患。如数据复制不受限、违规交叉使用、组织和个人持有不区分等,特别是移动存储介质在涉密与非涉密计算机间、内部与互联网计算机间交叉使用,导致涉密计算机或内部工作计算机感染木马病毒。远程的黑客可以利用木马复制、修改、删除计算机上的文件,掌握其键盘输入的信息,窃取涉密或内部文件,这将给组织的信息资源带来巨大的安全隐患。为了避免移动存储介质在不同类型计算机上的交叉使用、交叉感染,移动存储介质应实行分类管理。

移动存储介质按其存储信息的重要性和机密程度,可分为涉密移动存储介质、内部移动存储介质、普通移动存储介质。

- 涉密移动存储介质是指用于存储国家秘密信息的移动存储介质。
- 内部移动存储介质是指用于存储不宜公开的内部工作信息的移动存储介质。
- 普通移动存储介质是指用于存储公开信息的移动存储介质。

选购移动存储介质时,应将三种类型的移动存储介质分别用不同颜色表示,这样可较明显地把三种不同类型的移动存储介质进行区分,避免操作上的失误。同时,要在显著位置做上编号及标志,便于登记和管理。

涉密移动存储介质因其是用于存储国家秘密信息的,因此只能在涉密计算机组织和涉密信息系统内使用,其中 U 盘、存储卡和软盘只能作为临时存储用。

涉密移动存储介质的管理和使用应遵循:

(1) 严禁涉密移动存储介质在非涉密计算机上使用;

(2) 严禁高密级的移动存储介质在低密级计算机或信息系统中使用;

(3) 涉密移动存储介质的使用应严格按照"统一购置、统一标志、严格登记、集中管理"的原则进行管理;

(4) 涉密移动存储介质应严格使用权限,在其保存、传递和使用过程中必须保证其中的涉密信息不被非授权人知悉;

(5) 经管人员应定期进行清点,确保涉密移动存储介质的安全。

内部移动存储介质因其用于存储内部工作信息,且这些工作信息是不宜公开的,因此它主要是在与互联网物理隔离的内部工作计算机上使用,防止内部工作信息的泄露。

内部移动存储介质的管理和使用应遵循:

(1) 要严格禁止内部移动存储介质在与互联网连接的计算机上使用;

(2) 严禁存储国家秘密信息;

(3) 当因工作需要,需将内部信息计算机数据传送到涉密计算机时,可用内部移动存储介质进行传递。但必须采取有效的保密管理和技术防范措施,严防被植入恶意代码程序将涉密计算机感染,导致国家秘密信息被窃取。建议使用光盘进行数据传送。

普通移动存储介质因其用于存储公开信息,因此主要是在与互联网连接的计算机上使用。

普通移动存储介质的管理和使用应遵循:

(1) 严格禁止普通移动存储介质存储国家机密信息和不宜公开的内部工作信息;

(2) 严格限制普通移动存储介质直接在涉密计算机组织及涉密信息系统内使用;

(3) 当因工作需要,需从互联网将所需数据复制至内部工作计算机、涉密计算机或涉密信息系统时,必须经审查批准后,使用普通移动存储介质进行传递。

4.3.3 介质信息的消除和备份

1. 介质信息的消除

在各类介质中存放的数据非常重要,在政府机关、企事业单位,尤其是安全保密要害部门,计算机中存储着大量重要的、敏感的甚至涉及国家秘密的数据。删除,甚至格式化操作,都不能把数据从磁盘上彻底清除。同时,设备维修、挪用或报废时,作为存储数据的芯片可能并没有发生故障,如果对存储的敏感数据处理不当,极易造成信息泄露。

因此存储介质信息删除、改写前,旧存储介质销毁前应进行数据清除。

(1)纸介质涉密信息的消除

主要采用机械粉碎、明火焚烧、液体浸泡等方法。目前纸介质主要使用碎纸机进行销毁。

(2)软盘涉密信息的消除

软盘的价格低廉,没有金属的外保护层,因此可以使用物理粉碎的方法破坏信息的物理载体进行涉密信息的消除,即在对软盘格式化后,采用专用的粉碎设备,将软盘粉碎到小于一定尺寸的颗粒度,使得窃取者无法还原软盘曾经存储的涉密信息。另外,也可采用强磁场消除法破坏存储信息的电磁信号,即让软盘处在强磁场中一段时间,也能有效地消除其上的残余信息,这种方法需要专业设备实现。

(3)硬盘涉密信息的消除

硬盘从结构上具有一定的特殊性。为了进行高速的存储和读取数据,用来实际存储数据的硬盘的盘片被放置在一个金属的保护壳内,称为温彻斯特硬盘。盘片主要由基底、衬底层、磁性层、覆盖层和润滑层五部分构成。

硬盘即使采取低级格式化的方式也不能完全消除曾经存储过的信息,可以采用以下几种方式进行信息的彻底消除。

- 物理粉碎:废弃硬盘的信息消除可以采用物理粉碎的方式,由于其结构的特殊性,拆除其金属外壳较为困难,对其盘片的粉碎也很困难。物理粉碎的方法在实际中采用专业工具和设备进行。
- 强磁场或有源磁场消除:根据磁介质存储信息的基本原理,在磁介质中,每个存储单元存储一个"位"的信息,该信息是由磁矩在空间的取向表示的,也就是说硬磁盘中的磁矩是信息在空间中以一定的方式有规则地排列的。破坏磁介质中磁矩的这种规则的空间排列方式可以消除信息。
- 热消磁:磁记录材料为铁磁性材料,而铁磁性材料的一个重要参量为居里温度 Tc。温度在 Tc 之下,材料呈铁磁性,而在 Tc 以上,材料呈顺磁性。如果把磁记录材料加温至 Tc 以上后再降温,那么在室温下磁记录材料将处于热退磁态,在它上面曾经记录过的所有信息都已消除。
- 销毁机:是一种根据硬盘内部 DSP 作用机理,采用覆盖、重排和打乱的方式,将盘面上的数据彻底消除干净的小型设备,方便可靠。其实,一般用户采用多次彻底覆盖的方式,就可以将数据清除得相当干净。

介质安全处置措施有:

- 包含敏感信息的介质要秘密和安全地存储和处置,可利用焚化或切碎的方法;
- 应有程序识别可能需要安全处置的项目;

- 安排把所有介质部件收集起来并进行安全处置;
- 应选择具有足够控制措施和经验的合同方对纸、设备和介质进行收集和处置;
- 处置敏感部件要做记录,以便保持审核踪迹。

2. 介质信息的备份

在实际工作中,由于人工误操作、系统故障、软件缺陷、病毒、黑客、天灾人祸等许多因素导致数据丢失,而重新生成丢失的数据又非常昂贵。因此备份是信息安全管理不可或缺的一部分,在其他介质保存数据副本,当数据丢失或出错时用于恢复。

备份除了复制数据信息外还包括更重要的内容,即备份管理。备份管理包括备份的可计划性、备份设备的自动化操作、历史记录的保存以及日志记录等。备份管理还能决定引进备份技术,如备份技术的选择、备份设备的选择、介质的选择乃至软件技术的挑选等。

目前备份存储产品主要有磁盘阵列、磁带库、光盘塔、光盘库和光盘网络镜像服务器等,其中磁带设备以其技术成熟、价格低廉、产品线齐全、使用方便等优点占据了存储市场的重要地位。

容灾备份通过在异地建立和维护一个备份存储系统,利用地理上的分离来保证系统和数据对灾难性事件的抵御能力。从其对系统的保护程度来分,可以将容灾分为数据容灾和应用容灾。数据容灾就是指建立一个异地的数据系统,该系统是本地关键应用数据的一个实时复制;应用容灾,是在数据容灾的基础上,在异地建立一套完整的与本地生产系统相当的备份应用系统(可以是互为备份),在灾难情况下,远程系统迅速接管业务运行。

4.4　环　境　安　全

环境安全强调的是对系统所在环境的安全保护,包括机房环境条件、机房安全等级、机房场地的环境选择、机房的建设、机房的装修和计算机的安全防护等。

4.4.1　机　房　安　全

1. 机房的组成

依据计算机系统的规模、性质、任务和用途等要求的不同以及管理体制的差异,计算机机房一般由主机房、基本工作间和辅助房间等组成。

(1) 主机房:用以安装主机及其外部设备、路由器、交换机等骨干网络设备。

(2) 基本工作房间包括:数据录入室、终端室、网络设备室、已记录的媒体存放间、上机准备间。

(3) 第一类辅助房间包括:备件间、未记录的媒体存放间、资料室、仪器室、硬件人员办公室、软件人员办公室。

(4) 第二类辅助房间包括:维修室、电源室、蓄电池室、发电机室、空调系统用房、灭火钢瓶间、监控室、值班室。

(5) 第三类辅助房间包括:贮藏室、更衣换鞋室、缓冲间、机房人员休息室、盥洗室等。

2. 机房安全等级

为了对信息提供足够的保护,而又不浪费资源,应该根据计算机机房的安全需求对机房划分不同的安全等级。根据 GB/T 9361—2011《计算机场地安全要求》中关于"计算机机房的安全分类"划分,机房安全等级分为 A、B、C 三级。

A 类:计算机系统运行中断后,会对国家安全、社会秩序、公共利益造成严重损害的;对计算机机房的安全有严格的要求,有完善的计算机机房安全措施。该类机房存放需要最高安全性和可靠性的系统和设备。

B 类:计算机系统运行中断后,会对国家安全、社会秩序、公共利益造成严重损害的;对计算机机房的安全有较严格的要求,有较完善的计算机机房安全措施。它的安全性介于 A 类和 C 类之间。

C 类:不属于 A、B 级的情况;对计算机机房的安全有基本的要求,有基本的计算机机房安全措施。该类机房存放只需要最低限度的安全性和可靠性的一般性系统。

机房安全级别的具体要求如表 4-1 所示。

表 4-1　机房安全级别要求

安 全 项 目	A 类	B 类	C 类
场地选址	○	□	—
防火	○	□	□
火灾自动报警系统	○	□	—
自动灭火系统	○	□	—
灭火器	○	□	□
内部装修	○	□	—
供配电系统	○	□	—
空气调节系统	○	□	—
防水	○	□	□
防静电	○	□	—
防雷	○	□	□
防电磁干扰	○	□	□
防噪声	□	□	□
防鼠害	○	□	□
入侵报警系统	□	—	—
视频监控系统	□	—	—
出入口控制系统	○	□	—
集中监控系统	□	—	—

注:○表示要求并可有附加要求;□表示要求;—表示无须要求。

3. 机房场地选择要求

根据 GB/T 9361—2011《计算机场地安全要求》中的"计算机场地位置",机房的选址要求如下。

(1) 应避开发生火灾危险程度高的区域。

(2) 应避开易产生粉尘、油烟、有害气体源以及存放腐蚀、易燃、易爆物品的地方。

（3）应避开低洼、潮湿、落雷、重盐害区域和地震频繁的地方。

（4）应避开强振动源和强噪声源。

（5）应避开强电磁场的干扰。

（6）应避免设在建筑物的高层或地下室，以及用水设备的下层或隔壁。

（7）应远离核辐射源。

A 类场地应按照上述各项要求执行，B 类场地宜按照上述各项要求执行，C 类场地可参照上述各项要求执行。

4. 场地防火要求

计算机机房的火灾一般是由电气原因、人为事故或外部火灾蔓延引起的。防火技术设施检查项目，如表 4-2 所示。

表 4-2　防火技术设施检查项目

检查项目	期限	注意
设备供电（含电池电量）情况	1 个月	
供水系统及灭火工具情况	1 个月	
视频监视系统	1 个月	
火灾报警器音频、灯光报警情况	1 个月	人工遥控测试
各项管理制度执行情况	3 个月	
火警控制系统工作情况	1 年	请制造商协助
灭火器压力和重量检查、更换	1 年	标出灭火器的检查日期、项目
防火系统总检查和灭火演练	1 年	要注意安全

火灾避免措施包括以下几点。

（1）为预防来自机房外部的火灾危险，理想的情况下机房最好与其他建筑分开建设，并在建筑之间留有一定宽度的防火通道。但多数机房是与其他用途房间合用一幢建筑的，根据建筑设计防火规范及机房设计规范规定，当电子计算机机房与其他建筑物合建时，应单独设防火分区。这样可以有效地防止来自机房外部的火灾危险。在机房选址时应注意机房要远离易燃易爆物存放区域。

（2）机房应为独立的防火分区，机房的外墙应采用非燃烧材料。进出机房区域的门应采用防火门或防火卷帘。穿越防火墙的送、回风管，应设防火阀。以上措施应在机房平面总体设计及相关专业设计中进行设计。

（3）机房建设采用防火材料。机房内部的建筑材料应选用非燃烧材料（A 级）或难燃烧材料（B 级）。

（4）设置火灾报警系统。

（5）设置气体灭火系统。

（6）合理正确使用用电设备，制定完善的防火制度。

A 级计算机机房应符合如下要求：

（1）当机房作为独立建筑物时，建筑物的耐火等级应不低于该建筑物所对应的设计防火规范中规定的二级耐火等级；

（2）当机房位于其他建筑物内时，其机房与其他部位之间必须设置耐火极限不低于 2 小时的隔墙或隔离物，隔墙上的门应采用符合 GB 50016 规定的甲级防火门。

B级机房参照 A 级各条执行。

4.4.1.1 机房内部装修要求

A类、B类安全机房应符合如下要求。

1．装修材料

计算机机房装修材料应使用符合 GB 50222 规定的难燃材料或非燃材料,应能防潮、吸音、防起尘、抗静电等。

2．活动地板

(1) 计算机机房的活动地板应是难燃材料或非燃材料。

(2) 活动地板应有稳定的抗静电性能和承载性能,同时耐油、耐腐蚀、柔光、不起尘等。具体要求应符合 SJ/T 10796 的规定。

活动地板提供的各种进出线应做得光滑,防止损伤电线、电缆。

(3) 活动地板下的建筑地面应平整、光滑、防潮、防尘。

3．地毯

机房不宜使用地毯。

4.4.1.2 供配电系统要求

GB/T 2887—2011《计算机场地通用规范》依据计算机系统的用途,将供电方式分为三类。

• 一类供电:应具有双路市电(或市电、备用发电机)加不间断电源系统。

• 二类供电:应具有不间断电源系统。

• 三类供电:按一般用户供电考虑。

A类、B类安全机房应符合如下要求:

(1) 计算机站应设专用可靠的供电线路;

(2) 计算机系统的电源设备应提供稳定可靠的电源;

(3) 供电电源设备的容量应有一定的余量;

(4) 计算机系统独立配电时,宜采用干式变压器,采用油浸式变压器应选硅油型,变压器与机房的距离不得小于 8 m;

(5) 发电机与机房的距离不得小于 12 m,并且发电机排出的油烟不得影响空调机组的正常运行;

(6) 计算机场地宜采用固定型密闭式免维护蓄电池;

(7) 计算机系统的供电电源参数应符合 GB/T 2887 的规定;

(8) 从电源室到计算机电源系统的电缆不应对计算机系统的正常运行构成干扰;

(9) 计算机机房的诸种接地方式应符合计算机设备的要求,计算机设备没有明确要求时,应采用联合接地;

(10) 供配电系统的回路开关、插座以及电缆两端应有标识;

(11) 无关的管路和电气线路不宜穿过机房。

4.4.1.3 空调系统要求

高可靠的机房设备运行环境包括温度、湿度、洁净度。电子计算机机房内温、湿度和含尘量的具体要求如表4-3所示。

表 4-3 计算机机房内温、湿度及含尘量要求

指标	夏季	冬季	全年
温度	23±2 ℃	20±2 ℃	18～28 ℃
相对湿度	45%～65%	40%～70%	
温度变化率	<5 ℃/h 并不得结露	<10 ℃/h 并不得结露	
空气含尘浓度	在表态条件下测试,每升空气中大于或等于 0.5 μm 的尘粒数,应少于 18 000 粒		

为使机房保持恒定的温度、湿度及一定的清洁度,要选用专用的精密空调,空调应具有送风、回风、加热、加湿、冷却、减湿和空气净化的能力。此外,A、B 类计算机机房空调系统还应符合下列要求:

(1)空调系统应满足计算机系统及其保障设备长期正常运行的需要;

(2)当计算机机房位于其他建筑物内时,宜采用独立的空调系统;如与其他系统共用时,应保证空调效果和采取防火措施;

(3)空调系统在冷量和风量上应有一定的余量;

(4)空调设备的安放应与计算机设备的散热要求相适应;

(5)空调设备的安放位置应便于安装与维修;

(6)空调的送、回风管道及风口应采用难燃材料或非燃材料;

(7)新风系统应安装空气过滤器,新风设备主体部分应采用难燃材料或非燃材料,穿越防火分区处的风管上应设置防火阀并与消防控制系统联动;

(8)不间断电源室和蓄电池室宜设置空调系统;

(9)采用空调设备时,应设置漏水报警系统。

C 类安全机房的环境条件参照上述要求执行。

4.4.1.4 安全防护

1. 防水

对于机房来说,水患是不容忽视的安全防护内容之一。由于水患,轻者造成机房设备受损,降低使用寿命;重者造成机房运行瘫痪,中断正常营运,带来不可估量的经济损失和政治影响。除了明显的水患,过高或过低的相对湿度,都会对计算机的可靠性和安全性有不利影响。因此湿度也是重要防护内容。

防水安全措施包括:

(1)A 级机房、低压配电室、不间断电源室、蓄电池室区域设备上方不应穿过水管;

(2)B、C 级机房、低压配电室、不间断电源室、蓄电池室区域设备上方不宜穿过水管;

(3)与机房无关的水管不宜从机房内穿过;

(4)位于用水设备下层的机房,应在顶部采取防水措施,并设漏水检查装置;

(5)漏水隐患区域地面周围应设排水沟和地漏;

(6)机房内的给、排水管道应有可靠的防渗漏和防凝露措施;

(7)A、B 级机房应在漏水隐患处设置漏水检测报警系统;

(8)当采用吊顶上布置空调风口时,风口位置不宜设置在设备正上方;

(9)A、B 级机房计算机电气设备和线路采用活动地板下布线时,线路不得紧贴地面铺设。

2．防静电

不同物体间的相互摩擦、接触会产生能量不大但电压非常高的静电。如果静电不能及时释放，就可能产生火花，容易造成火灾或损坏芯片等意外事故。

计算机系统的 CPU、ROM、RAM 等关键部件大都采用 MOS 工艺的大规模集成电路，对静电极为敏感，容易因静电而损坏。

静电的防止措施包括：

（1）当插拔插件板或更换电子元件时，作业人员应放去人体上的静电荷，如佩戴"防静电手镯"；

（2）机房的内装修材料一般应避免使用挂毯、地毯等吸尘、容易产生静电的材料，而应采用乙烯材料；

（3）放置计算机的桌子下铺上抗静电垫子；

（4）为了防静电，机房一般要安装防静电地板；

（5）机房的安全接地应符合 GB/T 2887 中的规定；

（6）机房内应保持一定湿度，特别是在干燥季节应适当增加空气湿度，以免因干燥而产生静电；

（7）在容易产生静电的地方，可采用抗静电溶剂和静电消除器。

3．火灾自动报警系统

对于火灾隐患，应建立完善的自动报警措施，最大限度地保护场地、设施和人身安全。

火灾自动报警系统安全要求包括：

（1）A 级计算机场地应设置火灾自动报警系统；

（2）B 级计算机场地宜设置火灾自动报警系统；

（3）计算机场地安全出口应设置指示标志。

4．火灾自动灭火系统

（1）A 级机房应设置自动灭火系统；

（2）B 级机房宜设置自动灭火系统。

5．灭火器

（1）计算机场地应配置灭火器；

（2）配置的灭火器类型、规格、数量和设置位置应符合国家现行标准和规范的要求；

（3）灭火所用的介质，不宜造成二次破坏。

此外，机房安全还应考虑防鼠害、防地震、防雷击、防振动与冲击等。

在具体的机房建设中，根据计算机系统安全的需要，机房安全可按某一类执行，也可按某些类综合执行。所谓的综合执行是指一个机房内的不同设备可按某些类执行，如某机房按照安全要求可对电磁波进行 A 类防护，对火灾报警及消防设施进行 C 类防护等。

4.4.2　安全区域

安全区域是需要组织保护业务场所和包含被保护信息处理设施的物理区域。如系统机房、重要办公室，也可能是整修工作区域。为防止未经授权的访问，预防对组织信息基础设施和业务信息的干扰和破坏。应当把关键的和敏感的业务信息处理设备放在安全区域，受到确定的安全范围的保护，并有适当的安全屏障和接入控制。应当对它们从实体上加以保护，以防止未经授权的访问并免于干扰和破坏。

1. 物理安全边界

组织应设立安全边界,保护信息处理设施。通过建立安全边界形成安全区域以保护区域内的信息处理设施。安全边界可以是设立一个关卡,如围墙、控制台、门锁等。

通过建立安全边界形成安全区域,以保护区域内的信息处理设施安全。

2. 物理访问控制

安全区域应有适当的访问控制加以保护,以确保只有经授权的人员可以进出。物理进出控制措施主要有:安全区域的来访者应接受监督或办理出入手续;对敏感信息及信息处理设施的访问应进行控制,应仅限于经授权的人;通过身份鉴别技术进行控制;要求所有职员佩戴某种可视标志;应该向内部人员陪伴的陌生人或没有佩戴可视标志的人提出质疑;对安全区域的访问权应定期评审并更新;使用监视设备记录可能遗漏的事件,或记录其他无力控制无效的区域内的事件;警报系统利用监视系统,在预判断的事件或活动发生时通知相关人员,检测物理入侵或其他未预料的事件。

3. 在安全区域工作

应对安全区域中进行的工作有相应的控制方法及指导原则,以加强安全区域的安全性。具体措施包括:

(1) 对安全区域的工作人员及被授权进入安全区域的其他人员的行为提出安全要求;

(2) 通过规章的形式予以约束,要求工作在安全区域内的雇员、合同方和第三方用户,以及其他发生在安全区域的第三方活动都必须遵守。

4. 办公场所和设备保护

(1) 考虑相关的健康指南和安全法规、标准;

(2) 关键设施应坐落在可避免公众进行访问的场地;

(3) 适用时,建筑物不要引人注目,并且在建筑物内侧或外侧用不明显标记给出其用途的最少指示,以标示信息处理活动的存在;

(4) 标示敏感信息处理设施位置的目录和内部电话簿不要轻易被公众得到。

5. 防范外部或环境威胁

设计并实施针对火灾、水灾、地震、爆炸、骚乱和其他形式的自然或人为灾害的物理保护措施:

(1) 危险及易燃材料应在离安全区域安全距离以外的地方存放;

(2) 恢复设备和备份介质的存放地点应与主场地有一段安全距离,以避免影响主场地的灾难对其产生破坏;

(3) 应当提供适当的灭火设备,并应放在合适的地点。

6. 隔离的送货及装载区域

送货或装载区域应加以控制,如有可能应与信息处理设施隔离,以避免未经授权的访问。

(1) 被运送的货物、物品本身或者运送人可能对存储区域内的重要信息资产造成威胁或损害;

(2) 运送与储存区域应尽量与信息处理设施分离,如不能分离的话,应对进入储存区域的运送人或货物进行严格控制;

(3) 某些犯罪分子将装有炸弹或细菌的信件邮寄给被攻击者,造成人身伤害和财产损失;

(4) 商业机密窃取者可以伪装成送货者到组织的办公室或实验室窃取项目研发的技术资料。

为避免上述情况发生,最好的办法是将送货人拒之门外,由自己的员工将货物搬进来。

4.5 人员安全

信息系统安全问题中最核心的是管理问题。"人"是实现信息系统安全的关键因素。对组织网络系统造成的人为威胁主要来自以下几个方面。

(1)内部人员:一般都具有对系统一定的合法访问权限,比外部人员拥有更大的便利条件。内部人员对系统内重要信息存放地、信息处理流程、内部规章制度等比较了解,因此,比外部人员更能直接攻击重要目标,逃避安全检查。

(2)准内部人员:硬件厂商、软件厂商、软件开发商以及这些厂商的开发人员、维护人员都对系统情况有一定的了解,在一定时期内对系统具有合法访问权限,加之是专业人员,因此更有条件和能力对组织信息系统埋藏后门和入侵。

(3)特殊身份人员:一般包括记者、警察、技术顾问和政府工作人员,可能会利用自己的特殊身份了解系统,以做相应改动。

(4)外部个人或小组:由于 Intranet 的操作系统、数据库管理系统及通信设备等安全级别不够,容易遭到外部黑客的攻击。

(5)竞争对手:为谋取利益,各商家或竞争对手可能派出商业间谍,或采取高科技手段,向竞争企业的网络发起进攻。

4.5.1 人员安全管理的基本内容

1. 人员安全管理原则

(1)多人负责原则,即每一项与安全有关的活动,都必须有 2 人或多人在场。

(2)任期有限原则,任何人最好不要长期担任与安全有关的职务,以保持该职务具有竞争性和流动性。

(3)职责分离原则,出于对安全的考虑,科技开发、生产运行和业务操作都应当职责分离。

职责分离原则可以避免因为某一个人负责多个关键的职位而造成不能在日常的业务活动中及时地发现其错误情况,是威慑和预防欺诈或恶意行为的一种手段。当职责分离后,相关人员对计算机、生产数据资料库、生产程序、编程文档、操作系统及其工具的访问就受到一定的限制,某一个人的潜在破坏行为就被减弱。

2. 人员安全管理措施

组织内人员安全管理措施可以从以下方面考虑。

(1)领导者安全意识

- 定期制订安全培训计划,组织安全学习活动,责成各级高层管理人员经常关注和强化计算机安全技术和保密措施。
- 组织计算机安全任务小组来评定整个系统的安全性,安全小组应及时向高层管理层报告发现的问题并提出关键性建议,领导者可授权安全小组制定各种安全监督措施。
- 对违反安全规则的人员,管理层应进行惩罚。
- 领导者应严于律己,不得将内部机密轻易泄漏给他人,尤其注意收发电子邮件时,不将组织专有信息放在网络服务器和 FTP 服务器上。

（2）系统管理员意识

- 保证系统管理员个人的登录安全。
- 给账号和文件系统分配访问权限。
- 经常检查系统配置的安全性，如线路连接及设备是否安全、磁盘备份是否安全等。
- 注意软件版本的升级，安装系统最新的补丁程序，尽量减少入侵者窃取到口令文件的可能性，关掉不必要的服务，减少入侵者入侵途径。

（3）一般用户安全意识

- 经常参加计算机安全技术培训，学习最新安全防护知识。
- 以合法用户身份进入应用系统，享受授权访问信息。
- 不与他人共享口令，并经常更换口令。
- 不将一些私人信息，如公司计划或个人审查资料存入计算机文件。
- 注意将自己的主机设为拒绝未授权远程计算机的访问要求。
- 保证组织的原始记录，如发票、凭证、出库和入库单等不被泄露。
- 自觉遵守公司制定的安全保密规章制度，不制作、复制和传播违法违纪内容，不进行危害系统安全的活动。

（4）外部人员

- 组织应监视和分析系统维护前后源代码及信息系统运行情况，防止开发维护人员的破坏行为。
- 将特殊身份人员（如警察、记者等）的权限限制在最小范围。
- 密切注视竞争对手的近况，防止商业间谍偷袭。

4.5.2　内部人员管理制度

内部人员管理制度主要针对以下三种情况分别制定相应的管理制度。

4.5.2.1　员工雇用前

目前在国内人才市场上求职者利用假文凭、假履历求职的现象层出不穷，各种权学交易、钱学交易的博士硕士班泛滥成灾。

据有关部门统计，全国持有假文凭者已超过 60 万人，假文凭的泛滥，动摇了社会的公平和信用基础。这种行为本身已经对社会与组织的道德、信用及安全造成了严重侵害。

因此，在招聘新员工或员工晋升时，实施人员安全审查是非常重要的控制措施。

（1）审查对象：信息系统分析、管理人员，组织内的固定岗位人员，临时人员或参观学习人员等。

（2）审查范围：人员背景信息、安全意识、法律意识和安全技能等。

（3）人员审查标准：

- 人员审查必须根据信息系统所规定的安全等级确定审查标准；
- 信息系统的关键岗位人选，如安全负责人、安全管理员、系统管理员和保密员等，必须经过严格的政审并要考核其业务能力；
- 因岗挑选人，制定选人方案，遵循"先测评、后上岗；先试用、后聘用"原则；
- 所有人员都应遵循"最小特权"原则，并承担保密义务和相关责任。

（4）人员背景调查措施：

- 政治思想方面的表现；
- 对申请人的学历、履历的审查(完整性和准确性)；
- 对其所宣称的学术和职业资质进行确认；
- 单独的身份认证；
- 性格测试；
- 信用记录调查；
- 身体状况调查等。

4.5.2.2　员工雇用中

为保证组织在员工雇用中的安全,组织应将安全需求列入员工职责中,确定管理职责及安全事故与安全故障反应机制来确保安全应用于组织内个人的整个雇用期。

1. 员工工作职责

组织在信息安全方针中所规定的安全角色及责任,应适度地书面化于工作职责说明书中。工作职责说明书中的责任应当包含执行、维护组织安全政策的所有一般责任及与员工相关的保护特定信息资产的特殊责任,有关执行特殊安全管理程序或者活动的责任也可以写入说明书中,并通过适宜的方式把相关安全责任要求传达到每一个员工,使其理解并遵照执行。确保所有的员工、合同方和第三方用户了解信息安全威胁和相关事宜、责任和义务,在日常工作中支持组织的信息安全方针,减少人为错误的风险。

2. 组织管理职责

为尽可能减少安全风险,确保用户意识到信息安全威胁和隐患,组织应为所有员工、合同方和第三方用户提供安全程序和信息处理设施的正确使用方面的教育和培训。并且为了防止品质不良或不具备一定技能的人员进入组织或被安排在关键或重要岗位,组织应定期进行岗位安全考核,主要从工作人员的业务和品质两个方面进行考核。还应建立一个正式的处理安全违规的纪录。

管理者应要求所有的员工、合同方和第三方用户按照组织已建立的方针和程序实施其安全行动。

组织管理职责包括：

- 确保相关人员在被授权访问敏感信息或信息系统前知道其信息安全角色和方法；
- 确保相关人员从组织获得声明其角色的安全期望的指南；
- 激励相关人员实现组织的安全方针；
- 确保相关人员在组织内的角色和职责的安全意识程度达到一定级别；
- 确保相关人员遵守雇用的条款和条件,包括组织的信息安全方针和工作的合适方法；
- 确保相关人员持续拥有适当的技能和资源。

实施培训与培训方式：

- 内部培训、外部培训、实习、自学考试、学术交流；
- 采用不同媒体来宣传信息安全,如公司邮件、网页、视频；
- 安全规则的可视化执行；
- 模拟安全事故以改善安全规则；
- 员工通过签订保密协议,了解安全需求。

员工考核：

- 思想政治方面考核

是否遵守法律、法规,执行政策、纪律和规章制度,履行职业道德,劳动服务态度等;

- 业务、工作成绩考核

主要依据各自的职责进行考核,相关人员不仅要有业务理论水平还要有实际操作技能。

员工违反安全的惩戒原则:

- 惩戒前应有一个安全违规的验证过程;
- 惩戒过程应确保正确公平地对待被怀疑安全违规的雇员;
- 正式惩戒过程应规定一个分级响应,要考虑诸如违规的性质、重要性及对业务的影响等因素;
- 对于严重的明知故犯情况,应立即免职、删除访问权限和特权,如有必要可直接带离现场。

3. 安全事故与安全故障反应机制

安全事故是可能导致资产丢失和损害的任何事件,或是会使组织安全程序破坏的活动。安全故障,如软件故障,会影响信息系统的正常功能,甚至商务活动的运作。为把安全事故和安全故障的损害降到最低程度,追踪并从事故中吸取教训,组织应明确有关事故、故障和薄弱点的管理部门,并根据安全事故和安全故障的反应过程建立一个报告、反应、评价和惩戒的机制。

(1) 确保及时发现问题

通过有效的管理渠道或程序,确保员工及时发现并报告安全事故、安全故障或安全薄弱点,以便迅速对其做出响应。

正式的报告程序内容包括:

- 明确报告的受理部门;
- 报告的方式,如专用电话、书面报告;
- 报告内容要求,如事故发生的时间、地点、系统名称、威胁、后果等;
- 处理事故的反馈要求,以便从中吸取教训。

(2) 对事故、故障、薄弱点做出迅速、有序、有效的响应,减少损失。

对于安全事故的响应:针对不同类型的安全事故,做出相应的应急计划,规定事故处理步骤。

信息系统会受到软件和硬件故障的威胁,用户应记录有关故障的信息,及时报告主管部门,由有关技术人员进行故障排除,并分析故障原因,采取必要措施,防止类似故障发生。

员工应记录发现的安全薄弱点,无论是管理上的、技术上的,还是信息系统本身存在的,按照规定的报告方式向有关部门报告,由有关部门对可疑的薄弱点进行确认,从而确定相关资产的风险程度,选择相应的控制措施并实施。

(3) 从事故中吸取教训

安全事故或故障发生后,安全主管部门应对事故或故障的类型、严重程度、发生的原因、性质、产生的损失、责任人进行调查确认,形成事故或故障评价资料。

已发生的信息安全事故或故障可以作为信息安全教育和培训的案例,以便组织内部人员从事故中学习,以总结经验、教训。

(4) 建立惩戒机制

组织应建立一种安全惩戒管理办法,明确规定员工被惩戒的适用情况、证据提供、惩戒手段、审批等具体要求,确保准确、公正、合理地处理违反方针、程序和有关安全规章的员工。

惩戒手段包括:

- 行政警告;
- 经济处罚;
- 调离岗位;
- 依据合同予以辞退;
- 对于触犯刑律者应交由司法机关处理。

4.5.2.3 雇用的终止和变更

当员工、合同方和第三方用户离开组织或雇用变更时,应有合适的职责确保管理雇员、合同方和第三方用户以一种有序的方式从组织退出,并确保他们归还所有设备及删除他们的所有访问权利。

(1)员工、合同方和第三方应归还所使用的组织资产,如公司文件、设备、信用卡、访问卡、软件、手册和存储于电子介质中的信息等。

(2)应确保所有有关的信息已转移给组织,并且已从雇员、合同方或第三方设备中安全删除。

(3)当一个雇员、合同方或第三方用户拥有的知识对正在进行的操作具有重要意义时,此信息应形成文件并传达给组织。

(4)应撤销所有员工、合同方或第三方用户对信息和信息处理设施的访问权限,或根据变化调整,如删除密钥、身份卡、签名等文件,更改账户密码等。

4.5.3 职员授权管理

大量的安全问题关系到人员如何与计算机进行交流以及他们进行工作所需的授权。职员授权管理主要涉及职员定岗、用户管理及承包人或公众访问系统时需要考虑的特殊因素。

1. 职员定岗

安排职员通常涉及至少四个步骤,它们既适用于一般用户也适用于应用管理者、系统管理人员和安全人员。这四个步骤是:(1)定义工作,通常涉及职位描述的制定;(2)确定职位敏感性;(3)填充职位,涉及审查应聘者和选择人员;(4)员工培训。

(1)定义工作

应该在定义职位的早期识别和处理安全问题。职位一旦被定义后,负责的主管应确定职位所需的访问类型。授予访问权时应遵循以下两个原则。

职务分离原则:是指对角色和责任进行分类使单独一个人无法破坏关键的过程。例如,在金融系统中,单独一个人通常无法发放支票,而应该是一个人发出支付申请,另一个人对这个支付进行授权。实质上,应该将互相制衡的机制落实到过程以及执行过程的具体职位中。

最小特权原则:是指只赋予用户其执行工作任务所需的访问权。例如,数据录入人员可能无须对其数据库的报告进行分析。但是,最小特权原则不意味着所有的用户都只能拥有极小的访问权,如果其职位需要,一些员工将拥有很大的访问权。尽管如此,应用此原则还是会限制由于事故、错误或非授权使用系统资源造成的损害。确定实施最小特权原则不会造成人员之间无法及时替换是很重要的。如果不精心地计划,访问控制可能会妨碍到应急计划。

(2)确定职位敏感性

　　职位敏感性水平的确定是基于该人员通过滥用计算机系统可能造成损害(如泄露私人信息、中断关键处理、计算机欺诈)的类型和程度这些因素以及更传统的因素,如对保密信息的访问和受托责任。选择适当的职位敏感性很重要,因为职位敏感性过度设定会浪费资源,而过小设定可能会造成无法接受的风险。因此,确定职位敏感性时需要了解这一职位所需的知识和访问级别。

　　(3)填充职位

　　一旦职位敏感性被确定,就要准备填充职位。这通常包括公布正式的空缺职位公告和识别符合职位需求的申请者。比较敏感的职位通常需要雇用前的背景审查,不太敏感的职位可能在雇用后审查(入职、在岗)就可以了。

　　在各个公司中,大多数审查技术涉及犯罪记录等因素。更深入的背景调查还检查其他因素,如人员的工作和教育经历、个人会面、拥有和使用非法物品的记录,以及与当前或以往同事、邻居或朋友的会面。具体执行的审查类型取决于职位的敏感性和实施规定的当事机构。审查不由预期的职员管理人执行,而应该依照特定机构的指导由机构的安全和人事官员进行。

　　在公司以外,一般通过多种方式完成对员工的审查。因敏感性不同,不同的机构执行不同的政策来检查人员的背景和资格。机构的政策和规程通常试图在避免侵犯和诋毁与了解员工诚信度之间寻找平衡点,一种有效的办法是最初将员工安排到不太敏感的职位上。

　　无论对于国家机构还是对于私营企业,发现一些危及安全的背景情况并不一定意味着该员工不适合特定的职位。应该根据工作类型、所发现的事件的类型或其他相关因素做出决定。

　　(4)员工培训

　　候选人被雇用后,需要对其进行培训,其中包括计算机安全责任和任务的培训,员工的良好培训对于计算机系统和应用发挥效率起到至关重要的作用。

　　2. 用户管理

　　对用户计算机访问权的有效管理对于维护系统安全是很重要的。用户账户管理主要是识别、认证和访问授权。审计过程以及定期地验证当前账户和访问授权的合法性是一种加强措施。最后,还要考虑在员工调职、晋升或离职、退休时及时修改或取消其访问权等相关问题。

　　(1)用户账户管理

- 用户账户管理开始于用户主管向系统管理员申请系统账户。之后,系统运作人员通常会根据账户申请为新用户创建账户。这个账户通常会被设定所选择的访问授权。下一步将账户信息发给职员,包括账户的识别符(如用户 ID)和认证方法(如口令或智能卡)。当员工不再需要账户时,主管应通知应用管理人员和系统管理人员以便可以及时清除账户。
- 了解访问和授权管理的连续性问题是很重要的。为了使用户只具有完成给其设定责任所必需的访问权限以维护最小特权原则,跟踪用户及其相应的访问权限是必需的。
- 管理这样的用户访问过程通常是非集中式的,尤其在大型系统中。

　　(2)审计和管理检查

- 检查每位员工所拥有的访问权水平;
- 检查对最小特权原则的符合程度;
- 所有账户是否处于活动状态;
- 管理授权是否处于更新状态;
- 是否完成所需的培训。

（3）探测非授权活动

除了审计和审计跟踪分析之外还有几种机制被用于探测非授权和非法活动。例如，欺诈行为可能要求实施者经常到场。在这种情况下，员工缺席期间可能会发现欺诈行为。关键系统和应用人员的强制假期可以帮助探测这种活动（但并不保证做到，如员工返回处理时还没有来得及发现问题）。这对避免产生对单个人员的过度依赖是有用的，因为系统在缺席期间也要运作。尤其是在政府工作中，可以使用定期重新进行人员审查的方法发现非法活动的可能迹象（如生活水平超出已知的收入水平）。

（4）临时任命和部门内调动职位变更和离职

管理系统的一个重要方面涉及保持用户访问授权的更新状态。当出现临时任命和部门内调动时，需要对相关人员的访问权限进行相应更改，如暂时地或永久地更换工作角色、离职等。

① 暂时地或永久地更换工作角色

在其他人缺席期间经常会要求员工完成其常规工作范围以外的任务。这需要附加访问授权。虽然需要，还是应该尽量少地赋予访问授权并且认真进行监视，以便与内部控制目标中维护职务分离的需求相一致。在不需要时，也应该及时清除这些授权。

当员工在机构内更换职位时通常需要永久更改。在这种情况下，还会发生账户授权的过程。这时，将以前职位的访问授权清除也是很重要的。许多"授权蔓延"的例子就发生在员工继续持有以前在机构中所担任职位的授权的情况下，这种情况不符合最小特权原则。

② 离职

用户系统访问权的终止通常被划分为"友好的"和"不友好的"。

友好终止发生在员工自愿调任、辞职以便接受更好的职位或是退休情况下。应为离职员工制定一系列标准规程，以确保系统账户能够被及时清除。

- 离职过程通常涉及由每个相关功能管理人签署的表格。一般包括管理访问控制、钥匙控制、报告机密和隐私责任、财务管理等。
- 要确认数据的继续可用性。
- 保证数据的机密性。

不友好终止包括员工被解雇、裁员或非自愿调任。不友好离职涉及不情愿或敌对情况下的员工离职。这种离职的紧张关系导致安全问题的加重和复杂化。不友好离职的最大威胁可能来自那些有能力更改代码或改变系统或应用的人员，一般员工的离职也可能造成损害。

对不友好终止带来的威胁应采取如下措施：

- 如果员工被解雇，应该在通知员工离职时（或之前）清除系统访问权；
- 当员工向机构提出辞职时，如果有理由预期是不友好离职，应立即终止其系统访问权；
- 在"布告"阶段，有必要限制人员的活动区域和功能。

3. 承包人管理

许多政府机构以及私营机构使用承包人和顾问协助其进行计算机处理。承包人的使用期限经常比员工短，这一因素可能会改变执行审查的成本效益。承包人员的频繁转换增加了安全项目用户管理方面的开销。

4. 公众访问管理

政府机构设计、开发和使用的向公众散发信息的公众访问系统，是公开了电话号码和网络访问 ID 的系统。由于公共访问系统的高可见性，攻击公众访问系统对机构的声誉和公众的信息水平可能会造成切实的影响，无形中增加了来自公众访问系统外部和内部的安全威胁，加大了安全管理的难度。

5．相关费用

计算机系统中的认证和识别以及访问控制只能防止计算机被命令执行不允许进行的操作，也就是政策规定的。然而，更多的危害来自于允许但人们不应该做的事情。因此，用户问题在信息安全中占有重要地位，由此也会产生相关的安全费用，其中包括如下几方面。

（1）审查

初始背景审查和适时定期更新的费用。

（2）培训和意识培养

培训费用包括评估、培训材料、课程费用等。

（3）用户管理

管理识别和认证的费用。

（4）访问权管理

尤其是在账户初始建立以后，维护用户现时和完整访问的持续费用。

（5）审计

需要使用自动化工具和耗费资源的人工检查来发现和解决安全问题。

4.6　窃密与反窃密技术

窃密与反窃密斗争是人类社会长久以来的一种较量，由于它在政治、军事、经济、科技各个领域中的重要作用，以及当今高科技时代的发展，窃密与反窃密技术也在日新月异地发展。不论是工作还是日常生活中，均有使用各种手段的窃听、窃密事件发生，针对这些手段可以通过相应的反窃密技术进行信息防护。然而随着网络的普及与深入，信息的保存与传递面临众多网络入侵和攻击的威胁，安全技术并不能保证完全防护，应采取隔离措施。而针对网络空间的隔离是不可能的，最安全的方式就是采取物理隔离保障安全。

4.6.1　窃密与反窃密技术

4.6.1.1　窃听与反窃听

在步入信息社会的当今世界，信息的占有直接反映了一个国家的综合国力。各国为了在新的国际竞争中取得有利地位，普遍调整、发展和强化情报侦察工作。如美国国家安全局（NSA）就像一张庞大的网，将全球包容在这张电子窃听网中，他们从激光盘中听到哥伦比亚毒枭的密谈内容，甚至可以窃听到几乎所有国家首相或总统的私下谈话声音。通过高技术手段的出现，各种技术的综合和交替使用，窃听技术也随之不断更新和升级。

第一次世界大战时期就已经出现了初级的窃听装置——矿石收音机；20 世纪 50 年代中期，随着晶体管和微电子技术的突飞猛进发展，窃听器开始真正作为间谍情报领域的常备工具；到了 20 世纪 80 年代，窃听技术有了惊人发展，有线、无线窃听技术开始被广泛地使用。"水门事件"就属于典型的有线窃听。远程无线窃听设备主要由微型拾音器（即话筒）、微型无线电发射机和电池组成，"虫威"是这个时代窃听器的代表作。20 世纪 80 年代至今，随着电子设备的广泛应用，各国政府部门、机要保密部门、企事业部门都配备有电子打字机、计算机、译码电信机、电传机、保密机等电子设备,而科学技术的发展,如载波、微波、红外、激光、计算机等也都在窃听领域中得到了广泛的应用。

1. 窃听相关技术

窃听技术是在窃听活动中使用的窃听设备和窃听方法的总称。与其他情报技术相比,窃听具有简便、可靠、安全的特点。现在,窃听技术达到了很高的水平,包括电话线路(通信线路)窃听、无线窃听、微波窃听、激光窃听等,造成了众多的安全问题与漏洞攻击。

(1)电话窃听

窃听电话多使用落入式电话窃听器。这种窃听器可以当作标准送话器使用,用户察觉不出任何异常。用户拿起话筒时它就将通话内容用无线电波传输给几百米外窃听的接收机。通过窃听感应器将感应信号送到发射机,信号通过接收机接收。

(2)无线窃听

当前,无线窃听已经成为各国间谍情报活动中应用非常广泛的一种窃听手段。无线窃听是由传声器所窃取的谈话信号,不经过金属导线,而通过无线电波送到窃听装置的接收机上。无线窃听接收机接收到这些无线电波后,经过检波、滤波、放大,即可把窃听到的信号还原出来,或用录音机记录下来。

(3)微波窃听

微波窃听实质上也是一种无线窃听。用灵敏度很高的接收机接收反射回来的微波,就可以从这些微波中分离出它携带回来的声波,并通过调制复原成声音。微波电话利用微波传递,比有线电话更容易被窃听。这种长距离的微波传送需要在建筑物顶架设中继站,在中继的楔形地带,可以通过相应的接收设备收到微波通信的信号。

(4)激光窃听

利用声音引起的玻璃的轻微振动,使用激光对准窗户玻璃发射,再用一个激光接收器接收由窗户玻璃反射回来的激光,把这种夹杂着声音信息的激光经过技术处理分检出来,还原成声音。避免了进入房间安装窃听器而被发现的危险,但由于激光本身的局限性不能广泛应用。

(5)数据窃听

随着各国政府机关、保密要害部门、企事业单位配备的电子打字机、电传机、传真机、计算机等办公自动化设备越来越多,在这些设备内安装数据窃听器,从中可以窃取大量的电报、文件数据、图像等未加密的原始信息。

(6)其他窃听

定向麦克风窃听,利用高灵敏度、强方向性并且可有效地抑制干扰的麦克风进行窃听;使用高灵敏度的音频放大器得到窃听对象的语音内容;电话窃听软件监控电话、短信、或者历史记录等内容。

2. 反窃听技术

反窃听技术是指发现、查出窃听器并消除窃听行动的技术。

对电磁波、声波等近距离类窃听,可以利用高灵敏度探窃器测出窃听发射机发出的电磁波,进而判断出窃听器的位置,感应并发出警报。一些更先进的反窃听器能够利用窃听器的声波将暗藏的窃听器找出来。此外还有"频谱分析仪""场强测量器"等,都是反窃听的极好器材。

上述反窃听适用于近距离的目标,远距离的目标则要靠电子监听技术。电子监听又叫电信接收,它是指利用先进的电子设备系统对有线、无线、微波等通信信号进行截收、分析、破译、处理的全过程,仍属于一种电子侦察,实际上是窃听技术的综合发展。

4.6.1.2　窃照与窥视技术

窃照和窥视是现代间谍窃密的又一重要的技术手段。自从摄影技术问世以来,世界各国的间谍情报人员就用它来偷拍他们所窥视到的有形秘密。随着谍报技术的发展,窃照和窥视技术取得了突破性进展。

目前,各国谍报机关使用的窃照和窥视器材,其应用原理已超出了光学和几何学的范畴,越来越同电子技术密切结合起来,就连红外摄影、微光夜视和微光电视等最新技术也都开始涉足于窃照和窥视领域,从而为间谍的窃密活动提供了极为有利的条件。

（1）窃照

窃照的内容包括秘密文件、设备的图片、场所的景象,以及特殊任务的活动等。窃照技术是通过一系列的窃照器械来完成的。任何一个窃照器,实质上就是一架微型化了的照相机。由于拍摄内容和环境的不同,在拍照手法和使用设备上都可能有所差别,包括固定位置窃照技术（固定位置普通器材窃照和间谍卫星及高空侦察机）、手持小型窃照装置（如超小型相机、隐蔽式相机和拷贝相机）等。

（2）窥视

窥视技术是间谍窃密活动经常使用的一种有效手段。近些年来,世界范围的窥视技术成果不断更新发展,如电视窥视、微光夜视、光纤技术、红外辐射以及探针系列。

随着科技发展产生的各种各样的窃照、窥视系统,已经成为当代间谍窃密的有效工具,被各国间谍情报机关广泛使用。他们把新型的窃照、窥视装置安置如外国大使馆的办公室和机要室内,以达到窃取核心秘密的目的,或者作为讹诈、招募或是政治斗争的一种手段。

4.6.2　物理隔离技术

随着网络应用的普及深入,网络入侵和攻击日益猖獗,网络安全遭受严重威胁。按目前的安全技术,无论防火墙、UTM 等防护系统都不能保证一定能阻断攻击,入侵检测等监控系统也不能保证入侵行为完全捕获,所以最安全的方式就是物理的分开。为防止涉及国家秘密的计算机及信息系统受到来自互联网等公共信息网络的攻击,确保国家秘密信息的安全,国家保密局 2000 年 1 月 1 日起实施《计算机信息系统国际联网保密管理规定》,明确规定"涉及国家秘密的计算机信息系统,不得直接或间接地与国际互联网或其他公共信息网络相连接,必须实行物理隔离。"

物理隔离与逻辑隔离不同,逻辑隔离是保证网络正常使用的情况下,尽可能安全,通过软件功能进行隔离,如防火墙,一般的数据可以交由防火墙保护。物理隔离是要保证绝对安全,内外网在物理实体上完全分开,没有任何连接,保密的核心数据必须进行严格的物理隔离保护,包含 SU-GAP 隔离网闸技术、物理隔离卡。

实行内部网与公共网的物理隔离,可以确保内部网不受外部公共网的攻击。同时,也为涉密计算机及信息系统划定了明确的安全边界,使得网络的可控性增强,便于内部管理和规范。

为确保物理隔离技术和新产品的安全保密,国家保密局对物理隔离提出了明确的保密技术,要求如下:

（1）在物理传导上使用内外网隔离,确保外部网络不能通过网络连接而入侵内部网络,同时防止内部网络的信息通过网络连接泄露到外部网络;

（2）计算机屏幕上应有当前处于内网还是外网的明显标志;

（3）内外网络接口处应有明确标志；

（4）内外网络切换时应重新启动计算机，以清除内存、处理器等暂存部件残余信息，防止秘密信息窜到外网上；

（5）移动存储介质未从计算机取出时，不能进行内外网络切换；

（6）防止内部网络信息通过电磁辐射泄露到外部网络。

目前，一些单位和人员对物理隔离技术和产品的认识和使用不足，存在一些不容忽视的问题，主要表现在以下几方面。

（1）物理隔离不是中国特有的，其在国际上也广泛应用，如美国、以色列等国。美国在1999年年底强制规定军方涉密网络与互联网隔离。

（2）物理隔离技术是在确保安全的前提下，享受互联网等公共网络资源，这与网络互联的宗旨并不违背。

（3）物理隔离技术不是一个简单的过程，事实上国家保密部门对物理隔离产品有很多具体的要求，尤其在涉及配置保护重要信息的物理隔离时，一定要选择国家保密部门认可的产品。

（4）安装人员的违规安装，如内网信息复制过程漏洞以及没有正确安装隔离的驱动程序，会给安全带来隐患。

（5）用户的违规使用，如在外网处理保密信息、内外网公用一个涉密存储介质。

为了保障信息的安全，使用一些隔离技术产品实现物理隔离。物理隔离技术产品可分为终端隔离产品、信道隔离产品和网络隔离产品。

（1）终端隔离产品

是指在一台计算机上采用两个系统，两个硬盘，按需要启动不同的系统，并连接不同的网络。

（2）信道隔离产品

信道隔离产品是在终端的传输线路上进行内外网的切换，主要应用在单网线布线的环境中。这样的产品通称网络切换器，外形像交换机。它的作用是将对内外网的切换转移到远端隔离设备上进行，对终端而言只用一条网线就可连接到内外网上。

（3）网络隔离产品

网络隔离产品是一种新型网络安全产品，应用于一般网络和关键子网的入口处，在保持内外网络物理隔离的同时，进行适度的、可控的内外网络数据交换，提供比防火墙级别更高的安全保护，属于准物理隔离。这类产品的名称是安全隔离网闸（GAP）。它采用嵌入式安全操作系统，通过对系统内核的安全增强，实现强制性访问控制。

针对上述3种不同产品，主要有3种实现方案，并且可以综合使用。

（1）物理隔离卡方案

通过物理隔离卡实现双硬盘及双系统分时访问内外网络。因为内外网硬盘分别安装独立的操作系统并独立引导，两个硬盘不会同时激活，这样一台计算机可当作两台独立的计算机使用，实现内外网络彻底的物理隔离目的，但是对于用户来说，有成本较高、效率较低、操作不方便等缺点。隔离方案如图4-3所示。

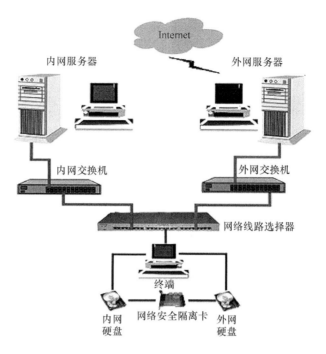

图 4-3　物理隔离卡方案

（2）信道隔离方案

在终端计算机是单网连接的模式下使用，可以将网络切换与隔离卡配合使用，是"隔离卡＋网络切换器＋单网线"的结构。信道隔离产品使用灵活、安全程度高、成本较低，更具实用性。信道隔离产品方案如图 4-4 所示。

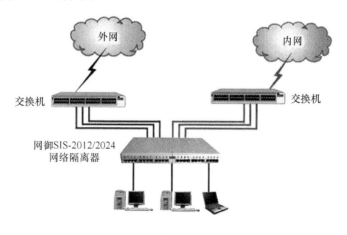

图 4-4　信道隔离方案

（3）安全隔离网闸方案

此方案是一种适度开放，可控的内外网指定数据交换解决方案，可以采用信息摆渡机制，将特定数据转换为纯文本（可信任的文件格式），因而容易进行精确检测和过滤。安全隔离网闸方案如图 4-5 所示。

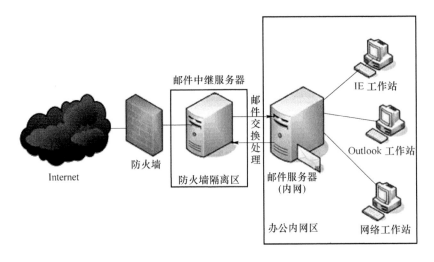

图 4-5　安全隔离网闸方案

4.7　本章小结

在信息系统安全中,要充分考虑各种因素对信息系统构成的威胁并加以规避,保证信息系统有一个安全的物理环境是基础。防盗、防毁、防电磁泄漏、加强设备的安全管理和规范存储媒介的使用是设备安全防护的基本要求;为防止未经授权的访问,预防对信息系统基础设施(设备)和业务信息的破坏与干扰,应当对信息系统所处的环境进行区域划分,并把关键的和敏感的业务信息处理设施放置在安全区域,同时要对放置信息系统的空间进行细致周密的规划,并从温度和湿度、空气含尘度、噪声、电磁干扰、供电等方面来保证环境条件。

人始终是影响信息安全的最大因素,人员管理是安全管理的关键。人员管理的 3 个基本原则为:多人负责原则;任期有限原则;职责分离原则。人员管理既要加强领导者、系统管理者及一般用户的安全意识,同时要防范来自外部人员的不法侵害。对于内部人员,安全管理贯穿于员工雇用前、雇用中以及雇用中止和变更的整个过程。对于人员与计算机系统所进行的交流,要严格执行员工授权管理的规定。

同时日常生活中可能出现多种形式的窃密技术,掌握其反窃密技术是保护信息安全的重要手段。在当今网络化社会与生活中,要保障网络空间下的信息、数据安全应采取物理隔离方式,使用物理隔离产品与方案实现安全保障。

4.8　习　　题

1. 为了保证信息系统安全,应当从哪些方面来保证环境条件?
2. 移动存储介质的安全隐患有哪些?
3. 电磁泄漏的技术途径有哪些?
4. 信息系统的记录按其重要性和机密程度可以分为哪几类?
5. 简述计算机机房安全等级的划分。

6. 信息安全人员的审查应当从哪几个方面进行?
7. 人员安全管理的基本原则是什么?
8. 员工授权管理的主要内容有哪些?
9. 有哪些常见的窃密与反窃密技术?

第 5 章

建设与运维安全

对于信息系统,其生命周期包括规划、系统开发、系统运行以及系统更新维护 4 个阶段。系统的建设工作负责建设一套信息系统,信息运行维护工作负责维护和管理一套已经运行的系统内所有硬件设备、软件资产和网络链路的稳定运行。在实际应用中两者相互影响、相辅相成。随着信息化技术与应用的发展,随之而来的建设与运维业务量也在与日俱增,在建设与运维中出现的安全问题越来越多。同时因为建设与运维在人员管理等方面的不一致等问题,两者的衔接也存在大量的安全问题。对于建设与运维两个方面,信息系统安全审计可以发挥重要的作用。本章对建设与运维过程中涉及的基本概念、关键技术、相关标准、出现的问题以及解决措施做出了介绍。

5.1 信息资产管理

5.1.1 信息资产概述

ISO 17799 中指出:信息是一种资产,像其他重要的业务资产一样,对组织具有价值,因此需要妥善保护。信息可以是组织中信息设施中存储与处理的数据、程序,可以是打印出来的或写出来的论文、电子邮件、设计图纸、业务方案,也可以是显示在胶片上或表达在会话中的消息。无论采取何种方式或手段进行共享或存储,都应加以妥善保护。信息安全就是要保护信息免受威胁的影响,从而确保业务的连续性,缩减业务风险,最大化投资收益并充分把握业务机会。

5.1.2 资产责任

要实现和保障对组织信息资产的适当保护,需要对于所有资产指定责任人,并且要赋予保持相应控制措施的职责。实施控制措施的责任可以委托,赋予职责的资产所有者应当承担保护资产的责任。

对资产负责主要从以下两个方面考虑。

1. 编制资产清单

在信息安全体系范围内为资产编制清单是一项重要工作,每项资产都应该有清晰的定义、合理的估价,确定资产的相对价值和重要性;在组织中明确资产所有权关系,进行安全分类,并以文件方式详细记录在案。编制资产清单的过程也是风险评估的一个重要组成部分。

编制资产清单具体措施如下:

• 组织应列出资产清单,将每项资产的名称、所处位置、价值、资产负责人等相关信息记录在资产清单上；

- 对每一项信息资产,组织的管理者应指定专人负责其使用和保护,防止资产被盗、丢失与滥用；
- 根据资产的相对价值大小来确定关键信息资产,并对其进行风险评估以确定适当的控制措施；
- 定期对信息资产进行清查盘点,确保资产账物相符和完好无损。

2. 资产责任人

与信息处理设施有关的所有信息和资产应由组织的指定部门或人员承担责任。

资产责任人应负责：

- 确保对与信息处理设施相关的信息和资产进行了适当的分类；
- 确定并周期性评审访问限制和分类,要考虑到可应用的访问控制策略。

5.1.3　资产分类保护

为了确保信息资产受到适当级别的保护,应对信息进行分类以明确要求、优先性和保护等级。信息应按照它对组织的价值、法律要求、敏感性和关键性予以分类。信息的分类及相关保护控制措施要考虑共享或限制信息的业务需求以及与这种需求相关的业务影响,如对信息未经授权的访问或损坏。一般而言,对信息分类是决定如何处理和保护此信息的一条捷径。

信息分类时要注意以下几点。

- 信息的分类等级要合理

应考虑分类类别的数目和从其使用中获得的好处。过度复杂的方案可能对使用来说不方便,也不经济,或许是不实际的。在解释从其他组织获取的文件的分类标记时应小心,因为其他组织可能对于相同或类似命名的标记有不同的定义。

- 信息的保存期限

经过一段时间后,信息常常会变得不再敏感或者不再重要了,如在敏感信息被公开发布以后,原来的分类就没有意义了。如果把安全保护的分类划定得过高就会导致不必要的业务开支。对于任何信息的分类都不一定自始至终固定不变,可能按照一些预定的策略发生改变。组织制定信息分类指南时应当考虑到这些情况。

- 谁对信息的分类负责

信息的始发人或指定的所有权人应当承担确定信息类别的责任,例如对一份文件、数据记录、数据文件或者磁盘进行分类的责任,以及定期检查这些分类的责任。

分类信息的标记和安全处理是信息共享的一个关键要求,应按照组织所采纳的分类机制建立和实施一组合适的信息标记和处理程序。

信息标记与处理实施指南如下：

- 信息标记的程序需要涵盖物理和电子格式的信息资产；
- 系统输出包含的分类为敏感的或重要的信息应在该输出中携带合适的分类标记,该标记要根据分类指南中建立的规则反映出分类；
- 每种分类级别,要定义包括安全处理、储存、传输、删除、销毁的处理程序,还要包括任何安全相关事件的监督和记录以及保管链的程序；
- 涉及信息共享的与其他组织的协议应包括识别信息分类和解释其他组织分类标记的程序。

制定与分类一致的信息处理程序:

- 按照所显示的分类级别,处置和标记所有介质;
- 确定防止未授权人员访问的限制,维护数据的授权接收者的正式记录;
- 确保输入数据完整,正确完成了处理并应用了输出验证;
- 按照与其敏感性一致的级别,保护等待输出的假脱机数据;
- 根据制造商的规范存储介质;
- 使分发的数据最少;
- 清晰地标记数据的所有复制,以引起已授权接收者的关注;
- 以固定的时间间隔评审分发列表和已授权接收者列表。

信息处理程序的实施对象至少包括以下内容:

- 文件、计算系统、网络、多媒体;
- 移动计算、移动通信、通用话音通信;
- 邮件、话音邮件;
- 邮政服务/设施、传真机的使用、空白支票、发票。

5.1.4 软件资产许可

应使用合法软件,严厉打击使用盗版软件的行为。软件资产许可规定和限制了软件用户使用软件(或其源代码)的权利。

公司应有检测和处理非授权软件措施,例如:

- 定期检查环境中所安装的软件;
- 实施技术措施,防止非授权人员安装非授权软件;
- 对有未授权行为的人员进行教育,提升他们的信息安全意识。

5.2 信息服务管理

5.2.1 信息服务管理概述

20 世纪 60 年代开始,信息技术(IT)如何高效地为人类和社会带来效率便吸引着人们的眼球。"软件危机""人月神话""软件工程"等词语便成了企业界和 IT 人士关注的焦点。在众多专家、学者、企业人士的不断探索中,IT 人创造了"面向对象的分析(OOA,Object-Oriented Analysis)& 面向对象的设计(OOD,Object-Oriented Design)""能力成熟度模型(CMM,Capability Maturity Model)""IT 项目监理"等我们耳熟能详的方法论。然而,在众多的方法论中,一个普遍的缺失是没有一个 IT 运营管理阶段(有时又称为支持和维护阶段)的详细指南,如图 5-1 所示。

IT 运营管理帮助企业对 IT 系统的规划、研发、实施和运营进行有效管理,它并非不重要,在 IT 应用生命周期中,运营阶段通常有以下两个重要特点:

(1) 通常时间跨度最长;

(2) 业务对 IT 有较强的依赖性,并且将受到劣质 IT 服务质量的负面影响。

如图 5-2 所示,一个服务从开发到上线实施可能只需要一年的时间,却有 3～6 年甚至更长的时间来运行维护。专家的研究和大量企业实践表明,在 IT 项目的生命周期中,大约 80%的时间与 IT 项目运营维护有关,而该阶段的投资仅占整个 IT 投资的 20%,形成了典型的"技术高消费""轻服务、重技术"的现象。由此可以看出运营阶段非常重要,是 IT 应用生命周期的关键阶段,如果在这个阶段中没有任何指南作为管理参考,就有可能造成 IT 投资的浪费、IT 服务的不可靠、IT 服务反应速度慢和质量低下等问题。

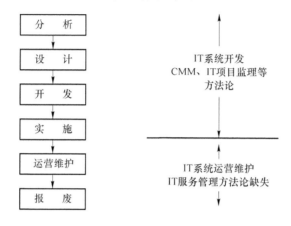

图 5-1　IT 应用生命周期图

图 5-2　应用时间分布图

5.2.2　ITIL 内容体系

在 20 世纪 80 年代中期,英国政府意识到了 IT 服务管理问题的严重程度,为填补 IT 运营指南方面的空白,英国政府中央计算机和电信局(CCTA,Central Computer & Telecommunications Agency)发起专门项目,通过深入研究和总结各个组织的实际经验(最佳实践 best practice),找出 IT 运营管理中什么起作用而什么不起作用。CCTA 在项目进展中,结合了政府部门和企业界各方力量,同时放眼欧洲和美国(包括惠普、IBM 等企业),经过几年的深入研究,发布了 IT 服务管理的最佳实践——IT 基础设施库(ITIL,IT Infrastructure Library),可由世界上任何组织免费使用以及利用 ITIL 开展有关业务。ITIL 是用来管理信息技术的架构设计、研发和操作的一整套概念和思想。

ITIL 最初是借由一套书籍发布(最早的一本于 1998 年出版),基于最佳实践,在提供符合业务部门要求的 IT 服务方面,给出了通用的指导。这套书籍的每一本都涵盖一个信息技术领域。借由为不同的 IT 组织量身定制一些复杂的清单、任务、流程,ITIL 为许多重要的 IT 实践准则给出了详尽的解释。

ITIL 具有以下几个基本特点。

(1)公共框架、开源标准。ITIL 由世界范围内的有关专家共同开发,世界上任何组织可免费使用以及利用 ITIL 开展有关业务。

(2)最佳实践框架。ITIL 是根据实践而不是基于理论开发的,英国商务部(OGC,Office

of Government Commerce)收集和分析各种组织解决服务管理问题方面的信息,找出那些对本部门和在英国政府部门中的客户有益的做法,最后形成了 ITIL。

(3)是事实上的国际标准。虽然 ITIL 当初只是为英国政府开发的,但是在 20 世纪 90 年代初期,它很快就在欧洲其他国家和地区流行起来。目前,ITIL 已经成为世界 IT 服务管理领域事实上的标准。

(4)以流程为导向,以客户满意和服务品质为核心。ITIL 本质上说是对 IT 部门为业务部门提供服务的流程再造,同时组织在运用 ITIL 提供的流程和最佳实践进行内部的 IT 服务管理时,不仅可以提供用户满意的服务从而改善客户体验,还可以确保这个过程符合成本效益原则。

ITIL 的核心模块是"服务管理",ITIL 将 IT 服务管理分为十个核心流程和一项管理职能。

一项管理职能

服务台:服务台是 IT 部门和 IT 服务用户之间的单一联系点。它通过提供一个集中和专职的服务联系点促进了组织业务流程与服务管理基础架构集成。服务台的主要目标是协调客户(用户)和 IT 部门之间的联系,为 IT 服务运作提供支持,从而提高客户的满意度。

十个核心流程

(1)配置管理:配置管理是识别和确认系统的配置项,记录和报告配置项状态和变更请求,检验配置项的正确性和完整性等活动构成的过程,其目的是提供 IT 基础架构的逻辑模型,支持其他服务管理流程特别是变更管理和发布管理的运作。

(2)变更管理:变更管理是指为在最短的中断时间内完成基础架构或服务的任一方面的变更而对其进行控制的服务管理流程。变更管理的目标是确保在变更实施过程中使用标准的方法和步骤,尽快地实施变更,以将由变更所导致的业务中断对业务的影响减至最低。

(3)发布管理:发布管理是指对经过测试后导入实际应用的新增或修改后的配置项进行分发和宣传的管理流程。发布管理以前又称为软件控制与分发,它由变更管理流程控制。

(4)事件管理:事件管理负责记录、归类和安排专家处理事件并监督整个处理过程直至事件得到解决和终止。事件管理的目的是在尽可能最小地影响客户和用户业务的情况下使 IT 系统恢复到服务级别协议所定义的服务级别。

(5)问题管理:问题管理是指通过调查和分析 IT 基础架构的薄弱环节、查明事故产生的潜在原因,并制定解决事故的方案和防止事故再次发生的措施,将由于问题和事故对业务产生的负面影响减小到最低的服务管理流程。与事故管理强调事故恢复的速度不同,问题管理强调的是找出事故产生的根源,从而制定恰当的解决方案或防止其再次发生的预防措施。

(6)服务级别管理:服务级别管理是为签订服务级别协议(SLAs)而进行的计划、草拟、协商、监控和报告以及签订服务级别协议后对服务绩效的评价等一系列活动所组成的一个服务管理流程。服务级别管理旨在确保组织所需的 IT 服务质量在成本合理的范围内得以维持并逐渐提高。

(7)IT 服务财务管理:IT 服务财务管理是负责预算和核算 IT 服务提供方提供 IT 服务所需的成本,并向客户收取相应服务费用的管理流程,它包括 IT 投资预算、IT 服务成本核算和服务计费 3 个子流程,其目标是通过量化服务成本减少成本超支的风险、减少不必要的浪费、合理引导客户的行为,从而最终保证所提供的 IT 服务符合成本效益的原则。IT 服务财务管理流程产生的预算和核算信息可以为服务级别管理、能力管理、IT 服务持续性管理和变更管理等管理流程提供决策依据。

（8）IT 服务持续性管理:IT 服务持续性管理是指确保发生灾难后有足够的技术、财务和管理资源来确保 IT 服务持续性的管理流程。IT 服务持续性管理关注的焦点是在发生服务故障后仍然能够提供预定级别的 IT 服务,从而支持组织的业务持续运作的能力。

（9）能力管理:能力管理是指在成本和业务需求的双重约束下,通过配置合理的服务能力使组织的 IT 资源发挥最大效能的服务管理流程。能力管理流程包括业务能力管理、服务能力管理和资源能力管理 3 个子流程。

（10）可用性管理:可用性管理是通过分析用户和业务方的可用性需求并据以优化和设计 IT 基础架构的可用性,从而确保以合理的成本满足不断增长的可用性需求的管理流程。可用性管理是一个前瞻性的管理流程,它通过对业务和用户可用性需求的定位,使得 IT 服务的设计建立在真实需求的基础上,从而避免 IT 服务运作中采用了过度的可用性级别,节约了 IT 服务的运作成本。

这些流程和职能又被归结为两大流程组,即"服务提供"流程组和"服务支持"流程组,如图 5-3 所示。其中,"服务支持"流程组归纳了与 IT 管理相关的一项管理职能及 5 个运营级流程,即配置管理、变更管理、发布管理、事件管理和问题管理;"服务提供"流程组归纳了与 IT 管理相关的 5 个战术级流程,即服务级别管理、IT 服务财务管理、IT 服务持续性管理、能力管理和可用性管理。

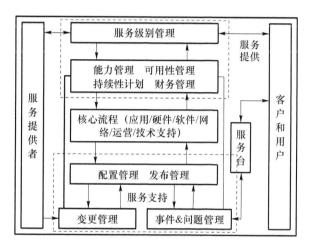

图 5-3　ITIL 各流程和职能之间的关系

如果说企业的 IT 战略属于"战略层"的话,我们可以把服务提供称为"战术层",把服务支持称为"运营层"。如图 5-4 所示。ITIL 从战术和运营角度描述了 IT 如何与业务整合。在战术层,业务部门的客户需求通过服务级别管理与 IT 部门达成共识;在运营层,业务部门的终端用户通过服务台这一接口统一与 IT 部门取得联系。

5.2.3　服务提供流程

服务提供流程主要为服务付费的机构和个人客户提供高质量、低成本的 IT 服务。要提供高质量的 IT 服务,应根据组织的业务需求,对服务能力、持续性、可用性等服务级别目标进行规划和设计,并考虑实现这些服务目标所需要耗费的成本。也就是说,在进行服务提供流程设计时,必须在服务级别目标和服务成本之间进行合理的权衡。

由于这些管理流程必须解决"客户需要什么""为满足客户需求需要哪些资源""这些资源

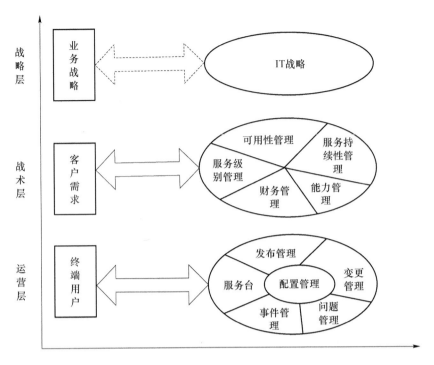

图 5-4 IT 与业务的整合

的成本是多少""如何在服务成本和服务效益（达到的服务级别）之间选择恰当的平衡点"等问题，因而服务提供所包括的这 5 个核心流程均属于战术层次的服务管理流程，它们的关系如图 5-5 所示。

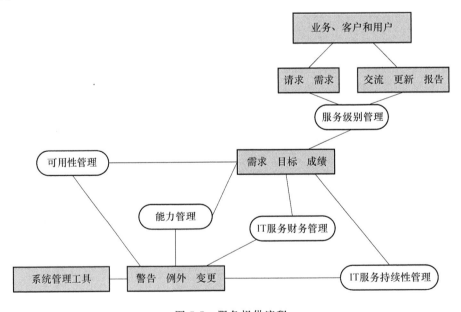

图 5-5 服务提供流程

1. SLM 服务级别管理

企业中并不是所有服务都是合格的，事实上，组织的用户（或客户）也同样不能期望 IT 服务部门（企业）在没有准确了解组织的服务需求的情况下，能够为用户们提供令人满意的 IT

服务。为了解决这样的问题,以提高服务水平,在工作中引入服务级别管理(SLM,Service Level Management),所要达到的目标是,根据客户的业务需求和相关的成本预算,制定恰当的服务级别目标,并将其以服务级别协议的形式确定下来。对服务提供者来说,SLM 提供了差异化竞争的途径,增加了服务提供者的营销手段;对用户来说,SLM 提供了更多选择的机会,可以享受到具有更高品质保障的服务。

为了真正了解客户的业务需求,服务级别经理必须做到:

- 和业务方(用户和客户)进行全面沟通;
- 调查用户和客户对当前服务级别的体验,并在此基础上帮助客户分析和梳理那些真实存在却又尚未明确的业务需求;
- 结合相关的 IT 成本进一步确定组织对 IT 服务的有效需求,从而抑制客户在设备和技术方面"高消费"的欲望,为组织节约成本,提高 IT 投资的效益。

IT 服务部门(企业)总是尽力为那些期望值不断攀升的用户提供高质量的服务。然而,用户总是感到他们的需求并未得到满足。这种紧张的局势往往导致双方不能通过和平交流来解决问题,最终解决问题最有效的方式还是 SLM。IT 服务企业内部用户,不要认为服务级别协议是多余的;那些被用户否定的 IT 部门,更加需要以一种可以量度的方式来界定他们提供的服务;至于 IT 外包商,服务等级协议就是他们的保护性策略。

SLM 是连接 IT 服务部门和客户的纽带。SLM 流程是 IT 服务部门面向业务部门(客户)的一个窗口,SLM 是解决 IT 服务部门和用户双方问题最有效的方式。制定服务级别协议可以有效地管理 IT 服务部门和用户双方的期望。

为了明确业务部门和 IT 服务部门各自的责任,服务级别管理人员需要针对双方已达成共识的服务级别需求,签订服务级别协议(SLA,Service Level Agreement)。同时,为保证完全履行服务级别协议,IT 服务部门还需要分别与内、外部供应商签订运作级别协议(OLA,Operation Level Agreement)和支持合同(UC,Underpinning Contract)。这三份协议构成了支持 SLM 流程运作的服务级别协议体系,是明确各方主体权利和责任的书面依据。因而构成了服务级别协议体系,它是 SLM 的"导航图"。如图 5-6 所示。

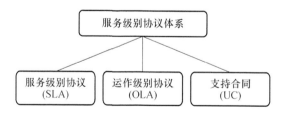

图 5-6　服务级别协议体系

SLA 是 IT 服务企业与客户就服务提供与支持过程中,关键服务目标及双方的责任等问题协商一致后所达成的协议。该协议规定了关键的服务目标与企业客户所能接受服务的期望,因此其牵涉的范围相当广泛,从服务的范畴与责任、安全机制、网络效能、支持服务到违反服务水平协议后的罚则等。服务级别协议应当使用客户和 IT 服务企业都理解的语言,而不宜采用技术化的语言。这样可以便于客户和 IT 服务企业之间的沟通,减少双方之间的摩擦,同时也有利于后期的评审与修改。SLA 是客户和服务提供者之间工作的桥梁。

OLA 是指 IT 服务企业内部某个具体的 IT 职能部门或岗位,就某个具体的 IT 服务项目(如邮件系统的可用性、传真服务的可用性等)的服务提供和支持所达成的协议。IT 服务企业作为一个整体与客户签订 SLA 后,为了保证能够达到约定的服务级别目标,需要将客户的业务需求转化成具体的服务项目,并针对这些服务项目和相应的内部 IT 部门或岗位签订运作级别协议。

UC 则是指 IT 服务企业与外部供应商,就某一特定服务项目的提供与支持所签订的协议。如 IT 服务企业为了达到 SLA 中所确定的有关通信系统的可用性级别目标,往往需要租用外部供应商的通信线路和设备等。此时,为了保证通信服务的稳定性和可靠性,IT 服务企业需要与外部供应商签订相应的支持合同。

SLM 是一个动态的过程,其一,SLM 流程的实施过程本身是一个循环滚动的过程;其二,SLM 贯穿于整个 IT 服务运作的全过程。

2. 可用性管理

由于企业和机构的业务运作对 IT 基础架构和 IT 服务可用性的依赖性增强,而不可用的 IT 基础架构和 IT 服务将直接导致这些企业或机构的服务品质的下降或业务运作的中断。因此对 IT 基础架构和 IT 服务进行可用性管理,是保证服务品质、降低服务成本的有效途径。

可用性管理(Availability Management)是指从可用性角度对 IT 基础架构和 IT 服务进行设计、实施、评价和管理,以确保持续地满足业务的可用性需求的服务管理流程。可用性可以从两个方面进行衡量,即 IT 服务的可用性以及单个 IT 组件的可用性。可用性一般用 IT 服务或组件,在某一特定时点或一段时间内,能够正常发挥其应有功能的时间比例来表示。

在可用性管理中,应确定可用性级别目标。可用性级别目标的确定和服务级别目标的确定是一个互动循环的过程。服务级别目标是从业务和客户需求的角度进行表述的,采用的是客户易于理解的非技术性语言。而可用性级别目标虽然也是从客户体验的角度进行衡量,但其表述方式更接近于技术指标的层面。在服务级别经理与客户协商确定服务级别目标时,需要结合 IT 基础架构可以达到的可用性级别和实际的业务可用性需求。一旦服务级别目标制定,可用性级别目标就要以服务级别目标为基准,以相应的技术术语加以阐述,从而确保最终的可用性级别与服务级别目标的一致性,并能够支持服务级别目标的实现。

可用性管理支持可用性目标的实现体现在事前支持、事中支持和事后支持 3 个方面。

(1)事前支持

可用性管理流程是一个需要持续运作的管理流程,因此需要进行可用性设计,并反复进行可用性需求分析。在服务级别需求(SLR,Service Level Requirement)和服务级别协议被确定和接受之前,需要对业务可用性需求进行分析,以确定 IT 基础架构是否可以,以及怎样实现必要的可用性级别。在进行可用性需求分析时,需要确定服务失效对业务的影响程度,以及为提高可用性级别所需要付出的额外成本。

IT 基础架构在运作过程中可能会出现一定的故障,为尽量减少这种故障的发生,可用性管理需要定期进行预防性维护管理。对 IT 组件进行维护必须有计划地进行,这样可以将停机时间减少到最低。同时,在对维护活动进行计划安排时,必须和业务部门进行充分的协调和沟通,以尽量减少因维护活动对业务运作造成的影响。

(2)事中支持

IT 基础架构在运作过程中可能会出现一定的故障,为尽量减少这种故障的发生,可用性管理需要定期进行预防性维护管理。

通过对 IT 基础架构和 IT 服务的可用性进行监控,可用性管理人员可能发现现有的可用性级别不能满足业务运作的需求,或者存在某种迹象表明 IT 服务可用性有降低的趋势。

（3）事后支持

可用性管理自身是一个反复循环的过程，并且与服务级别管理也存在一定的互动关系。有关可用性管理流程运作的反馈信息对于进一步调整服务级别目标和可用性目标都具有很积极的意义，这可以在一定程度上确保制定的可用性级别目标和服务级别目标是可实现的和可操作的。

3. 能力管理

能力管理是指在成本和业务需求的双重约束下，通过配置合理的服务能力来确保服务的持续提供和 IT 资源的正确管理，以发挥最大效能；以合理的成本提供有效的 IT 服务，以满足当前及将来的业务需求。

能力管理流程的实施主要围绕以下三方面的问题展开：维持现有 IT 服务能力的成本相对于组织的业务需求而言是合理的吗？现有的 IT 服务能力能满足当前及将来的客户需求吗？现有的 IT 服务能力发挥其最佳效能了吗？

能力管理的目标体现在成本与能力、支持与需求两个方面，能力管理需要实现以下目标：

- 分析当前的业务需求和预测将来的业务需求，并确保这些需求在制订能力计划时得到充分的考虑；
- 确保当前的 IT 资源能够发挥最大的效能、提供最佳的服务品质；
- 确保组织的 IT 投资按计划进行，避免不必要的资源浪费。

能力管理是 IT 服务战术管理中的重要组成部分，是权衡 IT 服务质量的一个重要指标，同时也是指规划、调整大小与控制服务的能力，以确保能超过 SLA 所设定的最低效能水准，支持 IT 服务的最佳效率，调整运营需求和 IT 资源的平衡。能力管理流程包括 3 个子流程，如图 5-7 所示。

- 业务能力管理（BCM，Business Capacity Management）

主要关注组织未来业务对 IT 服务的需求，进行趋势分析和 IT 战略规划，确保这种未来的需求在制订能力计划时得到充分考虑。

- 服务能力管理（SCM，Service Capacity Management）

关注现有的 IT 服务品质能否达到服务级别协议中所确定的服务级别目标，以支撑业务的正常进行。

- 资源能力管理（RCM，Resource Capacity Management）

主要关注 IT 基础架构中每个组件的执行能力和使用情况，并确保 IT 基础架构的能力足以支持服务级别目标的实现。

以上 3 个子流程的主要差异在于监控的数据不同，分析的角度不同，而这些子流程中的活动要素与相互关系是一致的。这 3 个子流程之间的关系可以表述为，当业务对 IT 服务的需求经过业务能力管理子流程处理并正式运作后，接下来就由服务能力管理子流程来确保该项 IT 服务的品质能够满足约定的服务级别目标的要求，而资源能力管理子流程则负责对支持 IT 服务运作的各 IT 组件的能力进行监控和评价，以确保足够的资源能力支持 IT 服务的运作，并保证现有的 IT 资源得到最佳利用。

4. 财务管理

如今，人们已经认识到信息技术对于企业发展的战略意义。可是，精良的设备和先进的技术有时并没有为企业创造实实在在的效益和提升企业的竞争力。相反，那些昂贵的"系统"常常让企业骑虎难下。这种尴尬和无奈就是专家们所指的"信息悖论"。企业要走出"信息悖论"

的沼泽地,通过IT服务财务管理流程对IT服务项目的规划、实施和运作进行量化管理是一种有效的手段。IT服务财务管理作为战术性的服务管理流程,是在提供深入了解IT服务管理流程的基础上,对IT恢复运作的费用及成本重新分配并进行正确管理的程序,可以解决IT投资预算、IT成本、效益核算和投资评价等问题,从而为高层管理者提供决策支持。

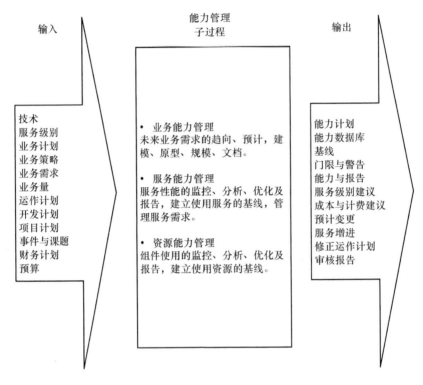

图 5-7   3个子流程之间的关系

　　IT服务财务管理流程,是负责对IT服务运作过程中所涉及的所有资源进行货币化管理的流程。其包括3个子流程:投资预算、会计核算、服务计费。这3个子流程形成了一个IT服务项目量化管理的循环。

　　(1)投资预算

　　主要目的是对IT投资项目进行事前规划和控制。通过预算,可以帮助高层管理人员预测IT项目的经济可行性,也可以作为IT服务实施和运作过程中控制的依据。

　　(2)会计核算

　　主要目标是通过量化IT服务运作过程中所耗费的成本和收益,为IT服务管理人员提供考核依据和决策信息。该子流程主要包括以下活动。

　　• IT服务项目成本核算

　　在核算IT服务项目的成本之前,先要对成本要素进行定义。成本要素是成本项目进一步细分的结果,如硬件可以进一步细分为办公室硬件、网络硬件以及中央服务器硬件等。成本要素一般可以按部门、客户或产品等划分标准进行定义。而对于IT服务部门而言,理想的方法应该是按照服务要素结构来定义成本要素。

　　• 投资评价

　　用于IT项目投资评价的指标主要有投资回报率(ROI,Return on Investment)和资本报酬率(ROCE,Return on Capital Employed)。

- 差异分析和处理

为了达到控制的目的,IT 会计人员需要将每月、每年的实际数据与相应的预算、计划数据进行比较,发现差异,调查、分析差异产生的原因,并对差异进行适当的处理。IT 会计人员需要注意的差异一般包括成本差异、收益差异、服务级别差异和工作量差异。

(3)服务计费

IT 服务计费子流程是负责向使用 IT 服务的客户收取相应费用的子流程。该子流程的顺利运作需要以 IT 会计核算子流程为基础。IT 服务计费通过构建一个内部市场并以价格机制作为合理配置资源的手段,使客户和用户自觉地将其真实的业务需求与服务成本结合起来,从而提高了 IT 投资的效率。

在传统的组织结构中,IT 部门只是一个"辅助车间",而业务部门则是"生产车间"。这种职能定位使得 IT 部门成为业务部门的"后勤部门",再加上 IT 部门自身的技术壁垒,使得 IT 部门成为名副其实的"IT 黑洞",从而使组织中 IT 项目的决策、IT 项目成本的预算与控制变成一个只有 IT 人员专属的"暗角"。如果组织需要将 IT 部门作为成本中心或利润中心时,需要通过向客户收费来实现其目标。通过向客户收取 IT 服务费用,一般可以迫使业务部门有效地控制自身的需求、降低总体服务成本,并有助于 IT 服务财务管理人员重点关注那些不符合成本效益原则的服务项目。

在实际应用中,将 IT 部门定位为成本中心或利润中心取决于组织业务的规模和对 IT 的依赖程度。一般来说,对于那些组织业务规模较大且对 IT 依赖程度较高的组织,可将其 IT 部门设立为利润中心,以真正的商业化模式进行运作。而对于那些业务量较小且对 IT 依赖程度不高的组织而言,将 IT 部门作为成本中心运作就可以达到成本控制的目的了。

5. 业务连续性管理

业务连续性管理的总体目标是为了提高企业的风险防范能力,以有效地响应非计划的业务破坏并降低不良影响。具体内容将在第 6 章"灾难恢复与业务连续性"中专门讲解。

5.2.4　服务支持流程

服务支持流程主要面向用户(End-Users),用于确保用户得到适当的服务以支持组织的业务功能,确保 IT 服务提供方(Provider)所提供的服务质量,符合服务级别协议(SLA)的要求。

服务支持中的 5 个流程属于运营层次的服务管理流程,它们间的关系如图 5-8 所示。

1. 事件管理

事件管理流程主要通过服务台管理异常的突发事件,其主要目标是尽快使业务恢复到正常的 IT 服务。事件处理流程如图 5-9 所示。首先服务台作为所有事件的责任人,负责监督已登记事件的解决过程,将不能立即解决的事件转移给专家支持小组。接着专家组提供临时性的解决办法或补救措施以尽可能快地恢复服务,避免影响用户正常工作;然后分析事故发生原因,制定解决方案以恢复服务级别协议所规定的级别;最后服务台与客户一道验证方案实施效果并终止事件。

2. 问题管理

问题管理指负责解决 IT 服务运营过程中遇到的所有问题的过程,包括问题处理和问题控制。其目标在于将由于 IT 基础架构的错误而导致的问题和事件对业务产生的负面影响减小到最低，以及防止与这些错误有关的事件再次发生。

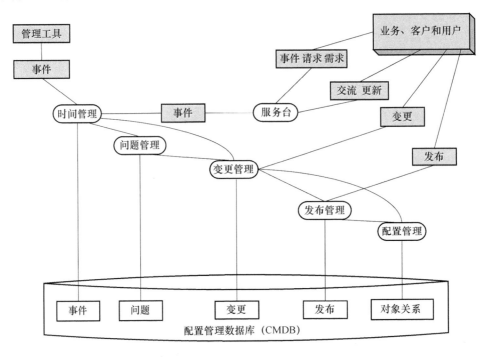

图 5-8　服务支持流程

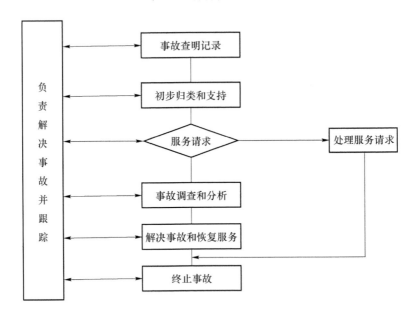

图 5-9　事件处理流程图

3. 配置管理

配置管理是将配置项资源进行识别和定义，并记录和报告配置状态和变更请求以及检验配置项的正确性和完整性等活动构成的过程。

配置管理主要通过识别、记录、控制以及确认 IT 基础设施控制过程中的所有配置项来支持相应目标。变更情况发生后，通过更新 CMDB，配置管理可以确保为其他 IT 部门提供精确与完整的信息,以便支持在 IT 服务支持与交付中的任务。

配置管理指识别和确认系统中软件和硬件等的配置项,记录并报告配置项状态和变更请求、检验配置项的正确性和完整性等活动构成的过程。其目标是维护每个 IT 基础设施的配置记录(同时还包括一些管理信息,如问题记录、变动记录、版本信息、状态信息、关系信息等)并提供配置项的报表,以使服务台能够保持对 IT 基础设施的控制和协调,从而使 IT 部门在合理成本范围内为客户提供最优的服务。

配置管理作为一个控制中心,其主要目标表现在 4 个方面:

- 计量所有 IT 资产;
- 为其他服务管理流程提供准确信息;
- 作为事故管理、变更管理和发布管理的基础;
- 验证基础架构记录的正确性并纠正发现的错误。

通过实施配置管理流程,可为客户和服务提供方带来多方面的效益,例如:

- 有效管理 IT 组件

IT 组件是 IT 服务的基础。每个服务涉及一个或多个配置项,通过配置管理可以了解这些配置项发生变动的情况。特别是在某个配置项丢失的时候,配置管理可以帮助 IT 管理人员了解这个配置项的所有人、责任人和应有的状况,从而方便用其他恰当的 IT 组件加以替换。

- 提供高质量的 IT 服务

配置管理协助处理变更、发现和解决问题以及提供用户支持,减少了出现错误的次数,避免了不必要的重复工作,从而提高了服务质量,降低了服务成本。

- 更好地遵守法规

配置管理维护关于 IT 基础架构中的所有软件的清单,从而可以实现两个目的:一是防止使用非法的软件拷贝,二是防止使用包含病毒的软件。如果配置审计员发现清单中有非法的或有病毒的软件,也容易通过配置管理发现有关责任人。

- 帮助制订财务和费用计划

配置管理提供所有配置项的完整列表,根据这份列表我们能够很容易地计算维护和软件许可费用,了解软件许可证过期日期和配置项失效时间以及配置项替换成本。这些信息有助于财务计划的制订。

配置管理的控制对象包括配置项及配置项之间的关系。配置项指基础架构组件或与基础架构有关的项,包括软件、硬件和各种文档。配置项之间的关系表明了 IT 组件之间的关系,由此,配置管理就可以对 IT 组件实行"主动"管理。

配置管理的控制过程分为 4 步:

(1)配置标识

确定配置项的范围、属性、标识符、基准线以及配置结构和命名规范。

(2)配置项控制

配置项控制指在正式建立配置文档后对配置项变更进行控制的各种活动,包括:

- 注册新配置项及其版本;
- 更新配置项记录;
- 许可证管理;
- 撤销或删除配置项时存档有关记录;

- 保护各种配置的完整性；
- 定期检查配置项以确保它的存在性和合规性并相应更新配置管理数据库。

（3）配置状况报告

配置状况报告是指定期报告所有受控配置项的当前状态及其变更历史,它可用来建立系统基准线、跟踪基准线和发布版本之间的变动情况。

（4）配置验证和评审

配置验证和评审是指一系列评价和审查以确认配置项是否实际存在,以及是否在配置管理系统中正确地记录了它们。

配置管理小组与其他相关小组按照配置管理的控制过程中协调工作,在IT服务整个生命周期中建立和维护IT资产的完整性。

4. 变更管理

变更管理是IT服务管理中最关键的流程之一,是用IT服务的方法来管理与变更有关事件的过程,以有效地监控这些变动,降低或消除因为变动所造成的错误。其目的并不是控制和限制变更的发生,而是对业务中断进行有效管理,使用标准化的方法和程序,有效快速处理变更,将所有的服务资产变更及它们的配置都记录在配置管理系统中,降低风险。

变更管理范围包括服务资产基线及其在整个服务生命周期的配置项。

变更管理的原则是：

- 建立组织变更管理文化；
- 变更管理流程与企业项目管理、利益相关者的变更管理流程要一致；
- 职责分离；
- 建立单一节点,减少冲突和潜在问题；
- 防止生产环境中的未授权变更；
- 和其他服务管理进程一致从而可以追踪变更、发现未授权变更；
- 评估影响服务能力的变更的风险和性能；
- 流程的绩效评估。

所有的变更都必须以标准的变更请求(RFC)形式提交,可以是纸质的或电子版的。在变更管理中,变更请求是非常重要的。RFC是变更管理的载体,是需要变更的客户与变更管理的信息媒体。

变更管理活动流程主要包括接受RFC、分类及划分优先级、变更确认和实施变更4个重要活动。以RFC为基础,经过记录和筛选并接受RFC后,对RFC进行分类并划分优先级,确定实施RFC所需要的资源并制定变更进度安排,实施变更并在实施完后评审RFC的实施,形成变更管理报告等管理信息。具体过程如图5-10所示。

（1）接受RFC。记录和筛选RFC。

（2）排定变更并划分优先级。对RFC进行分类并划分优先级,所有的变动都需要正规化并记入系统。RFC文件要记录变更、理由、时间等内容。一旦收到RFC,要先进行评估,确定优先级和分类。分类时基于紧急程度、变更的影响范围、所需的资源和成本来考量。

（3）变更确认。RFC被分类后,会先送到变更咨询委员会来决定是否要进行这个变更计划,同时评价RFC对基础架构和其他服务的影响以及对非IT流程与不实施RFC的影响,确定实施RFC所需的资源,获得实施RFC的正式批准,并制定变更进度安排。

（4）实施变更。一旦变更计划通过,就可开始执行。执行时要制订开发/建立、测试、退回步骤等计划。当变更计划执行完毕并检验之后，实施的工作才算结束。

（5）变更复审。变更管理的信息包含变更要求的数量、成功执行的变更要求、变更不成功时退回原状的次数、变更计划所产生的问题、变更所花的成本、紧急变更次数的相关统计资料。

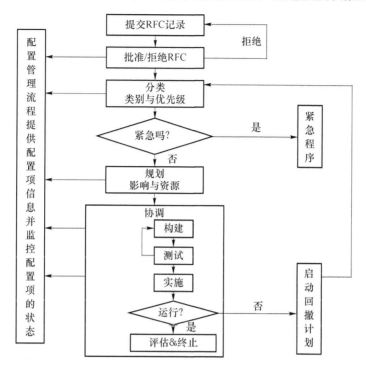

图 5-10　变更管理流程图

操作系统和应用软件应有严格的变更管理控制，其内容包括：

- 重大变更的标识和记录；
- 变更的策划和测试；
- 对这种变更的潜在影响的评估，包括安全影响；
- 对建议变更的正式批准程序；
- 向所有有关人员传达变更细节；
- 返回程序，包括从不成功变更和未预料事态中退出和恢复的程序与职责。

5. 发布管理

在变更管理过程中，当 RFC 被批准后，下一步工作就是构建/开发和测试，最后才能上线投产运行系统。如果变更较大，这部分的过程就会更加复杂，需要将这部分工作单独拿出来进行管理，即发布管理。另外，一般应用程序的最初版本或解决方案在构建后，也要经过发布管理程序才能上线投入生产。

发布是指经过测试并导入实际应用环境的新增或改进的配置项的集合。发布管理负责计划与实施 IT 服务的变更，并描述变更的各个方面。通过正规的实施变更流程及测试确保应用系统的质量。

根据发布的内容不同，发布管理可以分为 3 种类型：

- Delta 发布（Delta Release）

是指仅仅对自上次全发布或 Delta 发布以来发布单元中实际发生变化或新增的那些配置

项进行发布的方式,称为增量发布。

- 全发布(Full Release)

是指同时构建、测试、分发和实施发布单元的所有组件的发布方式。它的最大优势在于发布项的所有组成部分都是集中进行构建、测试、发布与实施的,这样,那些过时或错误的配置项就不会掺杂在新版本中。

- 包发布(Package Release)

是指将一组软件配置项以包的形式一起导入实际运作环境的发布方式,减少了发布的频度或频率。

发布的规划包括以下内容:

- 产生一个高层的发布日程安排;
- 规划所需的资源级别(包括人员加班);
- 在角色与职责上达成一致;
- 制订失败回退计划;
- 为发布制订一个质量计划;
- 规划支持小组和客户对发布的验收。

企业要提高 IT 架构的效率、安全性和对业务的贡献率,就需要解决补丁升级过程中的诸多问题。这些问题的解决都指向一点:制定并实施理想的补丁管理策略。基于 ITIL 思想的补丁管理策略包括 4 个重要阶段。

- 重要阶段 1:配置管理

对企业现有 IT 环境的详细了解是补丁升级成功的第一步。

- 重要阶段 2:风险评估

企业可以在风险评估这一阶段对存在漏洞的系统进行调查,并获取补丁程序的信息。

- 重要阶段 3:变更管理

在收到 IT 部门提出的变更请求后,企业指定的变更管理人就需要对变更请求进行审核和批准。

- 重要阶段 4:发布管理

尽可能地减小新补丁程序对当前业务和现有 IT 架构的不利影响,并指导下属部门进行补丁程序的更新操作。

企业实施补丁管理策略的目的如下。

- 提供一个统一的补丁升级流程,忽视设备或平台间的差异

制定和实施一个统一的补丁管理流程,对企业的好处是显而易见的,企业可以根据业务的发展灵活地调整该补丁升级流程,增强它保障业务的能力。此外,统一的补丁管理流程能够使企业 IT 架构的补丁升级行为更为规范,企业 IT 部门进行补丁升级操作时也更有把握。

- 对信息资产、漏洞情况和补丁程序信息的掌握

企业可以基于对这些关键信息的掌握做出更为准确的补丁升级决定,所有相关的操作人员也能够根据这些信息灵活地实施补丁升级操作。标准化的流程能够提高企业 IT 部门进行补丁升级操作的效率和准确率。

- 提升企业对 IT 架构的信心

IT 架构作为企业处理业务的核心支柱,它的可用性对企业业务的影响巨大。理想的补丁管理策略能够提升 IT 架构的可用性,从而增强企业对 IT 架构的信心。

实施基于 ITIL 的补丁管理策略的优势包括以下内容：

- 使补丁升级的流程更具可重复性、可执行性，同时也更为有效。按照业务的需求降低补丁升级的风险；
- 将企业 IT 应用中常见的"哪里出问题就去哪里救火"的处置思想改进为更有计划和准备的处置方法；
- 在一个不断改变的环境中依然能够保证足够的安全性，企业还能定时回顾并改进流程本身。

5.3　安全事件监控

对于企业安全事件监控，不仅仅涉及物理环境与人员的安全监控，更多的是针对企业网络与业务系统的安全事件监控，企业网络与业务系统信息化建设不断完善，使得各类信息安全事件成为企业发展必须面对的问题，甚至各类的安全事件直接关系到企业的生死存亡。信息安全事件监控是企业及时响应与解决各类安全事件的前提。

安全事件监控的目的是为了预防内部各业务系统由于权限滥用或者管理不当所导致网络信息安全事件发生，保护并及时处理由此引发的各类信息安全事件，降低或者避免突发安全事件造成的经济损失与社会影响，保障网络与业务系统正常运行。

5.3.1　概述

在企业的信息系统中，存在大量的 IT 资源，这些资源在实际运行中每时每刻都在产生各种类型的事件信息，在这些事件信息中，安全事件是需要安全运维人员重点关注的内容。通过安全事件监控，可以帮助企业积极监控整个组织内的 IT 资源，过滤并关联事件，迅速定位安全威胁，并为安全事件响应提供支持。但是，企业信息系统中的安全事件类型复杂、数量较大，如何快速地识别和过滤出有效的安全威胁信息，是企业安全运维人员需要重点考虑的问题。

在具体的信息安全系统中，安全事件监控的内容主要包括安全事件的收集、安全事件的归并和过滤、安全事件标准化、安全事件显示和报表等。安全事件监控大多通过单一安全控制台，集中地管理安全事故和漏洞，为企业用户提供安全架构的总体视图，使企业用户能够深入研究网络拓扑，了解受影响的资源的位置并判断问题的真正根源。

5.3.2　挑战与需求分析

随着信息技术的迅猛发展和信息化的不断建设应用，企业在信息安全管理经营模式上逐步由传统模式向信息化管理模式转变。同时，随着企业信息化建设不断完善，大量应用信息系统相继上线，整个应用信息系统面临的各种安全风险也日益严重，如何确保信息系统安全运行，降低运维管理成本，完善安全事件监控，已经成为企业信息系统建设过程中面临的主要问题。

目前，企业对安全事件监控的需求主要有以下几点。

（1）解决因网络规模庞大，监控范围难以覆盖的问题

规模庞大的企业广域网，部署大量网络设备、安全设备与应用系统，网络与设备环境情况

极其复杂,并且企业网络规模随着业务扩展越来越大,如何进行高效的安全事件监控,加强管理者对企业网络信息系统的整体运行状况了解,是亟待解决的问题。

(2)安全事件的风险评估、分析

企业网络与设备因各种问题产生的海量安全事件,如何能够及时诊断快速定位,避免影响企业信息应用系统正常进行。

(3)多样安全事件归一化

在整个企业网络中存在大量的异构安全设备,如何打破各类安全设备所形成的安全信息孤岛,实现对全网、各类业务系统的安全运行态势进行整体把控,从全局的角度综合考虑安全风险,这就是实现安全事件归一化所要考虑的问题。

监控中心实现一个安全可管理、运维的平台。实现类似网管系统的运维人员对网络设备的管理、运维与故障响应一样,使管理层、业务人员、技术人员都可以在安全运营中心系统里找到自己关心的安全信息。

5.3.3　安全事件监控主要工作

安全事件监控的一个核心问题是如何对采集到的各类安全监控事件进行风险评估,划分出事件的安全风险级别,使得安全管理员能够根据事件的风险级别确定事件处理的优先级,按照轻重缓急的策略来协调资源并处理各类安全事件,从而实现信息系统整体安全风险管理和风险控制的目的。安全事件监控的运转流程包括以下几方面。

1. 安全事件监控数据呈现

安全事件监控需要综合建立统一管理平台,企业管理人员和维护人员在日常工作中,通过统一管理平台的操作管理界面,实现安全事件监控摘要信息、安全指标数据、统计分析数据的集中呈现。平台通过趋势图、汇总表、地图、网络图等形式,为管理者提供基于地理位置、网络拓扑、统计表格、监控对象、技术趋势指标等各类形式的呈现方式。

2. 安全事件归一化

安全事件监控的统一管理平台在收集到海量的安全事件后,由于来自不同设备和系统的安全事件千差万别,需要进行安全事件归一化处理。将这些大量的异构数据转化为平台内部统一的数据格式才能进行后续的安全事件关联分析,以及风险评估,才能为企业提供一个全局统一的事件监控界面。

3. 安全事件关联分析

安全事件关联分析实现海量安全事件的抽取、降噪,剥离无用信息,提升企业后续安全管理工作的效率,降低安全事件监控管理上的复杂性。安全事件关联分析是风险评估的基础,关联分析的结果导出的关联事件可以提升为威胁,从而参与风险评估的计算,并且实现风险计算自动化、定量化。

4. 安全事件管理

安全事件管理是一种实时的、动态的管理模型,通过安全事件监控统一平台进行安全事件收集、安全事件标准化、安全事件过滤、安全事件归并和安全事件关联后,分析来自于不同地点、不同层次、不同类型的信息事件,帮助我们发现真正关注的安全风险,并提高安全报警的信噪比,从而可以准确地、实时地评估当前的安全态势和风险,并根据预先制定的策略做出快速的响应。

5. 安全事件预警

安全事件预警是根据对内部预警信息、外部预警信息的分析,获得对可能发生的威胁的提前通告,提供各类安全威胁、安全风险、安全态势、安全隐患等信息,该模块提供规则设定功能,以便准确定位用户所关心的安全问题,并有针对性地进行响应处理。

6. 安全事件知识库管理

企业通过安全事件监控,可以不断积累各类安全事件,并建立企业自有的安全事件知识库集合,实现安全事件信息的共享和利用,提供了一个集中存放、管理、查询安全知识的环境。建立企业处理安全事件方法和应急方案,将标准漏洞信息和标准事件信息收集起来,形成安全事件共享知识库。

7. 安全事件数据报表管理

企业对安全事件监控获得的各类安全事件信息进行报表统计管理,是对各类安全运行数据的统计、挖掘、分析的呈现。通过各种形式化、标准化的报表、报告展现数据结果,满足企业遵从安全法规的建设需求。

5.3.4　信息系统监控

信息系统监控是检测未经授权的信息处理活动。通过监视信息系统,通过系统中日志等信息,记录信息安全事态。应使用操作员日志和故障日志以确保识别出信息系统的问题。

待分析的日志包括管理员和操作员日志、故障日志与审计日志。

1. 管理员和操作员日志

系统管理员和系统操作员的活动应记入日志,同时日志应进行定期评审。管理员和操作员日志通常包括:

- 事态(成功的或失败的)发生的时间;
- 关于事态(如处理的文件)或故障的信息;
- 涉及的账号和管理员或操作员;
- 涉及的过程。

2. 故障日志

错误和故障日志用来记录运行时故障信息的文件。编程人员和维护人员等可以利用故障日志对系统进行调试和维护错误。

故障日志的记录原则是,与信息处理或通信系统的问题有关的用户或系统程序所报告的故障都要加以记录。故障处理规则是,评审故障日志,以确保已满意地解决故障;评审纠正措施,以确保没有危及控制措施的安全,以及对所采取的措施给予了充分授权。

3. 审计日志

审计日志是审计人员或软件按时间顺序反映其每日实施审计全过程的书面记录。审计日志包含入侵者和机密人员的敏感信息,应采取适当的隐私保护措施。应产生记录用户活动、异常和信息安全事态的审计日志,并要保持一个已设的周期以支持将来的调查和访问控制监视。

审计日志的内容包括:用户 ID、对系统尝试访问的记录、系统配置的变化、终端身份或位置、网络地址和协议、特殊权限的使用、防护系统的激活和停用、访问控制系统引发的警报、访问的文件和访问类型日期、时间和关键事态的细节、对数据以及其他资源尝试访问的记录、系统实用工具和应用程序的使用。

为了实施对信息系统的监控，及时发现并处理监视结果，处理发生的安全事件或安全隐患，应建立信息处理设施的监视使用程序，并定期评审监视活动的结果。监视系统必须使用监视程序以确保用户只执行被明确授权的活动。各个设施的监视级别应由风险评估决定。

监视活动包括以下范围。

（1）授权访问，包括细节。例如，用户 ID，关键事态的日期和时间，事态类型，访问的文件，使用的程序/工具。

（2）所有特殊权限操作。例如，特殊权限账户的使用，如监督员、根用户、管理员；系统的启动和终止；I/O 设备的装配/拆卸。

（3）未授权的访问尝试。例如，失败的或被拒绝的用户活动；失败的或被拒绝的涉及数据和其他资源的活动；违反访问策略或网关和防火墙的通知；私有入侵检测系统的警报。

（4）系统警报或故障。例如，控制台警报或消息，系统日志异常，网络管理警报，访问控制系统引发的警报。

（5）改变或企图改变系统的安全设置和控制措施。

（6）监视活动的结果多长时间进行评审应依赖于涉及的风险。应考虑的风险因素包括：应用过程的关键程度；所涉及信息的价值、敏感度和关键程度；系统渗透和不当使用的经历，脆弱性被利用的频率；系统互连接的程度（尤其是公共网络）；设备被停用的日志记录。

由于系统日志通常包含大量的信息，日志信息对于决定故障的根本原因或者缩小系统攻击范围来说非常关键，如果其中的数据被修改或删除，可能导致一个错误的安全判断。因此，记录日志的设施和日志信息应加以保护，以防止篡改和未授权的访问。日志设施被未授权更改或出现操作问题的情况有：更改已记录的消息类型；日志文件被编辑或删除；超越日志文件介质存储能力的界限，导致不能记录事态或过去记录事态被覆盖。

还有其他的关键支持，如时钟同步。由于正确设置计算机时钟对确保审计记录的准确性非常重要，审计日志可用于调查或作为法律、法规案例的证据。不准确的审计日志可能妨碍调查，并损害这种证据的可信性。时钟同步是将一个组织或安全域内的所有相关信息处理设施的时钟使用已设的精确时间源进行同步。

5.4　安全事件响应

因为有影响企业正常运转的不当行为，或者危害企业利益的破坏行为的"事件"发生，需要进行事件响应。并且企业安全事件造成的损失往往是巨大的，而且往往是在很短的时间内造成的。因此，安全事件应急响应的关键是速度与效率。

安全事件响应根据当前的安全事件监控，以及后续风险评估，及时调动有关资源做出响应，降低潜在的安全威胁对企业网络与应用信息系统的负面影响，实现了安全事件监控从采集、处理、告警到人工运维处理的自动化和流程化管理。对安全事件风险进行预警通知，并在安全事件响应模块里进行响应处理，实现安全风险与安全事件响应的紧密联系。

5.4.1　概述

安全事件应急响应,通常指企业为了应对各种意外事件的发生所做的准备以及在事件发生后所采取的措施。由应急响应组织根据事先对各种可能情况的准备,在安全事件发生后,响应、处理、恢复、跟踪的方法及过程。

1. 安全事件应急响应的对象

安全事件应急响应的对象泛指针对计算机和网络所处理的信息的所有安全事件,事件的主体可能来自人、故障、病毒与蠕虫或者自然灾害等。应急响应的对象广义上还包括扫描等所有违反安全政策的事件,它们也称为应急响应的客体。对于企业一般的应急响应过程中会出现至少三种角色:事件发起者、事件受害者和进行应急响应的人员,分别简称为"入侵者""受害者"和"响应者"。

2. 安全事件应急响应的作用和行为

安全事件应急响应的作用主要表现在事先的充分准备和事件发生后采取的措施两个方面。

- 事先的充分准备包括企业信息安全管理体系中的安全培训、制定安全政策和应急预案以及风险分析等,安全技术上则要增加系统安全性,如备份、部署安全产品等。
- 事后采取的措施包括抑制、根除和恢复等措施,其作用在于让企业尽可能地减少损失或尽快恢复正常运行。

3. 安全事件应急响应的必要性

安全事件应急响应是一种被动性的安全体系,是持续运行并由一定条件触发的体系。首先,发生过的安全事件已经给企业造成惊人的损失并显示出巨大的危害性,而且随着企业对网络和业务系统的依赖性增加,安全事件给企业造成的破坏也随之增大。其次,从企业信息安全管理的角度上考虑,并非所有的实体都有足够的实力进行信息安全管理。因此,作为补救性的安全事件应急响应是必不可少的。

5.4.2　需求分析

对于信息系统的安全而言,我们追求防患于未然而不是亡羊补牢,只要有可能,就应该尽可能地去主动防止安全事件的发生。然而,我们不可能预防所有的安全事件。一旦安全事件发生,首先要做的就是及时响应,将安全事件的影响最小化。对于这一点,仅仅依靠安全防护产品的自动化防御是不够的,比如,安全防护产品无法防止由于人为错误导致的安全事件。

由于信息系统及相关系统的复杂性和互相关联,为了实现有效的安全事件响应,必须考虑以下方面的工作:制订安全事件响应计划,组建安全事件响应小组,确定团队人员角色等。另外,安全事件响应本身还有着突发性强、对处理人员的综合技术和专业能力要求高等特点,这些都对企业信息系统的管理者提出了不小的挑战。安全事件应急响应建设的需求如下。

1. 如何快速响应突发的安全事件

部署的安全设备可能起不到应有的作用,无法全部解决网络中频繁出现的安全事件,企业网络中出现安全事件时,企业安全管理人员不能及时发现,也无法及时处理。

2. 如何健全响应措施,降低企业损失

企业安全管理人员无法全面了解整个企业网络中正在发生的内部越权访问和外部攻击,新出现的网络蠕虫病毒给企业带来了较大的损失,甚至造成工作和业务停滞,但却无法根除,也缺少必要应对措施。

3. 如何规范响应制度,实现响应专业化管理

在企业网络出现问题的情况下,企业安全管理人员无从下手或者手忙脚乱,也没有相应的机制、制度指导该如何处理,无法迅速查明真正的原因。

4. 如何统筹全局,建立企业安全事件响应体系

企业各个单位各自为政,对遇到的安全问题无法进行统一考虑,导致同样的安全问题多次出现,同时缺少统一规范的快速处理措施及流程。各自为政的单位的随意性,使得企业无法建立统筹全局的安全事件响应体系。

5.4.3 安全事件响应的具体工作

为了能够合理、有序地处理安全事件,将安全事件响应划分为六个阶段:准备、检测、抑制、根除、恢复、追踪。企业可以根据响应政策对每个阶段定义适当的目的,明确响应顺序和过程。其中主要的响应步骤是抑制、根除和恢复。抑制的目的在于限制攻击范围,限制潜在的损失与破坏;在安全事件被抑制以后,应该尽快找出安全事件根源并彻底根除;然后进行网络和业务系统恢复,恢复的目的是把所有受侵害的业务系统、应用、数据库等恢复到正常的运行状态。

为实现安全事件响应的目标,应完成以下具体工作。

1. 安全事件响应小组的创建与管理

对于保障企业信息系统的安全来说,需要一种多层次的安全管理策略。在这些安全层次当中,建立安全事件应急响应小组已经成为必要的工作了。响应小组的创建和管理对安全事件响应工作非常重要。

2. 制定标准的安全事件响应措施与流程

企业需要通过专业信息安全咨询,规范、标准化所有安全事件响应措施,以及安全事件响应流程,严格要求企业信息安全响应小组进行规范化的管理、运作。企业还需要统一规范安全事件报告格式,建立及时精确的安全事件上报体系,并在此基础上,进一步研究针对各类安全事件的响应对策,从而建立一个专业安全事件应急响应体系,完善安全事件应急响应知识库。

3. 安全事件响应的具体操作步骤

(1)记录日志

当发生安全事件时,首先需要对环境现场进行记录,对事件的影响进行详细描述。安全事件日志对于安全事件的识别、处理和调查非常重要,安全事件可能在其刚刚发生时就暴露,也可能在发生的过程中或发生以后才被发现,因此所有安全事件都应该有一份书面的经过调查证明足够客观的日志,而且应该把日志妥善保存以免被修改。另一方面,在线日志很容易被修改和删除,手工记录是很有必要的。

(2)分析确认

根据记录的安全事件描述,结合前期进行过的安全检查、安全监控与审计,以及网络状况,进行分析和判断。也可以通过工具直接进行测试,结合当前扫描、探测、实时监控和审计的结果进行分析,可以更容易定位出问题所在。

(3)事件处理

事件响应最主要的任务之一就是维持或恢复组织的运作。因此,一旦发生意外事件,如何防止攻击或损害事件的扩大是其主要的目标,相关人员在现场或者远程依照不同事件类型进行事件处理。事件处理过程中，要对每个处理的动作进行详细记录。

（4）系统恢复

在处理了事件以后，就要对系统进行恢复，使企业业务重新运转。如果系统在故障点有备份，被攻击的系统就用备份来恢复；应该从系统中彻底删除诸如受到感染的文件；如果调整了网络或安全产品，要把所有安全上的变更做记录。

（5）事后分析与跟踪

在安全事件处理完毕，所有系统恢复正常以后，应该针对事件进行分析。集中企业所有相关人员来讨论所发生的安全事件以及得到的经验教训，对现有的一些流程进行重新评审，并对不适宜的环节进行修改。在安全事件处理后的一段时间内，企业应该密切关注系统恢复以后的安全状况，特别是曾经出问题的地方。

除此之外，由于企业受限于自身信息安全管理能力与水平，同时需要更多关注自身核心业务，而不是企业信息安全，故此可将企业信息安全工作交由专业安全厂商来完成。企业的安全外包服务还包括信息安全咨询与培训服务，企业网站安全检测服务，企业病毒防护清除服务，企业安全评估与加固服务，定制化、集成化的信息安全外包服务等。

5.5　信息系统审计

信息系统审计是独立于信息系统本身、信息系统相关开发、使用人员的第三方——IT 审计师采用客观的标准对信息系统的策划、开发、使用维护等相关活动和产物，通过收集和评价审计证据，对信息系统是否能够保护资产的安全、维护数据的完整、使被审计单位的目标得以有效地实现、使组织的资源得到高效地使用等方面做出判断的过程。

5.5.1　概述

我们可以将"信息系统审计"界定为以企业或政府等组织的信息系统为审计对象，根据公认的标准和指导规范，对信息系统及其业务应用的效能、效率、安全性进行监测、评估和控制的过程，以确认预定的业务目标得以实现。

由于社会信息化程度的提高，信息产业的急速发展，加上计算机与通信技术的结合，使计算机应用、电子商务更加普及，同时导致利用计算机犯罪的比率上升，系统安全问题日益严峻，包括财务信息系统在内的所有信息系统的安全性、可靠性及其与组织目标的一致性受到极大关注。信息系统审计的必要性更加凸显。信息系统审计的出发角度是信息资产的安全性、数据的完整性以及系统的可靠性、有效性和效率性，它贯彻信息系统开发、运行到维护的整个生命周期，不仅确定其是否能够有效可靠地达到组织的战略目标，而且为改善和健全组织对信息系统的控制提出建议。

信息系统审计是保证信息系统质量的重要工具，可以保证信息系统的可靠性、安全性、有效性和效率；它也是企业信息化发展的必然要求，已经逐步电算化，发展了专业的信息系统审计组织，完善了其内容、依据、准则等；我国企业 IT 投入规模巨大，在信息系统风险客观存在的情况下，企业需要信息系统审计来保证信息化建设的效益；同时信息系统审计能提供实时鉴证服务并满足投资公众对决策有用信息的访问需要，有利于维护信息时代的市场经济秩序。

信息系统的审计内容包括整个生命周期内涉及数据、应用运行的内容，主要包括以下部分：

(1) 信息系统开发过程审计；

(2) 信息系统内部控制的评价；

(3) 信息系统应用程序审计；

(4) 信息系统数据文件审计。

5.5.2 信息系统审计标准

信息系统审计和控制协会(ISACA,Information Systems Audit and Control Association)于1996年发布信息及相关技术控制目标(COBIT,Control Objectives for Information and Related Technology),作为面向过程的信息系统审计和评价的标准。COBIT是目前国际通用的信息系统审计标准,为信息系统审计和治理提供一整套的控制目标、管理措施、审计指南等。COBIT的控制目标的使用对象是管理者、IT人员、控制和审计职能部门以及业务人员。COBIT的控制目标体系为他们提供了一个行之有效的参考资料。

COBIT控制目标体系是一个较完整的信息系统管理和控制的参考模型(图5-11),它将政府和企业的IT划分为4个域:规划与组织 (Plan and Organize);获得与实施 (Acquire and Implement);交付与支持 (Deliver and Support);监测与评估(Monitor and Evaluate)。并进一步细分为34个流程,逐个提出指导意见。通过将COBIT应用到信息系统的开发和实施环境中,可以为管理人员、开发人员和审计人员在强化和评估信息系统的管理和控制时提供依据。

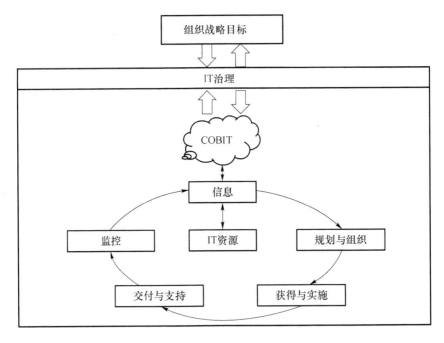

图 5-11　COBIT 模型

COBIT把IT按照系统实施周期划分为以下4个域,具体内容如表5-1所示。

表 5-1　COBIT 具体内容

1　规划与组织(PO)
PO1　制定 IT 战略规划
PO2　确定信息体系结构
PO3　确定技术方向
PO4　定义 IT 组织与关系
PO5　管理 IT 资产
PO6　沟通管理目标与方向
PO7　人力资源管理
PO8　确保符合外部需求
PO9　风险评估
PO10　项目管理
PO11　质量管理

2　获取与实施(AI)
AI1　确定自动化解决方案
AI2　获取并维护应用软件
AI3　获取并维护技术基础设施
AI4　程序开发与维护
AI5　系统安装与鉴定
AI6　变更管理

3　交付与支持(DS)
DS1　定义并管理服务水平
DS2　管理第三方服务
DS3　性能管理与容量管理
DS4　确保服务的连续性
DS5　确保系统安全
DS6　确定并分配成本
DS7　教育并培训用户
DS8　为客户提供帮助和建议
DS9　配置管理
DS10　问题管理和突发事件管理
DS11　数据管理
DS12　设施管理
DS13　操作管理

4　监控(M)
M1　过程监控
M2　评价内部控制的适当性
M3　确保独立性鉴定
M4　提供独立性审计

5.5.3　信息系统安全审计

信息系统安全审计是信息系统审计全过程的组成部分,应用于计算机网络信息安全领域,是对安全控制和事件的审查评价。

安全审计除了能够监控来自网络内部和外部的用户活动,对与安全有关活动的相关信息进行识别、记录、存储和分析,对突发事件进行报警和响应,还能通过对系统事件的记录,为事后处理提供重要依据,为网络犯罪行为及泄密行为提供取证基础。同时,通过对安全事件的不断收集与积累并加以分析,能有选择性和针对性地对其中的对象进行审计跟踪,即事后分析及追查取证,以保证系统的安全。

信息安全审计的作用与功能包括取证、威慑、发现系统漏洞、发现系统运行异常等。

(1) 取证:利用审计工具,监视和记录系统的活动情况,如记录用户登录账户、登录时间、终端以及所访问的文件、存取操作等,并放入系统日志中,必要时可打印输出,提供审计报告,对于已经发生的系统破坏行为提供有效的证据。

(2) 威慑:通过审计跟踪,并配合相应的责任追究机制,对外部的入侵者以及内部人员的恶意行为具有威慑和警告作用。

(3) 发现系统漏洞:安全审计为系统管理员提供有价值的系统使用日志,从而帮助系统管理员及时发现系统入侵行为或潜在的系统漏洞。

(4) 发现系统运行异常:通过安全审计,为系统管理员提供系统运行的统计日志,管理员可根据日志数据库记录的日志数据,分析网络或系统的安全性,输出安全性分析报告,因而能够及时发现系统的异常行为,并采取相应的处理措施。

5.5.3.1　安全审计一般流程

安全审计流程如图 5-12 所示。事件采集设备通过硬件或软件代理对客体进行事件采集,并将采集到的事件发送至事件辨别与分析器进行事件辨别与分析,接下来将策略定义的危险事件,发送至报警处理部件,进行报警或响应。对所有需产生审计信息的事件,产生审计信息,并发送至结果汇总,进行数据备份或报告生成。需要注意的是,以上各阶段之间并没有明显的时间相关性,它们之间可能存在时间上的交叉。另外从审计系统设计角度来看,一个设备可同时承担多个任务。

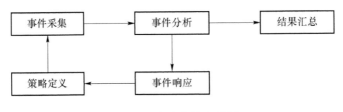

图 5-12　安全审计流程图

1. 策略定义

安全审计应在一定的审计策略下进行,审计策略规定哪些信息需要采集,哪些事件是危险事件以及对这些事件应如何处理等。因而审计前应制定一定的审计策略,并下发到各审计单元。在事件处理结束后,应根据对事件的分析处理结果来检查策略的合理性,必要时应调整审计策略。

2．事件采集

事件采集阶段包含以下行为：

（1）按照预定的审计策略对客体进行相关审计事件采集，形成的结果交由事件后续的各阶段来处理；

（2）将事件其他各阶段提交的审计策略分发至各审计代理，审计代理依据策略进行客体事件采集。

注：审计代理是安全审计系统中完成审计数据采集、鉴别并向审计跟踪记录中心发送审计消息的功能部件，包括软件代理和硬件代理。

3．事件分析

事件分析阶段包含以下行为：

（1）按照预定策略，对采集到的事件进行事件辨析，决定

- 忽略该事件；
- 产生审计信息；
- 产生审计信息并报警；
- 产生审计信息且进行响应联动。

（2）按照用户定义与预定策略，将事件分析结果生成审计记录，并形成审计报告。

4．事件响应

事件响应阶段是根据事件分析的结果采用相应的响应行动，包含以下行为：

（1）对事件分析阶段产生的报警信息、响应请求进行报警与响应；

（2）按照预定策略，生成审计记录，写入审计数据库，并将各类审计分析报告发送到指定的对象；

（3）按照预定策略对审计记录进行备份。

5．结果汇总

结果汇总阶段负责对事件分析及响应的结果进行汇总，主要包含以下行为：

（1）将各类审计报告进行分类汇总；

（2）对审计结果进行适当的统计分析，形成分析报告；

（3）根据用户需求和事件分析处理结果形成审计策略修改意见。

5.5.3.2　安全审计的分析方法

1．基于规则库的安全审计方法

基于规则库的安全审计方法就是将已知的攻击行为进行特征提取，把这些特征用脚本语言等方法进行描述后放入规则库中，当进行安全审计时，将收集到的审核数据与这些规则进行某种比较和匹配操作（关键字、正则表达式、模糊近似度等），从而发现可能的网络攻击行为。这种方法和某些防火墙和防病毒软件的技术思路类似，检测的准确率都相当高，可以通过最简单的匹配方法过滤掉大量的无效审核数据信息，对于使用特定黑客工具进行的网络攻击特别有效。

但基于规则库的安全审计方法有其自身的局限性。对于某些特征十分明显的网络攻击行为，该技术的效果非常好；但是对于其他一些非常容易产生变种的网络攻击行为，规则库就很难完全满足要求，容易产生漏报。

2．基于数理统计的安全审计方法

数理统计方法就是首先给对象创建一个统计量的描述，比如一个网络流量的平均值、方差等，统计出正常情况下这些特征量的数值，然后用来对实际网络数据包的情况进行比较，当发

现实际值远离正常数值时,就可以认为是潜在的攻击发生。

但是,数理统计的最大问题在于如何设定统计量的"阈值",也就是正常数值和非正常数值的分界点,这往往取决于管理员的经验,不可避免地会产生误报和漏报。

3. 基于日志数据挖掘的安全审计方法

基于规则库和数理统计的安全审计方法已经得到了广泛的应用,而且也获得了比较大的成功,但是它最大的缺陷在于已知的入侵模式必须被手工编码,不能动态地进行规则更新。因此最近人们开始越来越关注带有学习能力的数据挖掘方法,目前该方法已经在一些安全审计系统中得到了应用,它的主要思想是从系统使用或网络通信的"正常"数据中发现系统的"正常"运行模式,并和常规的一些攻击规则库进行关联分析,用以检测系统攻击行为。

4. 其他安全审计方法

安全审计根据收集到的关于已发生事件的各种数据来发现系统漏洞和入侵行为,能为追究造成系统危害的人员责任提供证据,是一种事后监督行为。入侵检测是在事件发生前或攻击事件正在发生过程中,利用观测到的数据,发现攻击行为。两者的目的都是发现系统入侵行为,只是入侵检测要求有更高的实时性,因而安全审计与入侵检测两者在分析方法上有很大的相似之处,入侵检测的分析方法多能与安全审计结合。

5.5.3.3　安全审计的数据源

对于安全审计系统而言,输入数据的选择是首先需要解决的问题,而安全审计的数据源,可以分为三类:基于主机、基于网络和其他途径。

1. 基于主机的数据源

基于主机的安全审计的数据源,包括操作系统的审计记录、系统日志、应用程序的日志信息以及基于目标的信息。

(1) 操作系统的审计记录

操作系统的审计记录是由操作系统软件内部的专门审计子系统所产生的,其目的是记录当前系统的活动信息,如用户进程所调用的系统调用类型以及执行的命令行等,并将这些信息按照时间顺序组织为一个或多个审计文件。

大多数操作系统的审计子系统,都是按照美国 TCSEC 标准对审计功能的设计要求来实现的,在 TCSEC 中规定了 C2 安全级以上的操作系统必须具备审计功能,并记录相应的安全性日志。对于基于主机的安全审计系统来说,操作系统的审计记录是首选的数据源。一方面,操作系统的审计系统在设计时,本身已经考虑到了审计记录的结构化组织工作以及对审计记录内容的保护机制,因此操作系统审计记录的安全性得到了较好的保护,对于安全审计来说,其安全的可信数据源无疑是首要的选择;另一方面,操作系统审计记录提供了系统内核级的事件发生情况,反映了系统底层的活动情况并提供了相关的详细信息,能够识别所有用户活动的微细活动模式,为发现潜在的异常行为奠定了良好的基础。

(2) 系统日志

日志分为操作系统日志和应用程序日志两部分。操作系统日志与主机的信息源相关,是使用操作系统日志机制生成的日志文件的总称;应用程序日志是由应用程序自己生成并维护的日志文件的总称。

系统日志与操作系统的审计记录相比,安全性存在不足。主要原因在于,系统日志是由在操作系统内核外运行的应用程序产生的,容易受到恶意的攻击和修改。

日志系统通常存储在不受保护的普通文件目录中,并且经常以普通文本文件方式储存,容易受到恶意的篡改和删除。相反作为操作系统审计记录通常以二进制文件形式存储,且具备较强的保护机制。

系统日志的优势在于简单易读,容易处理,仍然是安全审计的一个重要的数据源。

（3）应用程序的日志信息

操作系统审计记录和系统日志都属于系统级别的数据源信息,通常由操作系统及其标准部件统一维护,是安全审计优先选用的输入数据源。随着计算机网络的分布式计算架构的发展,对传统的安全观念提出了挑战。

一方面,系统设计的日益复杂,使管理者无法单纯从内核底层级别的数据源来分析判断系统活动的情况。底层级别的安全数据虽然可信度高,但是随着规模的迅速膨胀,使得分析难度也大大增加。另一方面,网络化计算环境的普及,导致入侵攻击行为的目标日益集中于提供网络服务的特定应用程序,如电子邮件服务器、Web 服务器和网络数据库服务器等。

因此,有必要将反映系统活动的较高层次的抽象信息（如应用程序日志）以及特定的应用程序的日志信息作为重要的输入数据源。以 Web 服务器为例,WWW 服务是最流行的网络服务,也是电子商务的主要应用平台。Web 服务器的日志信息是最为常见的应用级别数据源,主流的 Web 服务器都支持访问日志机制。

2. 基于网络的数据源

随着基于网络入侵检测的日益流行,基于网络的安全审计也成为安全审计发展的流行趋势,而基于网络的安全审计系统所采用的输入数据即网络中传输的数据。

采用网络数据具有以下优势。

（1）通过网络被动监听的方式获取网络数据包,作为安全审计系统的输入数据,不会对目标监控系统的运行性能产生任何影响,而且通常无须改变原有的结构和工作方式。

（2）嗅探模块在工作时,可以采用对网络用户透明的模式,降低了其本身受到攻击的概率。

（3）采用基于网络数据的输入信息源可以发现许多基于主机数据源所无法发现的攻击手段,例如基于网络协议的漏洞发掘过程,或是发送畸形网络数据包和大量误用数据包的 DOS 攻击等。

（4）网络数据包的标准化程度,比主机数据源要高得多,如目前几乎大部分网络协议都采用了 TCP/IP 协议族。由于标准化程度很高,所以,有利于安全审计系统在不同系统平台环境下的移植。在以太网和交换网络环境中,可以分别通过将网卡设为混杂模式和利用路由器上的监听端口或镜像端口来获取网络数据。

3. 其他数据源

（1）来自其他安全产品的数据源

主要是指目标系统内部其他独立运行的安全产品（防火墙、身份认证系统和访问控制系统等）所产生的日志文件。这些数据源同样也是安全审计系统所必须考虑的。

（2）来自网络设备的数据源

网络管理系统,例如利用简单网管协议（SNMP）所提供的信息作为数据源。

（3）带外数据源

指人工方式提供的数据信息,如硬件错误信息、系统配置信息、其他的各种自然危害事件等。

随着企业对信息安全重视程度的增加,针对企业网络和业务系统发生的各类安全事件审计也越来越受关注,许多的安全厂商也随之提供相关的安全产品。

信息安全技术通用评估准则(CC,Common Criteria)是旨在对 IT 产品或系统进行安全性评价的一项通用准则。它基于安全功能与安全保证措施相独立的观念,在组织上分为基本概念、安全功能需求和安全保证需求三大部分。CC 中,安全需求都以类、族、组件的层次结构形式进行定义,其中,安全功能需求共有 11 个类,安全保证需求共有 7 个类,而安全审计就是一个单独的安全功能需求类,其类名为 FAU。安全审计类有六个族(如图 5-13 所示),分别对审计记录的选择、生成、存储、保护、分析以及相应的入侵响应等功能做出了不同程度的要求。

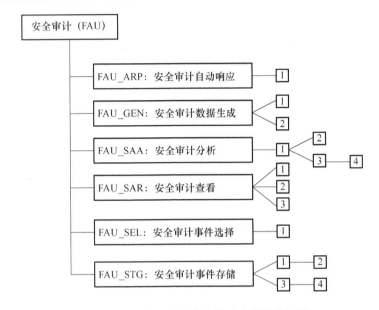

图 5-13　CC 标准中安全审计需求类的分解图

我国的国家标准 GB/T 20945—2013《信息安全技术 信息系统安全审计产品技术要求和测试评价方法》规定了信息系统安全审计产品的技术要求和测试评价方法,技术要求包括安全功能要求、自身安全功能要求和安全保证要求,并提出了信息系统安全审计产品的分级要求。该标准适用于信息系统安全审计产品的设计、开发、测试和评价。

5.6　本 章 小 结

本章给出了信息系统的建设与运维安全工作的主要思路,对其包含的具体内容做了比较全面的介绍。信息系统的建设与运维围绕其提供与依赖的信息资产与它提供的信息服务。首先保护信息资产免受威胁的影响,从而确保业务的连续性,通过编制资产清单及资产责任人负责并承担责任的方式实现和保持对组织信息资产的适当保护。信息服务管理能够让 IT 变得更为高效,其运维过程的时间跨度使其变得极为重要,ITIL 为运维管理提供了最佳实践指导。随着企业网络与业务系统信息化建设不断完善,安全事件监控与安全事件响应能够并及时处理各类信息安全事件,保障网络与业务系统正常运行。

独立于信息系统本身的信息系统审计,通过对信息系统及其业务应用的监测、评估和控制,确认信息系统的质量,保障既定业务目标的实现。COBIT 作为审计信息系统的标准,实现了组织目标与 IT 治理目标之间的桥梁作用。

5.7　习　　题

1. 常见的信息资产包括哪些?
2. 介质数据有哪些清零方式?
3. 简述 ITIL 的思想以及主要内容。
4. 什么是服务提供流程和服务支持流程? 它们分别解决什么问题?
5. 信息系统的监控包括哪些内容?
6. 安全事件的响应与安全事件监控的关系是什么? 它具有什么作用?
7. 什么是信息安全审计,它主要有哪些方面的功能?
8. 常用的安全审计分析方法有哪些?
9. 安全审计有哪些可用的数据源?
10. 信息系统审计标准 COBIT 对审计提出了哪些要求? 主要内容包括哪些?
11. CC 在安全审计方面有哪些要求? 我国国标 GB 17859 又有什么要求?

第6章

■■■
灾难恢复与业务连续性

　　随着信息化程度的增强,信息系统灾难带来的损失日益增大。减少信息系统灾难对社会的危害和给人民财产带来的损失,保证信息系统所支持的关键业务能在灾害发生后及时恢复并继续运作成为信息安全管理的重要研究方向。本章将首先介绍与灾难恢复密切相关的备份技术,然后结合 GB/T 20988—2007《信息安全技术 信息系统灾难恢复规范》给出灾难恢复的具体内容。最后,从业务连续性的全局考虑,讲述了如何构建业务连续性管理体系。

6.1　灾难恢复概述

　　信息社会的发展使信息资源成为宝贵的财富,当意外事件出现时,其影响小到仅仅使人因为丢失重要数据而烦恼,大到完全破坏业务,致使灾难发生。由于灾难大量存在于 IT 领域,如自然灾害、链接和电力故障、犯罪活动和破坏活动等,组织无法完全抵御灾难的冲击,所以它必须要慎重考虑灾难恢复问题。

　　1. 灾难恢复的概念

　　灾难是一种具有破坏性的突发事件。我国国标 GB/T 20988—2007《信息安全技术 信息系统灾难恢复规范》将灾难定义为:由于人为或自然的原因,造成信息系统严重故障或瘫痪,使信息系统支持的业务功能停顿或服务水平不可接受、达到特定的时间的突发性事件。通常导致信息系统需要切换到灾难备份中心运行。典型的灾难事件包括自然灾害,如火灾、洪水、地震、飓风、龙卷风和台风等,还有技术风险和提供给业务运营所需服务的中断,如设备故障、软件错误、通信网络中断和电力故障等;此外,人为的因素往往也会酿成大祸,如操作员错误、植入有害代码和恐怖袭击等。

　　灾难恢复是指将信息系统从灾难造成的故障或瘫痪状态恢复到可正常运行状态,并将其支持的业务功能从灾难造成的不正常状态恢复到可接受状态,而设计的活动和流程。它的目的是减轻灾难对单位和社会带来的不良影响,保证信息系统所支持的关键业务功能在灾难发生后能及时恢复和继续运作。

　　2. 灾难恢复与灾难备份、数据备份

　　为了灾难恢复而对数据、数据处理系统、网络系统、基础设施、技术支持能力和运行管理能力进行备份的过程称为灾难备份。灾难备份是灾难恢复的基础。在灾难发生前通过建立灾难备份系统,对主系统进行备份并加强管理保证其完整性和可用性,在灾难发生后,利用备份数据,实现主系统的还原恢复。这是灾难恢复的有效手段。备份包括软件级备份和硬件级备份,软件级备份是对主系统数据或软件进行备份,在灾难发生后利用这些数据和软件进行还原;硬件级备份则是配备与主系统一样的设备备用,是硬件级冗余,在灾难发生时,自动切换到备用系统上来运行。软件级备份成本较低,硬件级备份成本较高。

3. 灾难恢复与业务连续性

灾难恢复是在灾难发生时确保组织正常经营保持连续性的过程。为了维持业务连续性,应通过预防和灾难恢复控制措施相结合的模式将灾难和安全事件引起的业务中断和系统破坏减少到可以接受的程度,保护关键业务过程免受故障或灾难的影响。业务连续性管理是对单位的潜在风险加以评估分析,确定其可能造成的威胁,并建立一个完善的管理机制来防止或减少灾难事件给单位带来的损失。业务连续管理是一项综合管理流程,它使组织机构认识到潜在的危机和相关影响,制订响应、业务和连续性的恢复计划,其总体目标是为了提高单位的风险防范与抗打击能力,以有效地减少业务破坏并降低不良影响,保障单位的业务得以持续运行。

6.2 数 据 备 份

数据备份是为了达到数据恢复和重建目标所进行的一系列备份步骤和行为。在灾难发生前通过对主系统进行备份并加强管理保证其完整性和可用性,在灾难发生后,利用备份数据,实现主系统的还原恢复。

6.2.1 备份技术

常用的备份技术包括数据复制技术、冗余技术等。

1. 数据复制技术

数据复制,顾名思义就是将一个位置的数据复制到另外一个不同的位置上的过程。数据复制技术是当前数据备份的主要方式。

(1) 数据复制的方式

数据复制的方式有同步方式和异步方式。

同步方式数据复制就是通过将本地生产数据以完全同步的方式复制到异地,每一本地I/O交互均需等待远程复制完成才能予以释放。这种复制方式基本可以做到零数据丢失。

异步方式数据复制指将本地生产数据以后台同步的方式复制到异地,每一本地I/O交易均正常释放,无须等待远程复制的完成。这种复制方式,在灾难发生时,会有少量数据丢失,这与网络带宽、网络延迟、I/O 吞吐量相关。

无论同步复制还是异步复制都要保证数据的完整性和一致性,特别是对于异步复制模式,必须保证复制的先后顺序,才能保证数据的完整性,而使用 Timestamp 技术能有效地保证数据的一致性。对于磁盘级别的复制,使用 Snapshot 技术可以有效地提高复制的速度。为了实现对海量数据的实时远程复制,通过多线程的方式,在保证数据完整性的同时,可以大大缩短海量数据的同步时间。对于数据库级的复制和业务级复制的研究较多,相关的算法也较多,常见的复制算法包括主动复制(Active replication)、被动复制(Passive replication)以及在此基础上的半主动复制(Semi-active replication)和半被动复制(Semi-passive replication),这些算法在高可靠性集群、分布式系统容错中应用很广泛。

主动复制(Active replication)的优点就是简单,能做到失效透明,缺点就是只能解决确定性错误,如果是非确定性错误就无能为力,因为灾难都是 fail-stop 错误,因此可以使用主动复制算法来实现数据复制,但是必须保证各业务中心服务进程状态的一致。被动复制(Passive replication)也可以看作是主从复制,该算法的缺点就是主中心成为潜在的性能瓶颈,并且主中心如果崩溃,需要系统进行重构,重新选出新的主中心,但是这个算法的一个主要优点就是可扩展性好,避免了更新冲突。

(2) 数据复制的形式

根据数据复制的对象,数据复制的形式有 3 种:卷、文件、数据库。

卷:卷是一种逻辑概念,属于磁盘的属性,但很少被应用程序直接访问,通常被文件系统和数据库管理员访问。如果卷被复制,分配在其上面的数据库或文件也会自动复制。卷复制的缺点是:没有可以使用的应用级语义,卷复制器必须将全部的卷更新如实复制到所有的副本。

文件:就是以文件为单位的复制,以文件方式进行复制是复制的常用方式,文件的复制再生了文件及其目录。文件复制的优点在于,在文件级数据语义上可以简化某些复制操作以及削弱源存储和目标物理存储之间的布局。如删除包含大量文件的目录会引发很多的磁盘输入/输出操作,卷复制会在所有目的地重复每一个写操作,而文件复制只需简单地将删除命令发往目的地上执行即可。

数据库:数据库复制技术的实施范围往往比卷和文件系统更为广泛,一般分为程序复制和数据库更新复制两种。程序复制将引起数据库更新的应用程序的复制发送到目的地,由程序来完成数据库的更新。这种方法可以使网络流量非常小,数百字节的程序可以更新数以千计的数据库记录。数据库更新复制发送的是数据库更新日志,由目的地程序根据更新日志完成数据库的更新。

(3) 数据复制的层次

数据复制的层次,可以分为以下 4 种类型。

- 硬件级的数据复制:主要是在磁盘级别对数据进行复制,包括磁盘镜像、卷复制等,这种类型的复制方法可以独立于应用,并且复制速度也较快,对生产系统的性能影响也较小,但是开销比较大。
- 操作系统级的复制:主要是在操作系统层次对各种文件的复制,这种类型的复制受到了具体操作系统的限制。
- 数据库级的复制:是在数据库级别将对数据库的更新操作以及其他事务操作以消息的形式复制到异地数据库,这种复制方式的系统开销也很大,并且与具体数据库相关。
- 业务数据流级复制:就是业务数据流的复制,将业务数据流复制到异地灾难备份系统,经过系统处理后,产生对异地系统的更新操作,从而达到同步。这种方式,也可以独立于具体应用,但是可控性较差。现在利用这种方式来实现灾难备份系统的例子还很少。

2. 冗余技术

冗余技术通过硬件设备冗余来实现备份,通过配备与主系统相同的硬件设备,来保证系统和数据的安全性。目前的硬件冗余技术有双机容错、磁盘双工、磁盘阵列(RAID)与磁盘镜像等多种形式。

3. 磁盘镜像技术

镜像是在两个或多个磁盘或磁盘子系统上产生同一个数据的镜像视图的信息存储过程。它用设备虚拟化的形式使两个以上的磁盘看起来就像一个磁盘,接受完全相同的数据。使用磁盘镜像的优点主要表现在,当一个磁盘失效时,由于其他磁盘依然能够正常工作,因而系统还能保持数据的可访问能力。

6.2.2　备份方式

备份有多种方式,常见的分类及分类结果如下。

1. 依据备份的策略分类

按备份的策略来说,有完全备份(full backup)、增量备份(incremental backup)、差分备份(differential backup)与综合型完全备份(synthetic full backup)4 种。

(1) 完全备份

就是每天对自己的系统进行完全备份。例如,星期一用一盘磁带对整个系统进行备份,星期二再用另一盘磁带对整个系统进行备份,依此类推。这种备份策略的优点在于,当发生数据丢失的灾难时,只要用一盘磁带(即灾难发生前一天的备份磁带),就可以恢复丢失的数据。然而它的不足之处是,首先,由于每天都对整个系统进行完全备份,造成备份的数据大量重复。这些重复的数据占用了大量的磁带空间,这对用户来说就意味着增加成本。其次,由于需要备份的数据量较大,因此备份所需的时间也较长。对于那些业务繁忙、备份时间有限的单位来说,选择这种备份策略是不合适的。

(2) 增量备份

在星期天进行一次完全备份,然后在接下来的六天里只对当天新的或被修改过的数据进行备份。这种备份策略的优点是节省了磁带空间,缩短了备份时间。但它的缺点在于,当灾难发生时,数据的恢复比较麻烦。例如,系统在星期三的早晨发生故障,丢失了大量的数据,那么现在要将系统恢复到星期二晚上时的状态。这时系统管理员就要首先找出星期天的那盘完全备份磁带进行系统恢复,然后找出星期一的磁带来恢复星期一的数据,再找出星期二的磁带来恢复星期二的数据。很明显,这种方式很烦琐。另外,这种备份的可靠性也很差。在这种备份方式下,各盘磁带间的关系就像链子一样,一环套一环,其中任何一盘磁带出了问题都会导致整条链子脱节。比如在上例中,若星期二的磁带出了故障,那么管理员最多只能将系统恢复到星期一晚上时的状态。

(3) 差分备份

管理员先在星期天进行一次系统完全备份,然后在接下来的几天里,管理员再将当天所有与星期天不同的数据(新的或修改过的)备份到磁带上。差分备份策略在避免了以上两种策略的缺陷的同时,又具有了它们的所有优点。首先,它无须每天都对系统做完全备份,因此备份所需时间短,并节省了磁带空间;其次,它的灾难恢复也很方便。系统管理员只需两盘磁带,即星期一的磁带与灾难发生前一天的磁带,就可以将系统恢复。

(4) 综合型完全备份

综合型完全备份是在备份时间较短时进行的。在进行综合完全备份时,会从完全备份、差分备份和增量备份中读取信息,然后创建一个新的完全备份。这使得完全备份可以离线进行并且网络还是在继续使用,不会降低系统性能或者妨碍网络中的用户。

在实际应用中,备份策略通常是以上 4 种的结合。例如每周一至周六进行一次增量备份或差分备份,每周日、每月底和每年底进行一次完全备份。

此外,决定采用何种备份策略取决于以下两个重要因素。

(1) 备份窗口

一个备份窗口指的是,完成一次给定备份所需的时间。这个备份窗口由需要备份数据的总量和处理数据的网络构架的速度来决定。对于有些组织来说,备份窗口根本不是什么问题。这些组织可以在非工作时间来进行备份。

不过,随着数据容量的增加,完成备份所需的时间也会增加,这样不久备份就将占用工作时间。进一步讲,当代的许多公司都没有非工作时间——它们需要 24×7 的网络访问能力,这样留下的备份窗口就非常短,或者根本不存在。

有许多解决备份窗口问题的方法,最后选择的标准将取决于公司的需要、预算以及必须备份数据的容量。一些在备份窗口内使用的方法包括差分备份和增量备份、快照、硬件和构架升级、免服务器和免局域网的备份方法。

（2）恢复窗口

恢复窗口就是恢复整个系统所需的时间。恢复窗口的长短取决于网络的负载和磁带库的性能及速度。

在实际应用中,必须根据备份窗口和恢复窗口的大小,以及整个数据量,决定采用何种备份方式。一般来说,差分备份避免了完全备份与增量备份的缺陷又具有它们的优点,差分备份无须每天都做系统完全备份,并且灾难恢复也很方便,只需上一次全备份磁带和灾难发生前一天磁带,因此采用完全备份结合差分备份的方式较为适宜。

2. 依据备份时间要求分类

按照备份时间要求来划分,有冷备份和热备份两种。

冷备份也称脱机(offline)备份,是指以正常方式关闭数据库,并对数据库的所有文件进行的备份。其缺点是需要一定的时间来完成,在恢复期间,最终用户无法访问数据库,而且这种方法不易做到实时的备份。

热备份也称联机(online)备份,是指在数据库打开和用户对数据库进行操作的装填下进行的备份;也指通过使用数据库系统的复制服务器,连接正在运行的主数据库服务器和热备份服务器,当主数据库的数据修改时,变化的数据通过复制服务器可以传递到备份数据库服务器中,保证两个服务器中的数据一致。这种热备份方式实际上是一种实时备份,两个数据库分别运行在不同的机器上,并且每个数据库都写到不同的数据设备中。

3. 依据备份状态分类

按备份状态来划分,有物理备份和逻辑备份两种。

物理备份是指将实际物理数据从一处复制到另一处的备份,如对数据库的冷备份、热备份都属于物理备份。

逻辑备份就是将某个数据库的记录读出并将其写入到一个文件中,这是经常使用的一种备份方式。MS-SQL 和 Oracle 等都提供 Export/Import 工具来用于数据库的逻辑备份。

4. 依据备份层次分类

从备份的层次上划分,可分为硬件级备份和软件级备份。硬件级备份是通过硬件冗余来实现的,目前的硬件冗余技术有双机容错、磁盘双工、磁盘阵列(RAID)与磁盘镜像等多种形式。硬件冗余技术的使用使系统具有充分的容错能力,对于提高系统的可靠性非常有效,如双机容错(热备份)可较好地解决系统连续运行的问题,RAID 技术的使用提高了系统运行的可靠性。硬件冗余也有它的不足,一是不能解决因病毒或人为误操作引起的数据丢失以及系统瘫痪等灾难;其次是如果错误数据也写入备份磁盘,硬件冗余也会无能为力。软件级备份是指通过某种备份软件将系统数据保存在其他介质上,当系统出现错误时可以通过软件将系统恢复到备份时的状态。这种方式的备份和恢复要花费一定的时间,但可以完全防止逻辑损坏。

理想的备份系统应使用硬件容错来防止硬件障碍,使用软件备份和硬件容错相结合的方式来解决软件故障或人为误操作造成的数据丢失。

5. 依据备份地点分类

从备份的地点来划分数据备份还可分为本地备份和异地备份。对本地备份,备份的数据、文件存放在本地,其缺点是若本地发生地震、火灾等重大灾害,备份数据可能会与原始数据一同被破坏,不能起到备份作用;而异地备份则把备份的数据、文件异地存放,因而具有更高的安全性,能使系统在遇到地震、水灾、火灾等重大灾害的情形下进行恢复,但实现成本较高。

6.3　灾 难 恢 复

灾难是一种具有破坏性的突发事件,会造成信息服务的中断和延迟,致使业务无法正常运行。现阶段,我国很多行业正处在快速发展阶段,很多生产流程和制度仍不完善,加之普遍缺乏应对灾难的经验,这方面的损失屡见不鲜。信息系统灾难恢复工作已经引起了国家、社会、单位的高度重视。2007 年 6 月,国家质量监督检验检疫总局以国家标准的形式正式发布了《信息安全技术 信息系统灾难恢复规范》(GB/T 20988—2007),该标准于 2007 年 11 月正式实施。该规范对灾难恢复的工作流程、灾难备份中心的等级划分及灾难恢复预案的制定进行详细的阐述,已成为指导我国进行灾难恢复工作的指南针。

6.3.1　灾难恢复概述

灾难恢复是指,自然或人为灾难发生后,为将其恢复到正常运行状态所需的操作过程,如重新启用信息系统的数据、硬件及软件设备等。灾难恢复系统是为了保障计算机系统和业务发生灾难的情况下能够迅速地得以恢复而建立的一整套完整系统,包括备份中心、计算机备份运行系统、可以根据需要重置路由的数据通信线路、电源以及数据备份等。此外还应包括对该系统的测试和对人员的培训。灾难恢复规划是覆盖面更广的业务连续规划的一部分,其核心即为对企业或机构的灾难性风险做出评估、防范,特别是对关键性业务数据、流程予以及时记录、备份、保护。

对于企业各项业务系统来说,灾难恢复是保障业务运行,提高服务质量,提高竞争力的必要举措。灾难恢复的必要性主要包括,业务连续性需求和法律要求。首先,灾难恢复是业务连续性的基本保障(严格来说,灾难恢复是恢复数据的能力,是业务连续性计划的一部分)。制定灾难恢复系统的最终目的是以最合理的代价保护应用数据的完整性与安全性,在灾难发生后尽快地恢复运行,减少业务停顿时间,使灾难造成的损失降到最小。其次,在一些发达国家某些行业内,灾难恢复系统是法律要求的,公司必须承诺严格执行。目前我国暂无明确法律制度条款,但这方面的工作势在必行。

1. 灾难恢复的种类

灾难恢复的种类包括全盘恢复、个别文件恢复和重定向恢复。

(1)全盘恢复。全盘恢复一般应用在服务器发生意外灾难导致数据全部丢失、系统崩溃或是有计划的系统升级、系统重组等,也称为系统恢复。

(2)个别文件恢复。个别文件恢复利用网络备份系统的恢复功能,能够容易地恢复受损的个别文件。

（3）重定向恢复。重定向恢复是将备份的文件恢复到另一个不同的位置或系统上去。可以是整个系统恢复，也可以是个别文件恢复。

数据备份与灾难恢复密不可分。数据备份是灾难恢复的前提和基础，而灾难恢复是在此基础之上的具体应用。数据备份的目的就是为了对遭遇数据灾难后的数据进行恢复。灾难恢复的目标与计划决定了所需要采取的数据备份策略，数据备份的方式和策略决定了数据恢复的安全性和可靠性，两者是密不可分的。同时，数据备份必须要考虑到数据恢复的问题，灾难恢复策略也应该依据数据备份的情况来制定，如备份所采用的存储介质，软硬件产品都是恢复时需要考虑的因素，通过这些措施保证能够在系统发生故障后进行系统恢复。

2. 灾难恢复关键技术

（1）数据存储管理

数据存储管理是指对与计算机系统数据存储相关的一系列操作（如数据备份、数据恢复、备份索引、备份设备及媒体和灾难恢复等）进行的统一管理，是建立一个容灾系统的重要组成部分。一般先进行数据归档，根据数据存储策略建立层次化的存储方案，根据存储方案对数据进行存储管理。其中，数据归档是将硬盘数据复制到可移动媒体上，数据归档在完成复制工作后将原始数据从硬盘上删除，释放硬盘空间。层次化的存储方案的思想就是使用计算机硬盘、光盘库和磁带库构成三级模式，第一个存储级别访问速度快，容量相对较小，单位容量成本高，每向下一个级别速度减慢，容量增大，单位容量成本降低。这样当上一级媒体的数据量达到规定的上限时，便将访问率很低的数据迁移到光盘库中，而当上一级媒体的数据量降低到下限时，便将下一级媒体的数据迁移回来，这种层次化的存储技术增加了存储的灵活性，又降低了存储代价，通过层次化存储管理软件可以实现迁移的自动化，但是这种方案也存在一定的缺陷，如对数据库的迁移和因策略制定不完善造成的抖动问题。

（2）数据备份

数据备份是提高数据和系统可用性的有效方法，是发生灾难时进行恢复的基础（见 6.2 节）。

（3）灾难检测

对于一个容灾系统来讲，在灾难发生时，尽早地发现生产系统端的灾难，尽快地恢复生产系统的正常运行或者尽快地将业务迁移到备用系统上，都可以将灾难造成的损失降到最低。除了依靠人力来对灾难进行确定之外，对于系统意外停机等灾难还需要容灾系统自动地检测灾难的发生。灾难检测一般通过心跳技术和检查点技术发现灾难。目前容灾系统的检测技术一般采用心跳技术。

心跳技术又称为拉技术，就是每隔一段时间都要向外广播自身的状态（通常为"存活"状态），在进行心跳检测时，心跳检测的时间和时间间隔是关键问题，如果心跳检测太频繁，将会影响系统的正常运行，占用系统资源；如果间隔时间太长，则检测就比较迟钝，影响检测的及时性。

检查点技术又称为主动检测技术，就是每隔一段时间周期会对被检测对象进行一次检测，如果在给定的时间内，被检测对象没有响应，则认为检测对象失效。与心跳技术相同，检测点技术也受到检测周期的影响，如果检测周期太短，虽然能够及时发现故障，但是给系统造成很大的开销；如果检测周期太长，则无法及时地发现故障。

（4）系统迁移

在发生灾难时,为了能够保证业务的连续性,必须能够实现系统透明地迁移,也就是能够利用备用系统透明地代替生产系统。

一般对于实时性要求不高的容灾系统,如 Web 服务、邮件服务器等,通过 DNS 或者 IP 地址的改变来实现系统迁移便可以了。对于可靠性、实时性要求较高的系统,要求将生产系统的应用透明地迁移到备用系统上,就需要使用进程迁移算法。进程迁移算法的好坏对于系统迁移的速度有很大影响,现在该算法在分布式系统和集群中得到了广泛的运用,并发挥着重大作用,也有很多研究对该算法的性能进行了改进。进程迁移算法在目前主要有贪婪拷贝算法、惰性拷贝算法和预拷贝算法。

6.3.2 容灾等级划分

为了保障企业信息系统的安全性和可用性,确保企业关键数据不丢失、不中断,企业业务正常运行,应有的放矢地部署容灾系统,让信息系统固若金汤。真正的数据容灾应避免传统备份的不足,在灾难发生时,全面、及时地恢复整个系统。

1. 容灾方式

容灾从保障的内容上一般分为数据级容灾和应用级容灾。

数据级容灾的关注点在于数据,即灾难发生后可以确保用户原有的数据不会丢失或者遭到破坏。它通过采取一定的措施确保用户数据的完整性、可靠性、安全性和一致性,但信息系统提供的实时服务在灾难发生时可能会中断,用户的应用服务请求不能得到及时响应。可通过建立异地容灾中心,做数据的远程备份来实现。

应用级容灾在数据级容灾的基础之上,在备份站点同样构建一套相同的应用系统,通过同步或异步复制技术,保证关键应用在允许的时间范围内恢复运行,尽可能减少灾难带来的损失,让用户基本感受不到灾难的发生,使系统保证用户数据的完整性、可靠性、安全性和一致性的前提下,提供不间断的应用服务,让客户的应用服务请求能够透明地、毫无察觉灾难发生地继续运行。

按照容灾功能实现的距离远近可分为本地容灾和异地容灾。

本地容灾的主要手段是容错,容错的基本思想是在系统体系结构上精心设计,利用外加资源的冗余技术来达到屏蔽故障、自动恢复系统或安全停机的目的。用于容错外加资源的方法很多,主要包括硬件冗余、时间冗余、信息冗余和软件冗余。容错技术的采用使得容灾系统能恢复大多数的故障。

异地容灾是指在相隔较远的异地,建立两套或多套功能相同的 IT 系统。当主系统因意外停止工作时,备用系统可以接替工作,保证系统的不间断运行。异地容灾采用的主要方法是数据复制,目的是在本地与异地之间确保各系统关键数据和状态参数的一致。采用异地容灾时,地址选择要确保两地不会同时遭受相同类型的灾害,以避免主系统和备份系统同时遭受破坏。

2. 容灾等级划分

1992 年美国的 SHARE 用户组与 IBM 一起,定义了 SHARE 78 标准,将容灾系统分为 7 层,分别适用于不同的规模和应用场合。以下以此标准为例介绍容灾备份等级划分情况。

SHARE 78 容灾国际标准的分级原则是:

(1) 备份/恢复的范围;

(2) 灾难恢复计划的状态;

（3）应用地点与备份地点之间的距离；

（4）应用地点与备份地点如何相互连接；

（5）数据是怎样在两个地点之间传送的；

（6）允许有多少数据丢失；

（7）怎样保证备份地点数据的更新；

（8）备份地点可以开始备份工作的能力。

根据以上 8 条原则，国际标准 SHARE 78 对容灾系统的定义有 7 个层次：从最简单的仅在本地进行磁带备份，到将备份的磁带存储在异地，再到建立应用系统实时切换的异地备份系统，恢复时间也可以从几天到小时级到分钟级、秒级或零数据丢失等。目前针对这 7 个层次，都有相应的容灾方案，所以，用户在选择容灾方案时应重点区分它们各自的特点和适用范围，结合自己对容灾系统的要求判断选择哪个层次的方案，下面是 0～6 共 7 个层次的说明。

（1）第 0 级——没有异地数据（No Off-site Data）

第 0 级被定义为没有信息存储的需求，不需要建立备援硬件平台或发展应急计划。0 级容灾系统事实上并不具有灾难恢复的能力，因为它的数据仅在本地进行备份和恢复，并没有被送往异地保存。

（2）第 1 级——卡车运送访问方式（PTAM，Pickup Truck Access Method）

第 1 级中要求设计一个灾难恢复方案，根据该方案在平时备份所需要的信息并将它运送到异地保存，灾难发生时将根据需要，有选择地搭建备援的硬件平台并在其上恢复数据，如图 6-1 所示。典型恢复时间为 1 周左右。这种方案成本较低，但异地没有可用的备份中心、备份数据处理系统和备份网络通信系统，未制订灾难恢复计划，难以管理。目前，这一等级方案在中小网站和中小企业用户中采用较多。对于要求快速进行业务恢复和海量数据恢复的用户，这种方案是不能够被接受的。

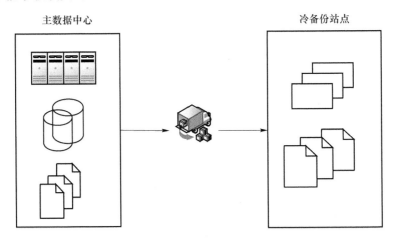

图 6-1　第 1 级访问方式

（3）第 2 级——PTAM＋热备份站点

第 2 级在第 1 级的基础上增加了一个热备份站点，该站点有主机系统，平时利用异地的备份管理软件将运送到异地的数据备份介质（磁带）上的数据备份到主机系统。一旦发生灾难，利用热备份主机系统将数据恢复，如图 6-2 所示。典型恢复时间为 1 天左右。这种容灾方案技术实现简单，由于有了热备中心，用户投资会增加，相应的管理人员要增加。但由于备份介质采用交通运输方式送往异地,异地热备中心保存的数据是上一次备份的数据,可能会有几天甚至几周的数据丢失。这对于关键数据的容灾是不能容忍的。

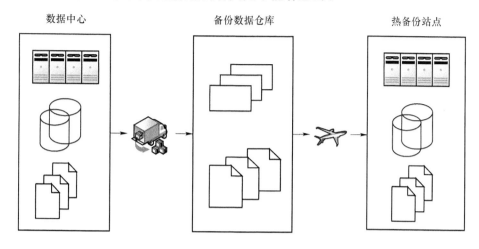

图 6-2　第 2 级访问方式

（4）第 3 级——电子链接（Electronic Vaulting）

第 3 级是在第 2 级的基础上用电子链路取代了卡车进行备份数据传送的容灾系统,如图 6-3 所示。通过电子数据传输对关键数据进行备份并存放至异地,制订有相应灾难恢复计划,有备份中心,并配备部分数据处理系统及网络通信系统,从而提高了灾难恢复的速度。一旦灾难发生,需要的关键数据通过网络可迅速恢复,通过网络切换,关键应用恢复时间可降低到一天或小时级,典型的恢复时间在一天以内。而这一方案由于备份站点要保持持续运行,对网络的要求较高,因此成本相应地有所增加。

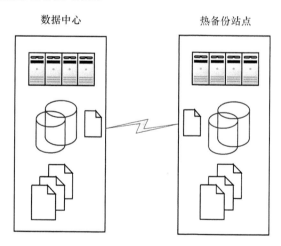

图 6-3　第 3 级电子链接

（5）第 4 级——活动状态的备援站点（Active Secondary Site）

第 4 级要求地理上分开的两个站点同时处于工作状态,并相互管理彼此的备份数据。该系统自最近一次数据复制以来的业务数据将会丢失,其他非关键应用也将需要手工恢复。第 4 级容灾系统把关键应用的灾难恢复时间降低到了小时级或分钟级。由于对备份管理软件设备和网络设备的要求较高,因此投入成本也会增加。但由于该级别备份的特点,业务恢复时间和数据的丢失量还不能满足关键行业对关键数据容灾的要求。

(6)第5级——双站点,两步提交(Two-Site,Two-Phase Commit)

第5级与第4级的结构类似,在满足第4级所有功能要求的基础上,进一步提供了两个站点间的数据互作镜像(数据库的一次提交过程会同时更新本地和远程数据库中的数据)。数据在两个站点之间相互镜像,由远程异步提交来同步,因为关键应用使用了双重在线存储,所以在灾难发生时,仅仅很小部分的数据被丢失,恢复的时间被降低到了分钟级。由于对存储系统和数据复制软件的要求较高,所需成本也大大增加。这一等级的方案由于既能保证不影响当前交易的进行,又能实时复制交易产生的数据到异地,所以这一层次的方案是目前应用最广泛的一类。

(7)第6级——零数据丢失(Zero Data Loss)

第6级是灾难恢复的最高级别,可以实现零数据丢失。只要用户按下 ENTER 键向系统提交了数据,利用专用的存储网络将关键数据同步镜像至备份中心,数据不仅在本地进行确认,而且需要在异地(备份)进行确认。那么不管发生了什么灾难性事件,系统都能保证该数据的安全。所有的数据都将在本地和远程数据库之间同步更新。当发生灾难事件时,备援站点能通过网络侦测故障并立即自动切换,负担起关键应用。第6级是容灾系统中最昂贵的恢复方式,但也是速度最快的恢复方式。

6.3.3 灾难恢复需求的确定

1. 风险分析

信息安全风险评估是确定灾难恢复需求的重要环节,不同风险的事件对应不同的灾难恢复等级,相应应采用不同的灾难恢复措施。通过风险评估,标识信息系统的资产价值,识别信息系统面临的自然的和人为的威胁,识别信息系统的脆弱性,分析各种威胁发生的可能性,并定量或定性描述可能造成的损失。通过技术和管理手段,防范或控制信息系统的风险。依据防范或控制风险的可行性和残余风险的可接受程度,确定对风险的防范和控制措施。

2. 业务影响分析

(1)分析业务功能和相关资源配置

对组织的各项业务功能及各项业务功能之间的相关性进行分析,确定支持各种业务功能的相应信息系统资源及其他资源,明确相关信息的保密性、完整性和可用性要求。

(2)评估中断影响

应采用定量和/或定性的方法,对各种业务功能的中断造成的影响进行评估。

- 定量分析:以量化方法,评估业务功能的中断可能给组织带来的直接经济损失和间接经济损失;
- 定性分析:运用归纳与演绎、分析与综合以及抽象与概括等方法,评估业务功能的中断可能给组织带来的非经济损失,包括组织的声誉、顾客的忠诚度、员工的信心、社会和政治影响等。

3. 确定灾难恢复目标

根据风险分析和业务影响分析的结果,确定灾难恢复目标,即确定关键业务功能及恢复的优先顺序以及灾难恢复时间范围。

其中灾难恢复时间范围包括恢复时间目标(RTO)和恢复点目标(RPO)的范围。恢复时间目标是信息安全事件发生后,信息系统或业务功能从停顿到必须恢复的时间要求。恢复点目标是信息安全事件发生后,系统和数据必须恢复到的时间点要求。

RPO 针对的是数据丢失,而 RTO 针对的是服务丢失,二者没有必然的关联性。RTO 和 RPO 必须在进行风险分析和业务影响分析后根据不同的业务需求来确定。对于不同企业的同一种业务,RTO 和 RPO 的需求也会有所不同。

6.3.4　灾难恢复策略的制定

国标 GB/T 20988—2007《信息安全技术 信息系统灾难恢复规范》中,灾难恢复策略包括以下两个方面的内容:

- 灾难恢复资源的获取方式;
- 灾难恢复等级各要素的具体要求。

本节主要介绍灾难恢复策略的制定过程以及灾难恢复策略包含的资源要素要求以及这些资源要素的获取方式。

1. 灾难恢复策略制定的过程

(1) 灾难恢复资源要素

国标 GB/T 20988—2007 将支持灾难恢复各个等级所需的资源(以下简称"灾难恢复资源")分为 7 个要素,制定灾难恢复策略时,应根据灾难恢复需求确定灾难恢复等级,并依照灾难恢复等级要求确定各资源要素的具体要求。国标 GB/T 20988—2007 中所列的 7 个资源要素如下。

- 数据备份系统:一般由数据备份的硬件、软件和数据备份介质组成,如果是依靠电子传输的数据备份系统,还包括数据备份线路和相应的通信设备。
- 备用数据处理系统:泛指灾难恢复所需的全部数据处理设备。
- 备用网络系统:最终用户用来访问备用数据处理系统的网络,包含备用网络通信设备和备用数据通信线路。
- 备用基础设施:灾难恢复所需的、支持灾难备份系统运行的建筑、设备和组织,包括介质的场外存放场所、备用的机房及灾难恢复工作辅助设施,以及容许灾难恢复人员连续停留的生活设施。
- 技术支持能力:对灾难恢复系统的运转提供支撑和综合保障的能力,以实现灾难恢复系统的预期目标,包括硬件、系统软件和应用软件的问题分析和处理能力、网络系统安全运行管理能力、沟通协调能力等。
- 运行维护管理能力:包括运行环境管理、系统管理、安全管理和变更管理等。
- 灾难恢复预案:定义信息系统灾难恢复过程中所需的任务、行动、数据和资源的文件。用于指导相关人员在预定的灾难恢复目标内恢复信息系统支持的关键业务功能。

(2) 成本风险分析和策略的确定

按照灾难恢复资源的成本与风险可能造成的损失之间取得平衡的原则确定每项关键业务功能的灾难恢复策略,不同的业务功能可采用不同的灾难恢复策略。灾难恢复策略包括:

- 灾难恢复资源的获取方式;
- 灾难恢复等级各要素的具体要求。

2. 灾难恢复资源的获取方式

灾难恢复资源的获取方式是指组织采用哪种方式获取上述 7 个资源要素,不同资源要素的获取方式不同,灾难恢复策略应明确不同资源要素的获取方式。

(1) 数据备份系统

数据备份系统可由组织自行建设,也可通过租用其他机构的系统而获取。

(2)备用数据处理系统

备用数据处理系统的获取方式有:

- 事先与厂商签订紧急供货协议;
- 事先购买所需的数据处理设备并存放在灾难备份中心或安全的设备仓库;
- 利用商业化灾难备份中心或签有互惠协议的机构已有的兼容设备。

(3)备用网络系统

备用网络系统包含备用网络通信设备和备用数据通信线路,备用网络通信设备可采用的获取方式与备用数据处理系统相同;备用数据通信线路可采用使用自有数据通信线路或租用公用数据通信线路的方式。

(4)备用基础设施

备用基础设施可采用的获取方式有:

- 由组织所有或运行;
- 多方共建或通过互惠协议获取;
- 租用商业化灾难备份中心的基础设施。

(5)技术支持能力

技术支持能力可采用的获取方式有:

- 灾难备份中心设置专职技术支持人员;
- 与厂商签订技术支持或服务合同;
- 由主中心(主中心是指正常情况下支持组织日常运作的信息系统所在的数据中心)技术支持人员兼任;但对于 RTO 较短的关键业务功能,应考虑到灾难发生时交通和通信的不正常,造成技术支持人员无法提供有效支持的情况。

(6)运行维护管理能力

可选用以下对灾难备份中心的运行维护管理模式:

- 自行运行和维护;
- 委托其他机构运行和维护。

(7)灾难恢复预案

可采用以下方式,完成灾难恢复预案的制定、落实和管理:

- 由组织独立完成;
- 聘请外部专家指导完成;
- 委托外部机构完成。

3. 灾难恢复资源的要求

为满足灾难恢复的需求,达到灾难恢复的目标,对上述 7 个灾难恢复资源要素,组织应按照成本风险平衡原则逐一确定它们应满足的要求。灾难恢复策略应明确这些要求。不同灾难恢复资源要求所包含的内容如下。

(1)数据备份系统

数据备份系统的要求通常包含以下内容:

- 数据备份的范围;
- 数据备份的时间间隔;
- 数据备份的技术及介质;

- 数据备份线路的速率及相关通信设备的规格和要求。

（2）备用数据处理系统

备用数据处理系统的要求通常包含以下内容：

- 数据处理能力；
- 与主系统的兼容性要求；
- 平时处于就绪还是运行状态。

组织应根据关键业务功能的灾难恢复对备用数据处理系统的要求和未来发展的需要，按照成本风险平衡原则，确定备用数据处理系统的要求。

（3）备用网络系统

备用网络系统的要求通常包含以下内容：

- 备用网络通信设备的技术要求；
- 备用网络通信设备的功能要求、吞吐能力；
- 备用数据通信线路的材料、带宽和容错能力。

组织应根据关键业务功能的灾难恢复对网络容量及切换时间的要求和未来发展的需要，按照成本风险平衡原则，确定备用网络系统的要求。

（4）备用基础设施

备用基础设施的要求通常包括：

- 与主中心的距离要求；
- 场地和环境（如面积、温度、湿度、防火、电力和工作时间等）要求；
- 运行维护和管理要求。

组织应根据灾难恢复目标，按照成本风险平衡原则，确定对备用基础设施的要求。

（5）技术支持能力

技术支持能力是为实现灾难恢复系统的预期目标，对灾难恢复系统的运转提供支撑和综合保障的能力。包括硬件、系统软件和应用软件的问题分析和处理能力、网络系统安全运行管理能力、沟通协调能力等。组织应根据灾难恢复目标，按照成本风险平衡原则，确定灾难备份中心在软件、硬件和网络等方面的技术支持要求，通常包括：

- 技术支持的组织架构；
- 各类技术支持人员的数量和素质；
- 各类技术支持人员能力要求。

（6）运行维护管理能力

组织应根据灾难恢复目标，按照成本风险平衡原则，确定灾难备份中心运行维护管理要求，包括：

- 运行维护管理组织架构；
- 人员的数量和素质；
- 运行维护管理制度。

（7）灾难恢复预案

灾难恢复预案是定义信息系统灾难恢复过程中所需的任务、行动、数据和资源的文件。用于指导相关人员在预定的灾难恢复目标内恢复信息系统支持的关键业务功能。组织应根据需求分析的结果，按照成本风险平衡原则，明确灾难恢复预案的各项要求，灾难恢复预案的要求包括：

- 整体要求；
- 制定过程的要求；
- 教育、培训和演练要求；
- 管理要求。

6.3.5 灾难恢复策略的实现

1. 灾难备份系统技术方案的实现

灾难备份系统是用于灾难恢复目的，由数据备份系统、备用数据处理系统和备用的网络系统组成的信息系统。灾难备份系统技术方案的实现是灾难恢复工作的重要环节。

（1）技术方案的设计

根据灾难恢复策略制定相应的灾难备份系统技术方案，包含数据备份系统、备用数据处理系统和备用的网络系统。技术方案中所涉及的系统，应获得同主系统相当的安全保护且具有可扩展性。

（2）技术方案的验证、确认和系统开发

为确保技术方案满足灾难恢复策略的要求，应由组织的相关部门对技术方案进行确认和验证，并记录和保存验证及确认的结果。

按照确认的灾难备份系统技术方案进行开发，实现所要求的数据备份系统、备用数据处理系统和备用的网络系统。

（3）系统安装和测试

按照经过确认的技术方案，灾难恢复规划实施组应制订各阶段的系统安装及测试计划，以及支持不同关键业务功能的系统安装及测试计划，并组织最终用户共同进行测试。确认以下各项功能可顺利实现：

- 数据备份及数据恢复功能；
- 在限定的时间内，利用备份数据正确恢复系统、应用软件及各类数据，并可正确恢复各项关键业务功能；
- 客户端可与备用数据处理系统正常通信。

2. 灾难备份中心的选择和建设

灾难备份中心是用于灾难发生后接替主系统进行数据处理和支持关键业务功能运作的场所，可提供灾难备份系统、备用的基础设施和技术支持及运行维护管理能力，此场所内或周边可提供备用的生活设施。灾难恢复中心是灾难恢复工作能否成功完成的重要保障。

（1）选址原则

选择或建设灾难备份中心时，应根据风险分析的结果，避免灾难备份中心与主中心同时遭受同类风险。灾难备份中心还应具有方便灾难恢复人员或设备到达的交通条件，以及数据备份和灾难恢复所需的通信、电力等资源。

灾难备份中心应根据资源共享、平战结合的原则，合理地布局。

（2）基础设施的要求

新建或选用灾难备份中心的基础设施时，计算机机房应符合有关国家标准的要求，工作辅助设施和生活设施应符合灾难恢复目标的要求。

3. 技术支持能力的实现

组织应根据灾难恢复策略的要求，获取对灾难备份系统的技术支持能力。灾难备份中心应建立相应的技术支持组织,定期对技术支持人员进行技能培训。技术支持能力的获取方式见 6.3.4 节。

4. 运行维护管理能力的实现

为了达到灾难恢复目标,灾难备份中心应建立各种操作和管理制度,用以保证数据备份的及时性和有效性、备用数据处理系统和备用网络系统处于正常状态,并与主系统的参数保持一致、有效的应急响应、处理能力。运行维护管理能力的获取方式见 6.3.4 节。

5. 灾难恢复预案的实现

灾难恢复的每个等级均应按 6.3.4 节的具体要求制定相应的灾难恢复预案,并进行落实和管理。

6.3.6　灾难恢复预案的制定、落实和管理

灾难恢复预案是定义信息系统灾难恢复过程中所需的任务、行动、数据和资源的文件。用于指导相关人员在预定的灾难恢复目标内恢复信息系统支持的关键业务功能。组织应在风险分析和业务影响分析的基础上,按照成本风险平衡原则,制定灾难恢复预案,并加强灾难恢复预案的教育培训、演练和管理。

1. 灾难恢复预案的制定

（1）灾难恢复预案的制定原则

制定灾难恢复预案应遵循以下原则。

- 完整性:灾难恢复预案应包含灾难恢复的整个过程,以及灾难恢复所需的尽可能全面的数据和资料;
- 易用性:预案应运用易于理解的语言和图表,并适合在紧急情况下使用;
- 明确性:预案应采用清晰的结构,对资源进行清楚的描述,工作内容和步骤应具体,每项工作应有明确的责任人;
- 有效性:预案应尽可能满足灾难发生时进行恢复的实际需要,并保持与实际系统和人员组织的同步更新;
- 兼容性:灾难恢复预案应与其他应急预案体系有机结合。

（2）灾难恢复预案的制定过程

灾难恢复预案制定的过程如下。

- 起草:参照灾难恢复预案框架,按照风险分析和业务影响分析所确定的灾难恢复内容,根据灾难恢复等级的要求,结合组织其他相关的应急预案,撰写出灾难恢复预案的初稿。
- 评审:组织应对灾难恢复预案初稿的完整性、易用性、明确性、有效性和兼容性进行严格的评审。评审应有相应的流程保证。
- 测试:应预先制订测试计划,在计划中说明测试的案例。测试应包含基本单元测试、关联测试和整体测试。测试的整个过程应有详细的记录,并形成测试报告。
- 修订:根据评审和测试结果,对预案进行修订,纠正在初稿评审过程和测试中发现的问题和缺陷,形成预案的报批稿。
- 审核和批准:由灾难恢复领导小组对报批稿进行审核和批准,确定为预案的执行稿。

2. 灾难恢复预案的教育、培训和演练

为了使相关人员了解信息系统灾难恢复的目标和流程,熟悉灾难恢复的操作规程,组织应

按以下要求,组织灾难恢复预案的教育、培训和演练。

- 在灾难恢复规划的初期就应开始灾难恢复观念的宣传教育工作;
- 应预先对培训需求进行评估,开发和落实相应的培训/教育课程,保证课程内容与预案的要求相一致;
- 应事先确定培训的频次和范围,事后保留培训的记录;
- 预先制订演练计划,在计划中说明演练的场景;
- 演练的整个过程应有详细的记录,并形成报告;
- 每年应至少完成一次有最终用户参与的完全演练。

3. 灾难恢复预案的管理

灾难恢复预案管理包括以下内容。

(1)保存与分发

经过审核和批准的灾难恢复预案,保存与分发应注意如下问题:

- 由专人负责保存与分发;
- 具有多份副本在不同的地点保存;
- 分发给参与灾难恢复工作的所有人员;
- 在每次修订后所有副本统一更新,并保留一套,以备查阅,原分发的旧版本应予销毁。

(2)维护和变更管理

为了保证灾难恢复预案的有效性,应从以下方面对灾难恢复预案进行严格的维护和变更管理:

- 业务流程的变化、信息系统的变更、人员的变更都应在灾难恢复预案中及时反映;
- 预案在测试、演练和灾难发生后实际执行时,其过程均应有详细的记录,并应对测试、演练和执行的效果进行评估,同时对预案进行相应的修订;
- 灾难恢复预案应定期评审和修订,至少每年一次。

6.3.7 灾难恢复的等级划分

国标 GB/T 20988—2007《信息安全技术 信息系统灾难恢复规范》依据灾难恢复的系统和数据的完整性要求以及时间要求等要素将灾难恢复划分为 6 个等级,不同等级在 7 个资源要素上的要求各不相同,只有同时满足某级别的 7 个要素要求,方能视为达到该级别。灾难备份中心的等级等于其可支持的灾难恢复最高等级,如可支持 1～5 级的灾难备份中心的级别为5 级。国标 GB/T 20988—2007 中描述的 6 个等级自低到高分别为:

- 第 1 级 基本支持;
- 第 2 级 备用场地支持;
- 第 3 级 电子传输和部分设备支持;
- 第 4 级 电子传输和完整设备支持;
- 第 5 级 实施数据传输和完整设备支持;
- 第 6 级 数据零丢失和远程集群支持。

上述 6 个等级对 7 个资源要素的要求分别如表 6-1～表 6-6 所示。

表 6-1　第 1 级——基本支持

要素	要求
数据备份系统	• 完全数据备份至少每周一次； • 备份介质场外存放
备用数据处理系统	—
备用网络系统	—
备用基础设施	• 有符合介质存放条件的场地
技术支持	—
运行维护管理	• 有介质存取、验证和转储管理制度； • 按介质特性对备份数据进行定期的有效性验证
灾难恢复预案	• 有相应的经过完整测试和演练的灾难恢复预案

注:"—"表示不做要求。

表 6-2　第 2 级——备用场地支持

要素	要求
数据备份系统	• 完全数据备份至少每周一次； • 备份介质场外存放
备用数据处理系统	• 灾难发生后能在预定时间内调配所需的数据处理设备到备用场地
备用网络系统	• 灾难发生后能在预定时间内调配所需的通信线路和网络设备到备用场地
备用基础设施	• 有符合介质存放条件的场地； • 有满足信息系统和关键业务功能恢复运作要求的场地
技术支持	—
运行维护管理	• 有介质存取、验证和转储管理制度； • 按介质特性对备份数据进行定期的有效性验证； • 有备用站点管理制度； • 与相关厂商有符合灾难恢复时间要求的紧急供货协议； • 与相关运营商有符合灾难恢复时间要求的备用通信线路协议
灾难恢复预案	• 有相应的经过完整测试和演练的灾难恢复预案

注:"—"表示不做要求。

表 6-3　第 3 级——电子传输和部分设备支持

要素	要求
数据备份系统	• 完全数据备份至少每天一次； • 备份介质场外存放； • 每天多次利用通信网络将关键数据定时批量传送至备用场地
备用数据处理系统	• 配备灾难恢复所需的部分数据处理设备
备用网络系统	• 配备部分通信线路和相应的网络设备
备用基础设施	• 有符合介质存放条件的场地； • 有满足信息系统和关键业务功能恢复运作要求的场地
技术支持	• 在灾难备份中心有专职的计算机机房运行管理人员

续 表

要素	要求
运行维护管理	• 按介质特性对备份数据进行定期的有效性验证; • 有介质存取、验证和转储管理制度; • 有备用计算机机房管理制度; • 有备用数据处理设备硬件维护管理制度; • 有电子传输数据备份系统运行管理制度
灾难恢复预案	• 有相应的经过完整测试和演练的灾难恢复预案

表 6-4　第 4 级——电子传输及完整设备支持

要素	要求
数据备份系统	• 完全数据备份至少每天一次; • 备份介质场外存放; • 每天多次利用通信网络将关键数据定时批量传送至备用场地
备用数据处理系统	• 配备灾难恢复所需的全部数据处理设备,并处于就绪状态或运行状态
备用网络系统	• 配备灾难恢复所需的通信线路; • 配备灾难恢复所需的网络设备,并处于就绪状态
备用基础设施	• 有符合介质存放条件的场地; • 有符合备用数据处理系统和备用网络设备运行要求的场地; • 有满足关键业务功能恢复运作要求的场地; • 以上场地应保持 7×24 小时运作
技术支持	• 在灾难备份中心有: • 7×24 小时专职计算机机房管理人员; • 专职数据备份技术支持人员; • 专职硬件、网络技术支持人员
运行维护管理	• 有介质存取、验证和转储管理制度; • 按介质特性对备份数据进行定期的有效性验证; • 有备用计算机机房运行管理制度; • 有硬件和网络运行管理制度; • 有电子传输数据备份系统运行管理制度
灾难恢复预案	• 有相应的经过完整测试和演练的灾难恢复预案

表 6-5　第 5 级——实时数据传输及完整设备支持

要素	要求
数据备份系统	• 完全数据备份至少每天一次; • 备份介质场外存放; • 采用远程数据复制技术,并利用通信网络将关键数据实时复制到备用场地
备用数据处理系统	• 配备灾难恢复所需的全部数据处理设备,并处于就绪或运行状态
备用网络系统	• 配备灾难恢复所需的通信线路; • 配备灾难恢复所需的网络设备,并处于就绪状态; • 具备通信网络自动或集中切换能力

续　表

要素	要求
备用基础设施	• 有符合介质存放条件的场地； • 有符合备用数据处理系统和备用网络设备运行要求的场地； • 有满足关键业务功能恢复运作要求的场地； • 以上场地应保持 7×24 小时运作
技术支持	在灾难备份中心 7×24 小时有专职的： • 计算机机房管理人员； • 数据备份技术支持人员； • 硬件、网络技术支持人员
运行维护管理	• 有介质存取、验证和转储管理制度； • 按介质特性对备份数据进行定期的有效性验证； • 有备用计算机机房运行管理制度； • 有硬件和网络运行管理制度； • 有实时数据备份系统运行管理制度
灾难恢复预案	• 有相应的经过完整测试和演练的灾难恢复预案

表 6-6　第 6 级——数据零丢失和远程集群支持

要素	要求
数据备份系统	• 完全数据备份至少每天一次； • 备份介质场外存放； • 远程实时备份，实现数据零丢失
备用数据处理系统	• 备用数据处理系统具备与生产数据处理系统一致的处理能力并完全兼容； • 应用软件是"集群的"，可实时无缝切换； • 具备远程集群系统的实时监控和自动切换能力
备用网络系统	• 配备与主系统相同等级的通信线路和网络设备； • 备用网络处于运行状态； • 最终用户可通过网络同时接入主、备中心
备用基础设施	• 有符合介质存放条件的场地； • 有符合备用数据处理系统和备用网络设备运行要求的场地； • 有满足关键业务功能恢复运作要求的场地； • 以上场地应保持 7×24 小时运作
技术支持	在灾难备份中心 7×24 小时有专职的： • 计算机机房管理人员； • 专职数据备份技术支持人员； • 专职硬件、网络技术支持人员； • 专职操作系统、数据库和应用软件技术支持人员
运行维护管理	• 有介质存取、验证和转储管理制度； • 按介质特性对备份数据进行定期的有效性验证； • 有备用计算机机房运行管理制度； • 有硬件和网络运行管理制度； • 有实时数据备份系统运行管理制度； • 有操作系统、数据库和应用软件运行管理制度
灾难恢复预案	• 有相应的经过完整测试和演练的灾难恢复预案

6.4　业务连续性

业务连续性是指组织为了维持其生存,一旦发生突发事件或灾难后,在其所规定的时间内必须恢复关键业务功能的强制性要求。灾难恢复主要解决信息系统灾难恢复问题,而业务连续性强调的是组织业务的不间断能力,即在灾难、意外发生的情况下,无论组织是组织结构、业务操作或信息系统,都可以以适当的备用方式继续运行。

目前,业务连续性管理(BCM)已成为应对危机管理事件的国际通用规则,它的重要性在全球范围内越来越受到社会的关注。部分发达国家如美国、加拿大甚至将 BCM 定为国家标准,如:美国联邦紧急事故管理总署(USA FEMA,USA Federal Emergency Management Agency)的 FEMA FRPG 01-94 1994、美国国家防火学会(NFPA,USA National Fire Protection Association)的灾害事故/紧急应变管理及业务持续性计划标准(Standard on Disaster/Emergency Management and Business Continuity Programs)、英国标准协会(BSI,British Standards Institution)的 BS25999-1、BS25999-2。无论单独实施或结合其他管理系统一并实施,均可为组织连续经营提供良好保障。

6.4.1　业务连续性管理

BCM 是一个全面、持续的过程,包括识别威胁组织的潜在影响,并提供一个框架,用于指导组织提升应对灾难和持续运营的能力,保障组织的主要股东利益,以及公司的声誉、品牌和其他创造价值的活动。它的目标是提升组织的持续运营能力。通过事先发现组织中由各种突发业务中断所造成的潜在影响,协助组织排定各种业务恢复先后顺序,最终实现各领域的业务持续运营。

BCM 的特点与过程,能够确保组织对生死攸关的灾难性事件做出及时响应;制定合理的BCM 计划,既满足规范和应对特殊风险的要求,同时提升了组织风险意识;同时组织可以通过BCM 来提升自身竞争力,争取新的客户、提高利润,并且能增加"客户关怀度";能最大限度地发现低效的业务和平时无法揭露的隐患;提前采取 BCM 预防措施要比临时采取措施所花费的成本低。

业务连续性管理过程如图 6-4 所示。首先组织高层管理人员应从理解自身业务开始负责制订和实施一个完整的业务持续计划,然后进行业务影响分析和风险评估,在此基础上由高层管理者形成本企业的业务持续性战略方针,然后规划业务持续性计划,进行计划的测试与实施,最后进行计划的维护与更新,并通过审计保证计划不断改进和完善。

构建业务连续管理体系,不仅需要着眼于信息系统的备份与恢复,更重要的是确定或构建嵌于组织生命周期的业务连续管理目标、策略、制度、组织和资源。通过近 30 年的发展,行业标准组织制定了业务连续管理最佳实践的 10 步骤。

1. 项目启动和管理

确定业务连续性计划(BCP,Business Continuity Plan)过程的需求,包括获得管理支持,以及组织和管理项目使其符合时间和预算的限制。

2. 风险评估和控制

确定可能造成机构及其设施中断和灾难、具有负面影响的事件和周边环境因素,以及事件可能造成的损失,防止或减少潜在损失影响的控制措施。提供成本效益分析以调整控制措施方面的投资达到消减风险的目的。

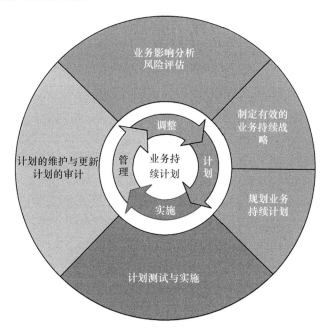

图 6-4 BCM 生命周期

3. 业务影响分析

确定由于中断和预期灾难可能对机构造成的影响以及用来定量和定性分析这种影响的技术。确定关键功能,其恢复优先顺序和相关性以便确定恢复时间目标。

4. 制定业务连续性策略

确定和指导备用业务恢复运行策略的选择,以便在恢复时间目标范围内恢复业务和信息技术,并维持机构的关键功能。

5. 应急响应和运作

制定和实施用于事件响应以及稳定事件所引起状况的规程,包括建立和管理紧急事件运作中心,该中心用于在紧急事件中发布命令。

6. 制订和实施业务连续性计划

设计、制订和实施业务连续性计划以便在恢复时间目标范围内完成恢复。

7. 意识培养和培训项目

准备建立对机构人员进行意识培养和技能培训的项目,以便业务连续性计划能够得到制订、实施、维护和执行。

8. 维护和演练业务连续性计划

对预先计划和计划间的协调性进行演练,并评估和记录计划演练的结果。制定维持连续性能力和 BCP 文档更新状态的方法使其与机构的策略方向保持一致。通过与适当标准的比较来验证 BCP 的效率,并使用简明的语言报告验证的结果。

9. 公共关系和危机通信

制订、协调、评价和演练在危机情况下与媒体交流的计划。制订、协调、评价和演练与员工及其家庭、主要客户、关键供应商、业主/股东以及机构管理层进行沟通和在必要情况下提供心理辅导的计划。确保所有利益群体能够得到所需的信息。

10. 与公共当局的协调

建立适用的规程和策略用于同地方当局协调响应、维持连续和恢复活动,以确保符合现行的法令和法规。

下面的章节将详细介绍业务连续性管理过程中的关键步骤。

6.4.2 准备业务连续性计划

灾难恢复基于假定灾难发生后,造成业务已经停顿,组织将如何去恢复业务。而业务连续性计划是一套基于业务运行规律的管理要求和规章流程,使一个组织在无论任何意外事件或灾难面前,都能够迅速做出反应,以确保关键业务功能可以持续,而不造成业务中断或业务流程本质的改变。业务持续计划首先应该包含灾难恢复计划(DRP,Disaster Recovery Planning)。灾难恢复计划是一个全面的状态,它包括在事前、事中和灾难对信息系统资源造成重大损失后所采取的行动。灾难恢复计划是对于紧急事件的应对过程,在中断的情况下提供后备的操作,在事后处理恢复和抢救工作。

业务连续性计划是一套事先被定义和文档化的计划,明确定义了恢复业务所需要的关键人员、资源、行动、任务和数据。其内容不局限在 IT 方面,应该涵盖如下几个方面:应急响应计划(业务连续性管理组织结构、应急初始评估流程、灾难宣布流程、灾难评估流程);容灾恢复计划(IT 切换流程/步骤/启用条件、IT 回切流程/步骤/启用条件);运维恢复计划;业务恢复计划。创建业务连续计划后,需要通过培训和演练使相关人员了解他们各自的角色和责任,以便在公司中实施该计划。

BCP 运作共有 6 个阶段,分别为:

- 项目初始化;
- 风险分析及业务影响;
- 策略及实施;
- BCP 开发;
- 培训计划;
- 测试及维护。

1. 角色和职责

为了保证 BCP 的合理、成功运作,应建立执行团队,分配 BCM 项目中的角色和职责。

(1)BCM 项目负责人

业务连续性协调人作为 BCM 项目负责人全面负责项目的规划、准备、培训等各项工作。

(2)其他重要角色

其他重要角色包括:高级管理层,充分考虑组织现状,参与、支持并通过多种途径推动项目,确保项目过程的成功;业务部门代表,结合业务发展充分参与日常管理,结合业务实际需求设定合理的连续性要求;危机管理团队,负责制定合理的危机管理机制,提供应急措施并保证组织声誉;恢复团队,负责制订灾害后恢复策略与计划,保障组织业务连续性;法律代表,事件发生后向公众及股东通告公司的运作状况等;还包括用户、系统和网络专家、信息安全部门等角色。

2. 项目准备

对 BCM 项目来说,首先要确定其关键活动,并估算关键活动无法持续时的运营冲击。一般的关键活动包括:组建团队,确定 BCM 需求,制订项目计划书,确定数据,工作汇报以及推销 BCP 等。如图 6-5 所示。

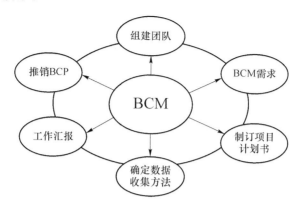

图 6-5　BCM 项目构成

接着要明确 BCM 策略要求,结合对业务影响的分析制定策略要求。包括确定目的,明确相关范围与需求,制定基本原则、指导方针,确定并落实人员和部门的职责与责任,设计关键环节的原则要求,并且以上内容应得到高级管理层的正式批准。

最后,根据 BCM 的关键活动与策略要求,制订相应的项目计划。项目计划中应明确项目重点目标与任务,确定任务与相应的资源,并进行相关配置;设定合理时间段或工作周期;设定合理预算,并为 BCP 提供独立的预算;分析项目的成功因素,满足并落实每个关键环节上的要求。

6.4.3　业务影响性分析

业务影响分析(BIA,Business Impact Analysis)是整个 BCM 流程的工作基础,实质上是对关键性的企业功能,以及当这些功能一旦失去作用时可能造成的损失和影响的分析,以确定单位关键业务功能及其相关性,确定支持各种业务功能的资源,明确相关信息的保密性、完整性和可用性要求,确定这些业务系统的恢复需求,为下一阶段制定业务连续性管理策略提供基础和依据。

BIA 从识别可能引起业务中断的事件开始,如设备故障、洪灾和火灾等事件开始,随后进行风险评估,以确定业务中断造成的影响(根据破坏的规模和恢复的时间)。进行这两项活动,都应有业务资源和过程管理的所有者的普遍参与。

BIA 定性并量化了中断服务对业务造成的影响。如

- 收入损失;
- 延迟收入的损失;
- 生产力的损失;
- 营运成本的增加;
- 声誉和公众信任的损失;
- 竞争力的损失;
- 违约责任;
- 违背法律法规。

BIA 包括以下活动过程。

1. 确定信息收集技术

通过讨论、调查问卷以及访谈的方式进行信息收集。开会讨论能够迅速得出分析结论,同时要和各个部门进行激烈的争论,最终达成一致的 BIA 结论。调查问卷能提供大量的 BIA 分析数据,但如果问卷填写不完整,会降低调查信息的质量。访谈能提供很好的信息,但是比较费时间,得到的信息的格式和详细程度变化较大。

2. 选择受访者

3. 识别关键业务功能及其支持资源

支持资源包括人力资源、处理能力、物理基础设施、基于计算机的服务、应用和数据、文档和票据。

4. 确定最大允许中断时间(MTD)

中断时间超过最大允许中断时间将造成业务难以恢复,因此越是关键的功能或资源,MTD 应该越短:关键资源 MTD 应在 1 小时之内,紧急资源为 24 小时,重要资源为 72 小时,一般资源为 7 天,非必要资源为 30 天。

MTD 确定后,可以根据 MTD 排定关键业务功能及其支持资源的恢复顺序。

5. 识别弱点和威胁

6. 分析风险

风险包括电力中断、火灾、洪水、风暴、地震、系统设备故障和软件故障、丧失基础设施功能(如电信等)、测试和变更造成的中断、关键人员缺席、恐怖袭击、爆炸、罢工、传染病等。

7. 向管理层汇报 BIA 结果

向管理层汇报 BIA 结果,包括存在的问题及应对建议。

6.4.4 确定 BCM 策略

BCM 原则是预防为先,恢复为后。应通过遏制、探测或降低对系统影响的防御性措施予以消减或清除风险,对达不到灾难级别的风险,采取预防措施规避或降低风险,对灾难级别的风险,采取预防措施降低风险,而对于不可忍受的灾难,应采取恢复措施。

BCM 策略应覆盖预防、应急响应、业务持续、业务恢复与业务复原 5 个方面。

1. 预防措施

- 设施采取加固材料(建筑、设备等);
- 配置冗余服务器和通信线路;
- 多方多路供电、配置 UPS 和发电机;
- 消防系统(火警发现、灭火);
- 防水措施;
- 冗余供应商;
- 购买保险;
- 数据备份;
- 介质保护;
- 备用关键设备;
- 人员培训。

2. 应急响应

指一个组织为了应对各种意外事件的发生所做的准备以及在事件发生初期所采取的措

施。目的是避免、降低危害和损失,以及从危害和损失中恢复。因为网络安全保护的困难性,大量安全漏洞,攻击系统和网络的程序存在,当前入侵检测能力的局限性等问题,应急响应非常必要。应急响应的方法有以下几种。

（1）准备（Preparation）

应在安全事件发生前为应急响应做好准备。这一阶段极为重要,因为安全事件多数都比较复杂,事先准备是必需的。这一阶段的准备工作包括:

- 基于威胁建立一组合理的防御/控制措施;
- 建立一组尽可能高效的安全事件处理程序;
- 获得处理问题必需的资源和人员;
- 建立一个支持应急响应活动的基础设施。

（2）检测（Detection）

检测意味着弄清是否出现了恶意代码,文件和目录是否被篡改或者出现其他的特征;如果是的话,问题在哪里,影响范围有多大。检测包括软件检测和人工检测。

（3）抑制（Containment）

抑制的目的是限制攻击的范围,同时也就限制了潜在的损失和破坏。其只有在第 2 阶段观察到事件的确已经发生的基础上才能进行。可能的抑制措施包括:

- 关闭所有系统;
- 断开网络;
- 修改所有防火墙和路由器的过滤规则,担绝来自看起来是发起攻击的主机的所有的流量;
- 封锁或删除被攻破的登录账号;
- 提高系统或网络行为的监控级别;
- 设置诱饵服务器作为陷阱,如“蜜罐”等;
- 关闭存在漏洞的服务;
- 反击攻击者的系统。

（4）根除（Eradication）

在事件被抑制以后,应该找出事件根源并彻底根除。根除的手段包括:

- 工具软件,如防病毒软件可以消灭大多数感染小系统的(甚至大系统的)病毒以及特洛伊木马程序。
- 对于单机上的事件,主要可以根据各种操作系统平台的具体的检查和根除程序进行操作。
- 大规模爆发的带有蠕虫性质的恶意程序的根除相对复杂。

（5）恢复（Recovery）

恢复阶段定义在事件的根源根除以后下一阶段的行动。恢复的目标是把所有被攻破的系统和网络设备彻底地还原到它们正常的任务状态。

（6）跟踪（Follow-up）

跟踪是应急响应处理的最后一个阶段。其整体目标是回顾并整合发生事件的相关信息。它有助于事件处理人员吸取经验教训,提高他们的技能,以应付将来发生的同样事件,有助于评判和管理一个组织机构的应急响应能力,在跟踪过程中所吸取的任何教训都可以当作应急响应工作组新成员的培训教材,成为应急响应工作组建设的基础,并能够为相关法律的制定提供参考。

对所有可能发生的需要进行应急响应的情况,应编制相应的应急响应预案。应急预案是被设计用于在信息安全突发事件中维持或恢复包括计算机运行在内的业务运行的策略和规程。应该有系统完整的设计、标准化的文本文件、行之有效的操作程序和持续改进的运行机制。其基本原则是集中管理、统一指挥、规范运行、标准操作、反应迅速和响应高效。用以控制紧急事件的发展并尽可能消除,将事故对人、财产和环境的损失和影响减小到最低限度。应急响应制定过程如下。

- 初稿的制定:参照应急响应预案框架,按照 IT 系统风险分析和业务影响分析所确定的应急内容,根据应急响应等级的要求,结合组织其他相关的应急计划,撰写出应急响应预案的初稿。
- 初稿的评审:组织应对应急响应预案初稿的全面性、易用性、明确性、有效性和兼容性进行严格的评审。评审应有相应的流程保证。
- 初稿的修订:根据评审结果,对预案进行修订,纠正在初稿评审过程中发现的问题和缺陷,形成预案的修订稿。
- 预案的测试:应预先制订测试计划,在计划中说明测试的案例。测试应包含基本单元测试、关联测试和整体测试。测试的整个过程应有详细的记录,并形成测试报告。
- 预案的审核和批准:根据测试的记录和报告,对预案的修订稿进一步完善,形成预案的报批稿,并由应急响应领导小组审核和批准,确定为预案的执行稿。

同时应成立应急响应组,由管理、业务、技术和行政后勤等人员组成,一般可设为应急响应领导小组、应急响应实施小组和应急响应日常运行小组等。

应急响应领导小组是信息安全应急响应工作的组织领导机构,组长应由组织最高管理层成员担任。领导小组的职责是领导和决策信息安全应急响应的重大事宜。

3. 业务持续

业务持续只涉及那些时间敏感的业务流程,要么是在业务中断后立即持续,要么是在可允许的一段时间后持续,但不是对所有业务都进行的恢复。业务持续预案主要关注业务的损坏、中断和丧失等突发事件,从初始应急响应开始到恢复至正常业务水平。一旦 BCP 被激活,需要做出的第一个决策是,关键性业务的运营能否在日常的工作场所或者一个备选场所很快进行。备选场所可分为以下几类。

(1) 热站点(Hot Site)

配置了所需的基础设施、服务、系统硬件、软件、实时数据和支持人员,通常 24 小时有人值守。在接到应急计划启动通知时只需要进行适当的路由转换和通知就可以提供主站点的关键应用服务。

(2) 冷站点(Code Site)

通常具有充足空间和支持 IT 系统的基础设施和服务(电源、电信连接和环境控制),但不包含 IT 设备并且通常也不包含办公自动化设备如电话、传真机或复印机。

(3) 温站点(Warm Site)

介于热站点和冷站点之间,仅配置部分 IT 资源,不包含实时数据。启用时需要安装部分设备和软件,还需要上载数据。

(4) 镜像站点(Mirrored Site)

具有完整和实时信息镜像的完全冗余设施,镜像站点与主站点在所有的技术层面上均一致。

（5）移动站点（Mobile Site）

内部配置适当电信装备和 IT 设备的可移动拖车，可以被机动拖放和安置在所需的备用场所。

4. 业务恢复

业务恢复是事件发生后为了继续支持关键功能所采取的行动。它是启动时间敏感度稍低一些的业务流程。其开始时间取决于接续时间敏感的业务流程所需要的时间。业务恢复策略包括两个技术指标：恢复时间目标（RTO，Recovery Time Objectives）和恢复点目标（RPO，Recovery Point Objectives）。

对于基础设施的恢复，应考虑备用站点和离站存储设施以及主站点到备用站点的设备和人员运输问题。电力的恢复，应考虑不间断电源（UPS）、双电源（DPS）、双回路供电系统与备用发电机。对支持服务的恢复，应考虑通信恢复的问题，以及服务水平协议（SLA，Service Level Agreement），在与服务提供商签订的服务协议中考虑到在紧急情况下提供服务的问题。对应用程序和数据的恢复，应考虑常规备份和离站（off-site）存储，备份频率和备份介质的运输，备份方式的选择。对文档和票据的恢复，应考虑重要的文件、资料包括应急计划本身的离站存储。对设备更换，应考虑供应商协议（Vendor Agreements），即与硬件、软件和支持供应商签订紧急维护服务的服务水平协议；设备存货（Equipment Inventory）的安全离站地点；以及现有库存、租用或其他机构使用的兼容设备（Existing Compatible Equipment）。对网络的恢复，应考虑双电缆布线和预留额外的数据插口，关键网络设备的冗余或容错，冗余的远程通信链路，冗余网络服务提供商（NSP，Network Service Provider），或由 NSP 或互联网服务提供商（ISP，Internet Service Provider）提供冗余，以及与 NSP 或 ISP 签订的服务水平协议等。对人力资源，应考虑在灾难发生后，以保护人的生命为第一要务，对员工进行培训和应急指引，实行人员备份和轮岗制度，以及雇用额外或临时工作人员问题等。

5. 业务复原

业务复原是事件发生后为了恢复到正常运行状态所采取的行动。主要是修复并恢复主要的运营场所。其最终目的是要在原有的场所或者一个全新的场所完全恢复所有的业务流程。在进行复原时，必须确保该复原场所配备必要的基础设施、设备、硬件、软件和通信设备，而且要对该场所能否处理全部的业务流程进行测试。

应当根据风险评估的结果，决定将采取的策略。决定策略并不容易，须仔细考虑组织业务目标、资源、文化、流程及投入成本。一般来说，处理风险的策略有避免风险、降低风险，转移风险和接受风险 4 种。

6.4.5　制订和实施业务连续性计划

创建业务连续计划后，首先需要通过培训和演练使相关人员了解他们各自的角色和责任，以便在公司中实施该计划。

1. 培训

培训的主要目的是确保员工了解业务连续性策略和规程，为此就需要设计培训计划，培训计划应确保包括下列内容：

- 参与业务恢复的关键人员了解在计划中制定的策略和步骤；
- 员工了解在灾难发生时要遵循的步骤；

- 员工了解如何在灾难恢复中使用灾难管理设备；
- 员工了解他们在灾难恢复中的角色和责任。

对员工进行灾难恢复培训时,必须包括以下方面的信息:

- 威胁、危险和保护行动；
- 通知、警告和通信规程；
- 应急响应规程；
- 评价、掩蔽和责任规程；
- 通用应急设备的位置和用法；
- 应急停工规程。

应当定期培训员工有关恢复步骤的知识,并可以采用各种方法来实施培训计划。此外,还必须在培训活动中包括社区响应人员。

2. 演练

除了进行培训以外,还可以进行撤离练习和全面的演习。演练之前充分准备,遵守相关流程,从而保持业务连续性计划的有效性。演练的关键点在于通过真实的演练来检验并提高,演练规划要详细、模块化,演练手册要能满足指挥员和操作员不同的需求,演习结果要量化衡量。每次演练都有新的问题产生,在事前不要做出 100% 的预期,因为演练的目的是成长和提高,通常实现 80% 的目标就已经是一种成功。这将确保整个公司对该计划充满自信并有能力实现该计划。

6.4.6 测试和维护计划

BCP 在测试阶段时会面临失败的可能性,通常由假设错误、疏忽,或设备、人员的变动所致。因此,应定期测试,确保其符合最新状况及有效性。这类测试还应确保复原小组的所有成员以及其他相关人员了解计划内容。业务连续计划的测试时间表应指出各部分计划的检查方式和时间。建议经常对计划各部分进行测试,应采用各种技术确保计划能在实际状况中运作。这些技术包括针对各种情况进行沙盘推演、状况模拟、复原测试、测试异地复原、测试供货商的设施和服务、完整演练。在计划的维护和重新评鉴方面,应通过定期审查和更新方式来维护业务连续计划,确保其持续有效。应在组织的变更管理计划中加入计划的维护程序,以确保业务连续计划的主要项目得到适当处理。各个业务连续计划的定期审查应分配责任。若发现业务连续计划尚未反映业务操作的变更时,应对计划做适当的更新。正式的变更管制应确保所公布的计划都是最新版本,并且利用对整体计划的定期审查来确保计划处于最新状况。

6.5 本章小结

减少信息系统灾难对社会的危害和人民财产带来的损失,保证信息系统所支持的关键业务能在灾害发生后及时恢复并继续运作,是灾难恢复与业务连续性管理的主要目标。

本章系统地介绍了信息系统灾难恢复的概念、流程、灾难恢复的等级以及灾难恢复的核心技术——灾难备份和数据备份技术等内容；并结合灾难恢复的发展趋势,介绍了业务连续性管理的基本概念和内容。

本章主要依据有关的标准讨论灾难恢复以及业务连续性的基本内容,对专业技术方面内容讲述较少,旨在对人们开展灾难恢复与业务连续性管理工作提供实际指导。

6.6　习　　题

1. 什么是业务连续性管理(BCM)? BCM 的目标是什么?
2. BCM 策略的制定应考虑哪些方面?
3. 请解释 BCP、DRP? 阐述它们的区别。
4. 什么是应急响应? 其目的是什么?
5. 应急响应预案制定的原则有哪些?

第 7 章

分级保护

引发信息安全问题的因素有多个方面,有外部因素和内部因素,但最主要的因素在于内部。对于已发现或可能存在的威胁,现在基本都有详尽的分析与解决方案,技术手段的针对性也很清晰。而企业安全策略不确定、安全管理与技术不规范、系统建设与管理缺乏针对性导致企业安全状况难以把握,难以进行有效的技术实施、安全管理、系统建设推进,实现整体信息安全保护能力的提高,因此从内部着手,进行系统的访问控制,根据安全评估标准实施分级保护非常必要。分级保护能够降低企业控制成本,提高效率,针对价值与重要程度等进行区别,是通过较少的代价获得更好结果的思想与措施。本章将介绍访问控制的基本内容,并结合国内外信息安全评估标准阐述分级保护的相关内容。

7.1 概　　述

信息安全的根本所在就是通过控制如何访问信息资源来防范资源泄露或未经授权的修改。访问控制(Access Control)是对信息系统资源的访问范围以及方式进行限制的策略。简单地说,就是防止合法用户的非法操作,同时也防止非法用户进入系统,从而对机密性、完整性起直接的作用。访问可以控制用户和系统如何与其他系统和资源进行通信和交互,保护系统和资源免受未经授权的访问,并且在身份验证过程成功结束之后确定授权访问的等级。

访问是在主体和客体之间进行的信息流动。主体是发出访问请求的主动方,通常是用户或用户进程。主体验证一般通过鉴别用户标识和用户密码实现。客体是被访问的对象,通常是被调用的程序、进程,要存取的数据、文件、内存、系统、设备、设施等资源。

访问控制可以描述为:主动的主体使用某种特定的访问操作去访问一个被动的客体,所使用的特定的访问操作受访问监视器控制。其安全系统逻辑模型如图 7-1 所示。当主体提出一系列访问请求时,首先对主体进行认证,确认是合法的主体,而不是假冒的欺骗者。主体通过认证后才能访问客体,但并不保证其有权限可以对客体进行操作。主体所使用的特定访问操作由访问控制器控制,具有操作权限可以对客体进行相应操作。

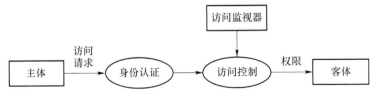

图 7-1　安全系统逻辑模型

用以确定一个主体是否对某个客体拥有某种访问操作的权限的一组规则和目标,称为安全策略。它反映了系统的安全需求,并可用达到安全目的而采取的步骤——即安全模型对其进行描述,以解决特殊情况下的安全问题。1973 年 David Bell 和 Len Lapadula 提出了第一个也是最著名安全策略模型 Bell-LaPadula 安全模型,简称 BLP 模型。Bell-Lapadula 使用主体,客体,访问操作(读、写、读/写)以及安全级别这些概念,级别和模型用于限制主体对客体的访问操作。当主体试图访问一个客体,系统比较主体和客体的安全级别,然后在模型里检查操作的具体访问限制。实现该模型后,它能保证信息不被不安全的主体所访问,加强访问控制的信息保密性。

BLP 安全模型在基本层面上,定义了两种访问方式,观察(Observe)和改变(Alter)。观察用来查看客体的,改变用以改变客体的内容。

在 Bell-LaPadula 安全模型中定义了 4 种访问权限:执行、读、添加(有时也称盲目的写)和写。表 7-1 给出了这些访问权限与访问方法之间的关系。

表 7-1 Bell-LaPadula 安全模型中的访问权限

	执行	添加	读	写
查看			√	√
改变		√		√

注意,这里基于效率的考虑,写访问通常包含读访问。这样,在编辑一个文件时,就无须先打开一次进行读(了解内容),再打开一次用于写了。所以写访问包含了查看和改变两种访问形式。

根据所处理数据的敏感度、用户的许可级别以及对用户的授权,系统能够在不同类型的安全模式下运行。然而,只要有足够的资源,几乎任何系统都可以被这样或那样的方法攻破。解决这一问题的思路是,令系统提供信任级别,以告知用户,可以期望从这个系统得到多少安全保障以及系统在各种计算环境中以正确和可预测的方式运行的保证度。

在可信系统中,所有保护机制协同工作,以便处理使用的许多类型的敏感数据,而且还能为每个分类级别提供必要的保护级别。为了确保可信系统的保证级别,需要对系统进行广泛的测试,对其设计要经过彻底的检查,开发阶段要历经复查,技术规范和测试计划要进行评测。以可信计算机系统评估准则为代表的一系列信息安全评估标准,为人们提供了对系统的保证级别进行评估和指定的依据,使得分级保护得以广泛实施。

7.2 访问控制模型

访问控制模型是一种从访问控制的角度出发,描述安全系统,建立安全模型的方法。指主体依据某些控制策略或权限对客体本身或是其资源进行的不同授权访问。访问控制模型一般包括主体、客体,以及为识别和验证这些实体的子系统和控制实体间访问的参考监视器。建立规范的访问控制模型,是实现严格访问控制策略所必需的。

针对信息安全的现实要求,本节对各类访问控制模型进行阐述。

7.2.1　自主访问控制

自主访问控制模型(DAC Model,Discretionary Access Control Model)是根据自主访问控制策略建立的一种模型。允许合法用户以用户或用户组的身份访问策略规定的客体,同时阻止非授权用户访问客体,允许某些用户自主地把自己所拥有的客体的访问权限授予其他用户。自主访问控制又称为任意访问控制。

自主访问控制的特点是,授权的实施主体(可以授权的主体、管理授权的客体、授权组)自主负责赋予和回收其他主体对客体资源的访问权限。一般资源创建者是资源访问者的拥有者,但可以根据需求进行调整,配合以资源创建者的管理,能够构成完善的访问控制模型。又基于自主访问控制可以对策略进行调整的灵活性,具有易用性与可扩展性,被大量采用。如Linux、Unix、Windows NT 或是 SERVER 版本的操作系统都提供自主访问控制的功能。在实现上,首先要对用户的身份进行鉴别,然后就可以按照访问控制列表所赋予用户的权限允许和限制用户使用客体的资源。主体控制权限的修改通常由特权用户或是特权用户(管理员)组实现。

自主访问控制的实现方式包括目录式访问控制模式、访问控制表(ACL)、访问控制矩阵、面向过程的访问控制等,其中,访问控制表是自主访问控制机制通常采用的一种方式。访问控制表是存放在计算机中的一张表,本质上是带有访问权限的矩阵,其访问权限包括读文件、写文件、执行文件,等等。在自主访问控制机制下,每个客体都有一个特定的安全属性,同时访问控制表也授予或禁止主体对客体的访问权限。在实际工作中,安全管理员通过维护访问控制表,控制用户对文件、数据等 IT 系统资源的访问行为,来达到安全防控的目的。

按照访问许可机制的不同,自主访问控制又分为 3 种类型,即自由型、等级型和宿主型。其中,在自由型自主访问控制机制中,不同主体之间可以自由转让客体访问控制表的修改权限,意味着任何主体都有可能对某一客体进行操作,系统安全性很难得到保障。在等级型自主访问控制机制中,用户可以将拥有修改客体访问控制表权限的主体组织成等级型结构,如按照等级将不同的主体排列成树型结构,高等级主体自动获得低等级客体的控制权限,缺点是同时有多个主体有能力修改某一客体的访问权限。等级型自主访问控制是使用范围广泛的安全机制,但其权限的高度集中,客观上放大了系统的安全风险。针对等级型自主访问控制,攻击者可以通过暴力破解、系统漏洞利用、木马攻击等多种方式窃取管理员权限,进而实现对目标系统的完全控制。"灰鸽子"木马,"震网""火焰"等病毒,都以获得管理权限作为一种重要手段,在此基础上成功入侵系统并实施破坏行为。

从安全性上看,现有操作系统中基于访问控制表的自主访问控制存在着明显的缺陷:一方面,超级用户权力过度集中,可以随意修改客体的访问控制表,只要拥有超级管理员权限就可以对服务器所有的资源进行任意操作;另一方面,客体的属主可以自主地将权限转授给别的主体,导致信息在移动过程中其访问权限关系会被改变,这样拥有者便很难对自己的客体实施控制,如果发生安全裂缝,就会影响到该用户能访问的所有对象。因此,在这种访问控制模型下,安全防护级别还是相对比较低,操作系统存在很多安全风险。

7.2.2　强制访问控制

为了实现比 DAC 更为严格的访问控制策略,美国政府和军方开发了各种各样的控制模型,随后逐渐形成强制访问的模型——强制访问控制模型(MAC Model,Mandatory Access

Control Model)并得到广泛的商业关注和应用。在 DAC 访问控制中,用户和客体资源都被赋予一定的安全级别,用户不能改变自身和客体的安全级别,只有管理员才能够确定用户和组的访问权限。和 DAC 不同,MAC 是一种多级访问控制策略,通过无法回避的存取限制来阻止直接或间接的非法入侵。

强制访问控制基于分级的安全标签实现。系统事先给访问主体和受控对象分配不同的安全级别属性,在实施访问控制时,系统先对访问主体和受控对象的安全级别属性进行比较,再决定访问主体能否访问该受控对象。

MAC 对访问主体和受控对象标识两个安全标记:一个是具有偏序关系的安全等级标记;另一个是非等级分类标记。系统包含主体集 S 和客体集 O,每个 S 中的主体 s 及 O 中的客体 o,在主体和客体分属不同的安全类别时,都属于一个固定的安全类别 SC,安全类 SC$=\langle L, C\rangle$ 包含两个部分:有层次的安全级别和无层次的安全范畴。SC 构成一个偏序关系(比如 TS 表示绝密级,就比密级 S 要高)。例如,当主体 s 的安全类别为 TS,而客体 o 的安全类别为 S 时,用偏序关系可以表述为 SC$(s)\geqslant$SC(o)。考虑到偏序关系,主体对客体的访问主要有 4 种方式:

- 向下读(rd,read down):主体安全级别高于客体信息资源的安全级别时允许查阅的读操作;
- 向上读(ru,read up):主体安全级别低于客体信息资源的安全级别时允许的读操作;
- 向下写(wd,write down):主体安全级别高于客体信息资源的安全级别时允许执行的动作或是写操作;
- 向上写(wu,write up):主体安全级别低于客体信息资源的安全级别时允许执行的动作或是写操作。

由于 MAC 通过分级的安全标签实现了信息的单向流通,因此它一直被军方采用,其中最著名的是 Bell-LaPadula 模型(图 7-2)和 Biba 模型(图 7-3)。

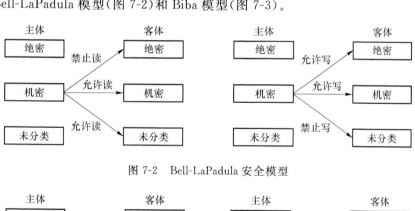

图 7-2　Bell-LaPadula 安全模型

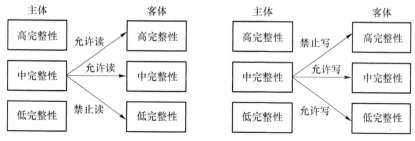

图 7-3　Biba 安全模型

(1) Bell-LaPadula 模型

具有只允许向下读、向上写的特点,可以有效地防止机密信息向下级泄露。

Bell-LaPadula 模型的安全策略包括强制访问控制和自主访问控制两部分。Bell-LaPadula 模型强制访问控制的两个访问控制原则为:安全特性要求对给定安全级别的主体,仅被允许对同一安全级别和较低安全级别上的客体进行"读";对给定安全级别上的主体,仅被允许向相同安全级别或较高安全级别上的客体进行"写"。自主访问控制允许用户自行定义是否让个人或组织存取数据。

Bell-LaPadula 模型原则的偏序关系可以表示为:

- 简单安全特性——无上读:当且仅当 $SC(s) \geqslant SC(o)$,允许 s 对 o 的读取操作;
- *-特性--无下写:当且仅当 $SC(s) \leqslant SC(o)$,允许 s 对 o 的修改操作。

显然,Bell-LaPadula 模型只能"向下读,向上写"的规则忽略了完整性的重要安全指标,使非法、越权篡改成为可能。

(2) Biba 模型

研究 Bell-LaPadula 模型的特性时发现,Bell-LaPadula 模型只解决了信息的保密问题,其在完整性定义方面有一定缺陷。由于没有采取有效的措施来制约对信息的非授权修改,因此使非法、越权篡改成为可能。考虑到上述因素,Biba 模型模仿 Bell-LaPadula 模型的信息保密性级别,定义了信息完整性级别,在信息流向的定义方面不允许从级别低的进程到级别高的进程,也就是说用户只能向比自己安全级别低的客体写入信息,从而防止非法用户创建安全级别高的客体信息,避免越权、篡改等行为的产生。Biba 模型可同时针对有层次的安全级别和无层次的安全种类。

Biba 模型有两个主要特征:一是禁止向上"写",这样使得完整性级别高的文件一定是由完整性高的进程所产生的,从而保证了完整性级别高的文件不会被完整性级别低的文件或完整性级别低的进程中的信息所覆盖;二是 Biba 模型没有下"读"。

Biba 模型用偏序关系可以表示为:

- 当且仅当 $SC(s) \leqslant SC(o)$,允许 s 对 o 的读操作;
- 当且仅当 $SC(s) \geqslant SC(o)$,允许 s 对 o 的写操作。

Biba 模型与 BLP 模型是相对立的模型,Biba 模型改正了被 BLP 模型所忽略的信息完整性问题,但在一定程度上却忽视了保密性。

通过以上对自主访问控制模型和强制访问控制模型的研究得知,自主访问控制配置的粒度小,但配置的工作量大,效率低;而强制访问控制配置的粒度大,但缺乏灵活性。

7.2.3　基于角色的访问控制

MAC 访问控制模型和 DAC 访问控制模型属于传统的访问控制模型。在实现上,MAC 和 DAC 通常为每个用户赋予对客体的访问权限规则集,考虑到管理的方便,在这一过程中还经常将具有相同职能的用户聚为组,然后再为每个组分配许可权。用户自主地把自己所拥有的客体的访问权限授予其他用户的这种做法,其优点是显而易见的,但是如果企业的组织结构或是系统的安全需求处于变化的过程中时,那么就需要进行大量烦琐的授权变动,系统管理员的工作将变得非常繁重,更主要的是容易发生错误造成一些意想不到的安全漏洞。考虑到上述因素,我们引入新的机制加以解决。

首先介绍"角色"的概念。角色(Role)是指一个可以完成一定事务的命名组,不同的角色通过不同的事务来执行各自的功能。事务(Transaction)是指一个完成一定功能的过程,可以是一个程序或程序的一部分。角色是代表具有某种能力的人或是某些属性的人的一类抽象,角色和组的主要区别在于用户属于组是相对固定的,而用户能被指派到哪些角色则受时间、地点、事件等诸多因素影响。角色比组的抽象级别要高,角色和组的关系可以这样考虑,作为担任的角色学生,就只能享有学生的权限(区别于老师),但是主体又处于某个班级中,就同时只能享有本班成员即"组"中组员的权限。

基于角色的访问控制模型(RBAC Model,Role-based Access Model)的基本思想是将访问许可权分配给一定的角色,用户通过饰演不同的角色获得角色所拥有的访问许可权。在很多实际应用中,用户并不是可以访问的客体信息资源的所有者,这样的话,访问控制应该基于员工的职务而不是基于员工在哪个组或是否为信息的所有者,即访问控制是由各个用户在部门中所担任的角色来确定的(图 7-4)。

图 7-4　用户、角色和权限的关系

角色可以看作是一组操作的集合,不同的角色具有不同的操作集,这些操作集由系统管理员分配给角色。例如,我们假设 Tch1、Tch2、Tch3…Tch$i$ 是对应的教师,Stud1、Stud2、Stud3…Stud$j$ 是相应的学生,Mng1,Mng2,Mng3…Mng$k$ 是教务处管理人员;老师的权限为 TchMN＝{查询成绩,上传所教课程的成绩};学生的权限为 StudMN＝{查询成绩,反映意见};教务管理人员的权限为 MngMN＝{查询、修改成绩,打印成绩清单}。依据角色的不同,每个主体只能执行自己所制定的访问功能,用户在一定的部门中具有一定的角色,其所执行的操作与其所扮演的角色的职能相匹配。

RBAC 模型中由系统管理员负责授予用户各种角色的成员资格或撤销某用户具有的某个角色,RBAC 提供了一种描述用户和权限之间的多对多匹配关系。例如,学校新进一名教师 Tch$x$,那么系统管理员只需将 Tch$x$ 添加到教师这一角色的成员中即可,而无须对访问控制列表做改动;同一个用户可以是多个角色的成员,即同一个用户可以扮演多种角色,比如一个用户可以是老师,同时也可以作为进修的学生;同样,一个角色可以拥有多个用户成员,这与现实是一致的,一个人可以在同一部门中担任多种职务,而且担任相同职务的可能不止一人;角色可以划分成不同的等级,通过角色等级关系来反映一个组织的职权和责任关系,这种关系具有反身性、传递性和非对称性特点,通过继承行为形成了一个偏序关系,比如 MngMN＞TchMN＞StudMN。

RBAC 模型中通常定义不同的约束规则来对模型中的各种关系进行限制,最基本的约束是"相互排斥"约束和"基本限制"约束,分别规定了模型中的互斥角色和一个角色可被分配的最大用户数。RBAC 中引进了角色的概念,用角色表示访问主体具有的职权和责任,灵活地表达和实现了企业的安全策略,使系统权限管理在企业的组织视图这个较高的抽象集上进行,从而简化了权限设置的管理,从这个角度看,RBAC 很好地解决了企业管理信息系统中用户数量多、变动频繁的问题。

RBAC 模型是实施面向企业的安全策略的一种有效的访问控制方式,其具有灵活性、方便性和安全性的特点,目前在大型数据库系统的权限管理中得到普遍应用。角色由系统管理员定义,角色成员的增减也只能由系统管理员来执行,即只有系统管理员有权定义和分配角色。用户与客体无直接联系,他只有通过角色才享有该角色所对应的权限,从而访问相应的客体。因此用户不能自主地将访问权限授给别的用户,这是 RBAC 与 DAC 的根本区别所在。而 RBAC 与 MAC 的区别在于,MAC 是基于多级安全需求的,而 RBAC 不是。

实现 RBAC 模型的一般步骤:(所有者、管理员和用户三方参与,体现职责分离)

- 所有者决定给角色分配特权,给用户分配角色;
- 管理员代表所有者统一创建角色和功能;
- 管理员创建用户 ID 并赋予权限。

7.2.4 基于任务的访问控制

以上描述的访问控制模型都是从系统的角度出发去保护资源(控制环境是静态的),在进行权限的控制时没有考虑执行的上下文环境。然而随着数据库、网络和分布式计算的发展,组织任务进一步自动化,以及与服务相关的信息进一步计算机化,这促使人们将安全问题方面的注意力从独立的计算机系统中静态的主体和客体保护,转移到随着任务的执行而进行动态授权的保护上。此外,上述访问控制模型不能记录主体对客体权限的使用,权限没有时间限制,只要主体拥有对客体的访问权限,主体就可以无数次地执行该权限。考虑到上述原因,我们引入工作流的概念加以阐述。工作流是为完成某一目标而由多个相关的任务(活动)构成的业务流程。工作流所关注的问题是处理过程的自动化,对人和其他资源进行协调管理,从而完成某项工作。当数据在工作流中流动时,执行操作的用户在改变,用户的权限也在改变,这与数据处理的上下文环境相关。传统的 DAC 和 MAC 访问控制技术,则无法予以实现,我们讲过的 RBAC 模型,也需要频繁地更换角色,且不适合工作流程的运转。这就迫使我们考虑新的模型机制,也就是基于任务的访问控制模型。

基于任务的访问控制(TBAC,Task-based Access Control)是一种新的安全模型,并非从系统的角度出发,而是从应用和企业层角度来解决安全问题。它采用"面向任务"的观点,从任务(活动)的角度来建立安全模型和实现安全机制,在任务处理的过程中提供动态实时的安全管理。

在 TBAC 中,对象的访问权限控制并不是静止不变的,而是随着执行任务的上下文环境发生变化,这是我们称其为主动安全模型的原因。TBAC 有几点含义。首先,它是在工作流的环境考虑对信息的保护问题:在工作流环境中,每一步对数据的处理都与以前的处理相关,相应访问控制也是这样,因而 TBAC 是一种上下文相关的访问控制模型。其次,它不仅能对不同工作流实行不同的访问控制策略,而且还能对同一工作流的不同任务实例实行不同的访问控制策略,这是"基于任务"的含义。所以 TBAC 又是一种基于实例(instance-based)的访问控制模型。最后,因为任务都有时效性,所以在基于任务的访问控制中,用户对于授予他的权限的使用也是有时效性的。

TBAC 模型由工作流、授权结构体、受托人集、许可集四部分组成。

任务(task)是工作流程中的一个逻辑单元,是一个可区分的动作,与多个用户相关,也可能包括几个子任务。授权结构体是任务在计算机中进行控制的一个实例。任务中的子任务,对应于授权结构体中的授权步。

授权结构体(authorization unit)是由一个或多个授权步组成的结构体,它们在逻辑上是联系在一起的。授权结构体分为一般授权结构体和原子授权结构体。一般授权结构体内的授权步依次执行,原子授权结构体内部的每个授权步紧密联系,其中任何一个授权步失败都会导致整个结构体的失败。

授权步(authorization step)表示一个原始授权处理步,是指在一个工作流程中对处理对象的一次处理过程。授权步是访问控制所能控制的最小单元,由受托人集(trustee-set)和多个许可集(permissions set)组成。

受托人集是可被授予执行授权步的用户的集合。许可集则是受托集的成员被授予授权步时拥有的访问许可。当授权步初始化以后,一个来自受托人集中的成员将被授予授权步,我们称这个受托人为授权步的执行委托者,该受托人执行授权步过程中所需许可的集合称为执行者许可集。授权步之间或授权结构体之间的相互关系称为依赖(dependency),依赖反映了基于任务的访问控制的原则。授权步的状态变化一般自我管理,依据执行的条件而自动变迁状态,但有时也可以由管理员进行调配。

一个工作流的业务流程由多个任务构成。而一个任务对应于一个授权结构体,每个授权结构体由特定的授权步组成。授权结构体之间以及授权步之间通过依赖关系联系在一起。在TBAC中,一个授权步的处理可以决定后续授权步对处理对象的操作许可,上述许可集合称为激活许可集。执行者许可集和激活许可集一起称为授权步的保护态。

TBAC模型一般用五元组(S,O,P,L,AS)来表示,其中S表示主体,O表示客体,P表示许可,L表示生命期(lifecycle),AS表示授权步。由于任务都是有时效性的,所以在基于任务的访问控制中,用户对于授予他的权限的使用也是有时效性的。因此,若P是授权步AS所激活的权限,那么L则是授权步AS的存活期限。在授权步AS被激活之前,它的保护态是无效的,其中包含的许可不可使用。当授权步AS被触发时,它的委托执行者开始拥有执行者许可集中的权限,同时它的生命期开始倒计时。在生命期期间,五元组(S,O,P,L,AS)有效。生命期终止时,五元组(S,O,P,L,AS)无效,委托执行者所拥有的权限被回收。根据需要,授权步的保护态中的权限集中也可以加入使用次数限制。比如,保护态中的写权限只能使用3次,当授权步使用写权限3次以后,写权限自动从保护态中的执行者许可集中去除。授权步不是静态的,它随着处理的进行动态地改变内部状态,其状态变化一般进行自我管理。授权步的生命期、许可次数限制和授权步的自我动态管理,形成了TBAC的动态授权。

通过授权步的动态权限管理,TBAC支持两个著名的安全控制原则。

- 最小特权原则:在执行任务时只给用户分配所需的权限,未执行任务或任务终止后用户不再拥有所分配的权限;而且在执行任务过程中,当某一权限不再使用时,授权步自动将该权限回收。
- 职责分离原则:有时,一些敏感的任务需要不同的用户执行,如支票处理流程中准备支票和提交支票的职员必须不同。这可通过授权步之间的互斥依赖实现。

TBAC的访问政策及其内部组件关系一般由系统管理员直接配置。通过授权步的动态权限管理,TBAC支持最小特权原则和职责分离原则,在执行任务时只给用户分配所需的权限,未执行任务或任务终止后用户不再拥有所分配的权限;而且在执行任务过程中,当某一权限不再使用时,授权步自动将该权限回收;另外,对于敏感的任务需要不同的用户执行,这可通过授权步之间的分权依赖实现。TBAC从工作流中的任务角度建模,可以依据任务和任务状态的不同,对权限进行动态管理。因此,TBAC非常适合分布式计算和多点访问控制的信息处理控制以及在工作流、分布式处理和事务管理系统中的决策制定。

7.3 访问控制实现

7.3.1 访问控制矩阵

访问控制矩阵(ACM,Access Control Matrix)是用矩阵的形式描述系统的访问控制的模型。任何访问控制策略最终均可被模型化为访问控制矩阵形式。其主要原理是,在一个矩阵中,行对应于用户即主体,列对应于目标即客体对象,每个矩阵元素规定了相应的主体对应于相应的可以被准予的访问许可、实施行为。它可由三元组(S,O,A)来表示,其中:S是主体的集合,O是客体的集合,A是访问矩阵,行与列对应的矩阵元素$A[s,o]$是主体s在o上实施的操作,如表7-2中访问矩阵A。

表7-2 访问矩阵示例

	File1	File2	File3	File4
John	Own, R, W		Own, W, R	
Alice	R	Own, W, R	W	R
Bob	R, W	R		Own, W, R

访问矩阵的系统状态是可以发生变化的,其变化是由于执行一些命令而引起的。这些命令是由改变访问矩阵的基本操作的序列组成的。这些命令包括添加权限、删除权限、生成主体、生成客体、删除主体、删除客体。

访问控制矩阵的实现很易于理解,但是查找和实现起来有一定的难度,而且,如果用户和文件系统要管理的文件很多,那么控制矩阵将会成几何级数增长,这样对于增长的矩阵而言,会有大量的空余空间。所以现在使用的实现技术都不是保存整个访问矩阵,而是基于访问矩阵的行或者列来保存信息。

7.3.2 访问控制列表

访问控制列表(ACLs,Access Control Lists)是实现访问控制矩阵的一种流行的方法。ACLs将每一个客体与一个ACL相连,表示了能访问该客体的主体以及访问权限。这种方法实质上就是按列的方式实现访问控制矩阵,为每一列建立一张访问控制表ACL。在该表中,已把矩阵中属于该列的所有空项删除,此时的访问控制表是由一有序对(域,权集)所组成。由于在大多数情况下,矩阵中的空项远多于非空项,因而使用访问控制表可以显著地减少所占用的存储空间,并能提高查找速度。在不少系统中,当对象是文件时,便把访问控制表存放在该文件的文件控制表中,或放在文件的索引结点中,作为该文件的存取控制信息。

访问控制表也可用于定义缺省的访问权集,即在该表中列出了各个域对某对象的缺省访问权集。在系统中配置了这种表后,当某用户(进程)要访问某资源时,通常是首先由系统到缺省的访问控制表中,去查找该用户(进程)是否具有对指定资源进行访问的权利。如果找不到,再到相应对象的访问控制表中去查找。

图7-5所示为访问控制列表实现。

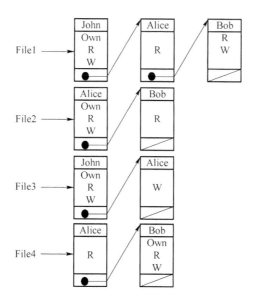

图 7-5　访问控制列表实现

目前,大多数 PC、服务器和主机都使用 ACLs 作为访问控制的实现机制。访问控制表的优点在于实现简单,任何得到授权的主体都可以有一个访问表。

7.3.3　访问控制能力表

能力在访问控制中是指请求访问的发起者所拥有的一个有效标签(ticket),它授权标签表明的持有者可以按照何种访问方式访问特定的客体。访问控制能力表(ACCLs,Access Control Capabilities Lists)也称为权利列表,是与访问控制列表对偶的方法。每一个主体与一个权利列表相连,表示了所有该主体能访问的客体以及访问权限。这种方法实质上就是按行的方式实现访问控制矩阵。

访问控制能力表是以用户为中心建立访问权限表,因此,ACCLs 的实现与 ACLs 正好相反。图 7-6 所示为访问控制能力表实现。

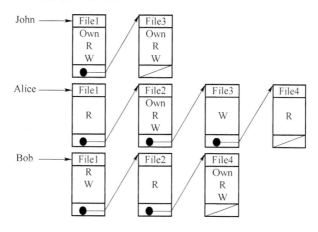

图 7-6　访问控制能力表实现

7.3.4 访问控制安全标签列表

安全标签是限制和附属在主体或客体上的一组安全属性信息,客体的安全级表示该客体所包含的信息的敏感程度或机密程度,主体的安全级表示该主体被信任的程度或访问信息的能力。安全标签的含义比能力更为广泛和严格,因为它实际上建立了一个严格的安全等级集合。访问控制安全标签列表(ACSLLs,Access Control Security Labels Lists)是限定一个用户对一个客体目标访问的安全属性集合。

访问控制安全标签列表的实现示例如表 7-3 所示,左侧为用户对应的安全级别,右侧为文件系统对应的安全级别。假设请求访问的用户 UserA 的安全级别为 S,那么 UserA 请求访问文件 File2 时,由于 S<TS,访问会被拒绝;当 UserA 请求访问文件 FileN 时,因为 S>C,所以允许访问。

表 7-3 访问控制安全标签列表的实现示例

用户	安全级别	文件	安全级别
UserA	S	File1	S
UserB	C	File2	TS
...	...	...	...
UserX	TS	FileN	C

安全标签能对敏感信息加以区分,这样就可以对用户和客体资源强制执行安全策略,因此,强制访问控制经常会用到这种实现机制。

7.4 美国可信计算机系统安全评估准则 TCSEC

当衡量系统的信任度时,系统是如何开发的、如何维护的甚至如何交付给用户的都要进行检查。所有这些不同的评估方法都要通过一个评估过程来确定其正确的信任和保证级别,以便于用户使用这一评级结果来判断哪一个系统最适合其安全需求。可信计算机系统评估准则作为信息安全评估标准的先驱,通过确定不同的保证级别及方法实现了等级保护的思想,为信息系统分级保护的推广奠定了坚实的基础。

7.4.1 TCSEC 简介

TCSEC 作为军用标准,提出了美国在军用信息技术安全性方面的要求,所提出的要求主要是针对没有外部连接的多用户操作系统。

在 TCSEC 中,美国国防部按处理信息的等级和应采用的响应措施,将计算机操作系统的安全从高到低分为:A、B、C、D 四类八个级别,共 27 条评估准则。每一级要求涵盖安全策略、责任、保证、文档四个方面。随着安全等级的提高,系统的可信度随之增加,风险逐渐减少。

表 7-4　TCSEC 分级表

等级分类	保护等级
D 类:最低保护等级	D1 级:无保护级
C 类:自主保护级	C1 级:自主安全保护级
	C2 级:控制访问保护级
B 类:强制保护级	B1 级:标记安全保护级
	B2 级:结构化保护级
	B3 级:安全区域保护级
A 类:验证保护级	A1 级:验证设计保护级
	超 A1 级

7.4.2　各类保护等级

（1）D 级

D 类是最低保护等级,即无保护级。D 类安全等级只包括 D1 一个级别。此保护等级是为那些经过评估,但不满足较高评估等级要求的系统设计的,只具有一个级别。D1 系统只为文件和用户提供安全保护,整个计算机是不可信任的。D1 级的硬件和操作系统都很容易被侵袭,任何人都可以自由地使用计算机系统,不对用户进行验证,系统要求用户登记(提供唯一的字符串来进行访问)。D1 系统最普遍的形式是本地操作系统,或者是一个完全没有保护的网络。该类是指不符合要求的那些系统,因此,这种系统不能在多用户环境下处理敏感信息。

D 级系统的主要特征是:保护措施很少,没有安全功能。

（2）C 级

C 类为自主保护级。具有一定的保护能力,采用的措施是自主访问控制和审计跟踪,一般只适用于具有一定等级的多用户环境,具有对主体责任及其动作审计的能力。该类安全等级能够提供审慎的保护,并为用户的行动和责任提供审计能力。

C 类安全等级可划分为 C1 和 C2 两类。

- C1 级(自主安全保护)。C1 系统的可信计算基(TCB)通过将用户和数据分开来达到令用户具备自主安全保护的能力的目的。它具有多种形式的控制能力,对用户实施访问控制,如硬件有一定的安全保护,用户在使用计算机系统前必须先登录等;并为用户提供可行的手段,保护用户和用户组信息,避免其他用户对数据的非法读写与破坏。C1 级的系统适用于处理同一敏感级别数据的多用户环境。C1 级系统的主要特征是:有选择地存取和控制。

- C2 级(控制访问保护)。C2 系统具有 C1 系统中所有的安全性特征,引进了访问控制环境(用户权限级别)的增强特性。该环境具有进一步限制用户执行某些命令或访问某些文件的权限,还加入了身份认证级别。另外,C2 级系统通过注册过程控制、审计安全相关事件以及资源隔离,使单个用户为其行为负责。C2 级系统的主要特征是:存取控制以用户为单位。

（3）B 级

B 级系统具有强制性保护功能。强制性保护意味着如果用户没有与安全等级相连,系统就不会让用户存取对象。主要要求是 TCB 应维护完整的安全标记,并在此基础上执行一系列强制访问控制规则;对于 B 类系统中的主要数据结构,必须携带敏感标记;系统的开发者还应为 TCB 提供安全策略模型以及 TCB 规约;同时应提供证据证明访问监控器得到了正确的实施。

B 类安全等级可分为 B1 级、B2 级、B3 级 3 类,由低到高。

- B1 级(标记安全保护)。B1 级系统支持多级安全,B1 级系统要求具有 C2 级系统的所有特性,在此基础上,还应提供安全策略模型的非形式化描述、数据标记以及命名主体和客体的强制访问控制,并消除测试中发现的所有缺陷。"符号"是指网上的一个对象,该对象在安全防护计划中时刻被识别和保护。"多级"指这一安全防护可设置在不同级别(如网络、应用程序和工作站等),系统对网络控制下的每个对象都进行敏感标记①,系统使用敏感标记作为所有强制访问控制的基础,敏感标记必须准确地表示其所联系的对象的安全级别。任何对用户许可级别和成员分类的更改都受到严格控制。政府机构和防御承包商是 B1 级计算机系统的主要使用者。

- B2 级(结构化安全保护)。B2 级系统必须满足 B1 级系统的所有要求,将建立的自主和强制访问控制扩展到所有的主体与客体。系统的管理员必须使用一个明确的、文档化的安全策略模式作为系统的可信任运算基础体制。TCB 应结构化为关键保护元素和非关键保护元素,TCB 接口必须明确定义,其设计与实现应能够经受更充分的测试和更完善的审查。要求计算机系统中对所有的对象设置敏感标记,而且给设备(如工作站、终端和磁盘驱动器)分配安全级别。例如,允许用户访问一个工作站,但不允许访问含有职工工资资料的磁盘子系统。加强鉴别机制,提供可信设施管理以支持系统管理员和操作员的职能。同时应提供严格的配置管理控制能力,并对系统进行隐蔽信道②分析。

- B3 级(安全区域保护)。B3 系统必须符合 B2 系统的所有安全需求。B3 系统具有很强的监视委托管理访问能力和抗干扰能力。B3 系统必须设有安全管理员。B3 系统应满足以下要求:除了控制对个别对象的访问外,B3 系统必然产生一个可读的安全列表;每个被命名的对象提供对其没有访问权的用户列表说明;B3 系统在进行任何操作前,要求用户进行身份验证;B3 系统验证每个用户,同时还会发送一个取消访问的审计跟踪消息;设计者必须正确区分可信任的通信路径和其他路径;可信任的通信基础体制为每一个被命名的对象建立安全审计跟踪;可信任的运算基础体制支持独立的安全管理。B3 级系统的主要特征是:安全内核,高抗渗透能力。

(4) A 级(验证设计保护)

A 类为验证设计保护级,安全级别最高。A 类的特点是使用形式化的安全验证方法,保证系统的自主和强制安全控制措施能够有效地保护系统中存储和处理的秘密信息或其他敏感信息,为证明 TCB 满足设计、开发及实现等各个方面的安全要求,系统应提供丰富的文档信息。

A 类安全等级分为两个类别,A1 级和超 A1 级。

① A1 级(验证设计类)

A1 级系统在功能上和 B3 级系统是相同的,没有增加体系结构特性和策略要求。最显著

---

① 敏感标记(Sensitivity Label):表示客体安全级别并描述客体数据敏感性的一组信息。

② 隐蔽信道(Covert Channel):允许进程以危害系统安全策略的方式传输信息的通信信道。

的特点是,要求用形式化设计规范和验证方法来对系统进行分析,确保 TCB 按设计要求实现。从本质上说,这种保证是发展的,它从一个安全策略的形式化模型和设计的形式化高层规约(FTLS)开始。

针对 A1 级系统设计验证,有 5 种独立于特定规约语言或验证方法的重要准则。

- 安全策略的形式化模型必须得到明确标识并文档化,提供该模型与其公理一致以及能够对安全策略提供足够支持的数学证明。
- 应提供形式化的高层规约,包括 TCB 功能的抽象定义、用于隔离执行域的硬件/固件机制的抽象定义。
- 应通过形式化的技术(如果可能的话)和非形式化的技术证明 TCB 的形式化高层规约(FTLS)与模型是一致的。
- 通过非形式化的方法证明 TCB 的实现(硬件、固件、软件)与形式化的高层规约(FTLS)是一致的。应证明 FTLS 的元素与 TCB 的元素是一致的,FTLS 应表达用于满足安全策略的一致的保护机制,这些保护机制的元素应映射到 TCB 的要素。
- 应使用形式化的方法标识并分析隐蔽信道,非形式化的方法可以用来标识时间隐蔽信道,必须对系统中存在的隐蔽信道进行解释。

② 超 A1 级

超 A1 级在 A1 级基础上增加的许多安全措施超出了目前的技术发展。随着更多、更好的分析技术出现,本级系统的要求才会变得更加明确。今后,形式化的验证方法将应用到源码一级,并且时间隐蔽信道将得到全面的分析。在这一级,设计环境将变得更重要。形式化高层规约的分析将对测试提供帮助。TCB 开发中使用的工具的正确性及 TCB 运行的软硬件功能的正确性将得到更多的关注。

超 A1 级系统涉及的范围包括:

- 系统体系结构;
- 安全测试;
- 形式化规约与验证;
- 可信设计环境等。

7.5 信息技术安全性评估通用准则 CC

对于一个需要保证其安全性、建设安全保护能力的信息系统来说,在确定其应具备的安全等级后,系统的建设或评估结果均应符合相应的安全等级。因此,在建设过程中构成部分(产品与部件)及其后续的评估结果,均应满足相应安全性。

制定 CC 标准的目的是建立一个各国都能接受的、通用的,针对信息安全产品和系统的安全性评估的准则。CC 标准的评估分为两个方面:安全功能需求和安全保证需求。CC 并不是安全管理方面的标准,它提出了安全要求实现的功能和质量两个原因。它的意义在于,通过评估有助于增强用户对于 IT 产品的安全信心,并能够促进 IT 产品和系统的安全性,同时消除重复的评估。

分级评估是通过对信息技术产品的安全性进行独立评估后所取得的安全保证等级,表明产品的安全性及可信度。获得的认证级别越高,安全性与可信度越高,产品可对抗更高级别的威胁,适用于较高的风险环境。不同的应用场合(或环境)对信息技术产品能够提供的安全性保证程度的要求不同。产品认证所需代价随着认证级别升高而增加。通过区分认证级别满足适应不同使用环境的需要。

7.5.1　CC 标准

CC 标准是国际通行的信息技术产品安全性评价规范,它基于保护轮廓和安全目标提出安全需求,具有灵活性和合理性,基于功能要求和保证要求进行安全评估,能够实现分级评估目标。CC 标准不仅考虑了保密性评估要求,还考虑了完整性和可用性多方面安全要求。

7.5.2　关键概念

1. 评估目标(TOE,Target of Evaluation)

用于安全性评估的信息技术产品、系统或子系统,如防火墙产品、计算机网络和密码模块等,以及相关的管理员指南、用户指南和设计方案等文档。TOE 是 CC 的评估对象。

2. 保护轮廓 PP

保护轮廓(PP,Protection Profiles)作为 CC 中最关键的概念,是安全性评估的依据。一个PP 为一类 TOE 定义了一系列与实现无关的 IT 安全要求,实现问题由“安全目标(ST)”来解决。PP 与某一具体的 TOE 无关,它定义的是用户对这类 TOE 的安全需求,规定了一类 TOE 的安全性技术要求以及确保正确有效地实现这些要求的安全保证措施,因而消费者可以不必考虑特定的 TOE 就能建立或引用 PP 来表示他们对 IT 安全的需求。

国内外现已对应用级防火墙、包过滤防火墙、智能卡、数据库、访问控制、入侵检测、PKI、VPN 和网上证券委托等产品或系统开发了相应的 PP。

3. 安全目标 ST

安全目标(ST,Security Targets)源于 ITSEC,是安全性评估的基础。ST 的开发是针对具体的 TOE 而言的,它包括该 TOE 的安全目的和能满足的安全需求,以及为满足安全需求而提供的特定安全性技术要求和保证措施。其中的技术要求和保证措施可以直接引用该TOE 所属产品或系统类的 PP,可以直接引用 CC 中的安全功能或保证组件,也可以针对具体要求而明确陈述。由于 ST 是对特定 TOE 而开发的,因此通过安全性评估可以证明该 TOE 所要实现的技术和保证措施,对满足指定安全需求和目的而言是有用和有效的,因此 ST 是开发者、评估者和用户在 TOE 安全性和评估范围之间达成一致的基础。

由于 ST 与具体的 TOE 实现有关,因此可以满足一个或多个 PP 提出的要求,如某一防火墙的 ST 可能同时满足包过滤防火墙 PP 和应用级防火墙 PP 的要求。

4. 组件 Component

组件是 CC 结构的一个关键概念,描述一组特定的安全要求,是可供 PP、ST 或包选取的最小安全要求集合,即将传统的安全要求分成不能再分的构件块。

CC 功能要求和保证要求具有“类—族—组件”结构。类是用于安全要求的最高层次归档。一个类中所有成员关注同一个安全焦点,但覆盖的安全目的范围不同。类的成员称为族(或称为“子类”),是若干组安全要求的组合,这些要求共享同样的安全目的,但在侧重点和严格性上有所区别。族的成员称为组件。一个组件描述一组特定的安全要求,是 CC 结构中安全要求的最小可选集合。类、族、组件三者的层次关系如图 7-7 所示。

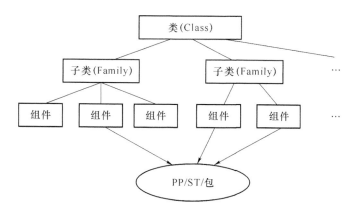

图 7-7　类、族、组件层次关系示意图

5. 包

组件依据某一特定关系组合在一起就构成包。构建包的目的是定义那些公认有用的、对满足某一特定安全目的有效的安全要求。包可用于构造更大的包、PP 和 ST。包可重复使用。

7.5.3　主要内容

1. 文档组织

CC 定义了一套能够满足各种需求的 IT 安全准则,整个标准分为三个部分。

第一部分——简介和一般模型,正文介绍了 CC 中的有关术语、基本概念和一般模型以及与评估有关的一些框架,附录部分主要介绍保护轮廓(PP)和安全目标(ST)的基本内容。

第二部分——安全功能要求,按"类—族—组件"的方式提出安全功能要求,作为表达产品或系统安全功能要求的标准方法。每一个类除正文以外,还有对应的提示性附录做进一步解释。在此部分中共列出 11 个类,66 个子类和 135 个功能组件。

第三部分——安全保证要求,提出了一系列保证组件、族和类,作为表达产品和系统安全保证要求的标准方法。在此部分列出 7 个保证类和 1 个保证维护类,还定义了 PP 评估类和 ST 评估类。除此之外,还定义了评价产品或系统保证能力水平的一组尺度——评估保证级。

各部分关系如图 7-8 所示。

2. 安全功能要求

CC 在对安全保护框架和安全目标的一般模型进行介绍以后,分别从安全功能和安全保证两方面对 IT 安全技术的要求进行了详细描述。

CC 在第二部分按"类—子类—组件"的层次结构定义了目前国际上公认的常用安全功能要求,包括 11 个类,66 个子类,135 个组件。这 11 个类分别是:

(1) FAU 类:安全审计;

(2) FCO 类:通信;

(3) FCS 类:密码支持;

(4) FDP 类:用户数据保护;

(5) FIA 类:标识和鉴别;

(6) FMT 类:安全管理;

(7) FPR 类:私密性;

(8) FRT 类:TSF 保护;

(9) FRU 类:资源利用;

(10) FTA 类:TOE 访问;

(11) FTP 类:可信路径/信道。

其中前七类的安全功能是提供给信息系统使用的,而后四类安全功能是为确保安全功能模块(TSF)的自身安全而设置的。因而可以看成是对安全功能模块自身安全性的保证。

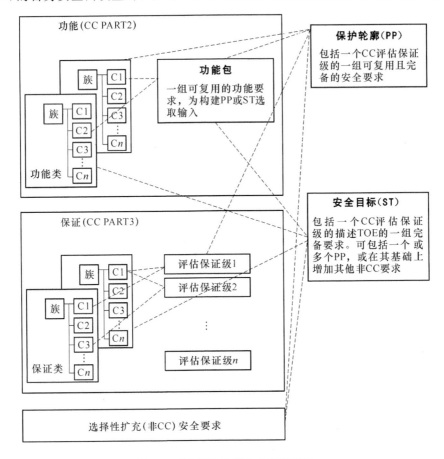

图 7-8　CC 标准各部分之间的关系

3. 安全保证要求

安全产品或系统应该具备安全功能,但这些安全功能能否正确有效地实施也是我们要考虑的问题。安全保证就是采用软件工程、开发环境控制、交付运行控制、自测等措施使得用户、开发者和评估者对这些功能正确有效地实施产生信心。

CC 在第三部分按"类—子类—组件"的层次结构定义了目前国际上公认的安全保证要求,包括 2 个 PP 和 ST 评估保证类、7 个评估保证类和 1 个保证维护类。每个保证要求组件包含开发者行为、产生的证据以及评估者行为三个方面。这 10 个类分别是:

(1) PP 和 ST 评估类

由以下两个类来规范对 PP 和 ST 的评估。由于 PP 和 ST 是评估 TOE 及其功能和保证要求的基础,因此在评估 TOE 之前要证明 PP 和 ST 对 TOE 评估而言是否适用。

① APE 类:保护轮廓评估;

② ASE 类:安全目标评估。

（2）评估保证类

安全保证要求在对安全保护框架 PP 和安全目标 ST 的评估进行说明以后,将具体的安全保证要求分为以下 7 类,确保安全功能在 TOE 的整个生命周期中正确有效地执行。这些保证类是定义评估保证级的基础,是具体的 TOE 评估依据和准则。

① ACM 类:配置管理;

② ADO 类:交付和运行;

③ ADV 类:开发;

④ AGD 类:指导性文档;

⑤ ALC 类:生命周期支持;

⑥ ATE 类:测试;

⑦ AVA 类:脆弱性评定。

（3）保证维护类

保证维护类的目的是确保 TOE 或其环境发生变化时,还能够继续满足安全目标。对保证进行维护的一种方法是再次评估 TOE,然而这将增加开销,执行起来也不现实。在 CC 中通过 AMA 类(保证维护)定义一整套要求,确保有关保证都得到了维护,而不需要进行全面的再次评估。当然,AMA 类也支持对 TOE 进行再次评估。

4. 评估保证级

评估保证级是由保证组件构成的典型包,提供了一个递增的尺度,这种尺度的确定权衡了所获得的保证级与达到该保证级所需的代价和可行性。

按照安全保证要求的不断递增,CC 将 TOE 分为七个安全保证级。保证级的递增靠替换成同一保证子类中的一个更高级别的保证组件(即增加严格性、范围或深度)和添加另外一个保证子类的保证组件来实现。七个评估保证级分别是:

第一级:功能测试级;

第二级:结构测试极;

第三级:系统测试和检查级;

第四级:系统设计、测试和复查级;

第五级:半形式化设计和测试级;

第六级:半形式化验证的设计和测试级;

第七级:形式化验证的设计和测试级。

7.6　我国信息安全等级保护标准

一般地,根据对安全技术和安全风险控制的关系可以得到,安全等级越高,发生的安全技术费用和管理成本越高,从而预期能够抵御的安全威胁越大,建立起的安全信心越强,使用信息系统的风险越小。因此确定合适的安全等级,在此安全等级下进行安全技术和管理,能够最大限度减小风险,提高安全。信息系统安全等级保护的核心是对信息系统分等级、按标准进行建设、管理和监督。

信息安全等级保护是指我国通过制定统一的信息安全等级保护管理规范和技术标准,组织公民、法人和其他组织对信息系统分等级实行安全保护,对等级保护工作的实施进行监督、管理。信息安全等级保护制度是国家在国民经济和社会信息化的发展过程中,提高信息安全保障能力和水平,维护国家安全、社会稳定和公共利益,保障和促进信息化建设健康发展的一项基本制度。实行信息安全等级保护制度,能够充分调动国家、法人和其他组织及公民的积极性,发挥各方面的作用,达到有效保护的目的,增强安全保护的整体性、针对性和实效性,使信息系统安全建设更加突出重点、统一规范、科学合理,对促进我国信息安全的发展将起到重要推动作用。

7.6.1 安全保护等级

信息安全等级保护是指对国家秘密信息、法人和其他组织及公民的专有信息以及公开信息和存储、传输、处理这些信息的信息系统分等级实行安全保护,对信息系统中使用的信息安全产品实行按等级管理,对信息系统中发生的信息安全事件分等级响应、处置。

1999年,我国制定了等级保护划分准则GB 17859,等同采用了TCSEC中C1~B3级的要求,以访问控制为核心,是我国信息安全等级保护制度的基础。TCSEC主要规范了计算机应用系统和产品的安全要求,侧重于对保密性的要求。它把安全分为安全策略、责任、保证和文档4个方面和8个安全级别,着重点是基于大型计算机系统的机密文档处理应用方面的安全要求,并且没有关注程序、物理、网络、人员上的安全措施。而我国的GB 17859吸取了TCSEC的基本思想,并根据我国的信息安全需要进行了适应性的改进和完善,增加了完整性保护问题,并将计算机信息系统安全保护能力精简为更具可操作性的五个等级,其下配套的等级保护标准体系补充综合了技术要求和管理要求的全面评估标准。

根据我国信息系统的应用场景与具体使用情况,使用GB 17859标准,对各安全保护等级下,信息系统应具备的安全保护能力的等级进行划分。计算机信息系统安全保护能力随着安全保护等级的增高,逐渐增强。等级保护划分准则规定了计算机信息系统安全保护能力的五个等级,即

- 第一级:用户自主保护级;
- 第二级:系统审计保护级;
- 第三级:安全标记保护级;
- 第四级:结构化保护级;
- 第五级:访问验证保护级。

我国以GB 17859标准为基础,在其上制定了信息系统安全保护能力等级相应的安全保护等级。以信息和信息系统在国家安全、经济建设、社会生活中的重要程度为标准,根据信息和信息系统遭到破坏后对国家安全、社会秩序、公共利益以及公民、法人和其他组织的合法权益的危害程度,针对信息的保密性、完整性和可用性要求及信息系统必须要达到的基本的安全保护水平等因素,信息和信息系统的安全保护等级共分五级:

(1)第一级,信息系统受到破坏后,会对公民、法人和其他组织的合法权益造成损害,但不损害国家安全、社会秩序和公共利益;

(2)第二级,信息系统受到破坏后,会对公民、法人和其他组织的合法权益产生严重损害,或者对社会秩序和公共利益造成损害,但不损害国家安全;

(3)第三级,信息系统受到破坏后,会对社会秩序和公共利益造成严重损害,或者对国家安全造成损害;

(4)第四级,信息系统受到破坏后,会对社会秩序和公共利益造成特别严重损害,或者对国家安全造成严重损害;

(5)第五级,信息系统受到破坏后,会对国家安全造成特别严重损害。

信息系统的安全保护等级由两个定级要素决定：等级保护对象受到破坏时所侵害的客体和对客体造成侵害的程度。由此可以确定信息系统安全保护等级，进而在此保护等级上，应满足相应的信息系统安全保护技术能力，以此保证信息系统安全性。

7.6.2 等级保护相关标准

1. GB/T 17859 等级划分准则

1999 年，我国制定了 GB 17859《计算机信息系统 安全保护等级划分准则》，借鉴了 TC-SEC 的思想，等同采用了 TCSEC 中 C1～B3 级的要求，对计算机信息技术安全保护能力等级进行划分，是技术分级，即对系统客观上已经具备的安全保护技术能力等级的划分。它是我国信息安全等级保护制度的基础。

（1）第一级：用户自主保护级。本级的计算机信息系统可信计算基通过隔离用户与数据，使用户具备自主安全保护的能力。它具有多种形式的控制能力，对用户实施访问控制，即为用户提供可行的手段，保护用户和用户信息，避免其他用户对数据的非法读写与破坏。

（2）第二级：系统审计保护级。本级的计算机信息系统可信计算基通过隔离用户与数据，使用户具备自主安全保护的能力。它具有多种形式的控制能力，对用户实施访问控制，即为用户提供可行的手段，保护用户和用户信息，避免其他用户对数据的非法读写与破坏。

（3）第三级：安全标记保护级。本级的计算机信息系统可信计算基具有系统审计保护级的所有功能。此外，还需提供有关安全策略模型、数据标记以及主体对客体强制访问控制的非形式化描述，具有准确地标记输出信息的能力；消除通过测试发现的任何错误。

（4）第四级：结构化保护级。本级的计算机信息系统可信计算基建立在一个明确定义的形式安全策略模型之上，要求将第三级系统中的自主和强制访问控制扩展到所有主体与客体。此外，还要考虑隐蔽信道。本级的计算机信息系统可信计算基必须结构化为关键保护元素和非关键保护元素。计算机信息系统可信计算基的借口也必须明确定义，使其设计与实现能经受更充分的测试和更完整的复审。加强了鉴别机制；支持系统管理员和操作员的职能；提供可信设施管理；增强了配置管理控制。系统具有相当的抗渗透能力。

（5）第五级：访问验证保护级。本级的计算机信息系统可信计算基满足访问控制器需求。访问监控器仲裁主体对客体的全部访问。访问监控器本身是抗篡改的；必须足够小，能够分析和测试。为了满足访问监控器需求，计算机信息系统可信计算基在其构造时，排除那些对实施安全策略来说并非必要的代码；在设计和实现时，从系统工程角度将其复杂性降至最低程度。支持安全管理员职能；扩充审计机制，当发生与安全相关的事件时发出信号；提供系统恢复机制。系统具有很高的抗渗透能力。

在 GB 17859—1999 基础上进一步细化和扩展，形成了 GB/T 20269—2006《信息安全技术 信息系统安全管理要求》、GB/T 20270—2006《信息安全技术 网络基础安全技术要求》、GB/T 20271—2006《信息安全技术 信息系统通用安全技术要求》等标准，并在这些技术类标准的基础上，根据现有技术发展水平，形成了 GB/T 22239—2008《信息安全技术 信息系统安全等级保护基本要求》等标准作为不同安全保护等级信息系统的最低保护要求。GB 17859—1999 作为基础性标准，与 GB/T 20269—2006、GB/T 20270—2006、GB/T 20271—2006 等标准共同构成了信息系统安全等级保护的相关配套标准。

2. GB/T 18336 信息技术 安全技术 信息技术安全评估准则

在安全评估中我们并不是去判定系统是否能够抵抗所有攻击，而是判断系统是否符合其设计安全目标。由具备检验技术能力和政府授权资格的权威机构，依据国家标准、行业标准、地方标准或相关技术规范,按照严格程序对信息系统的安全保障能力进行的科学公正的综合测试评估活动,能够帮助系统运行单位分析系统当前的安全运行状况、查找存在的安全问题,并提供安全改进建议,从而最大限度地降低系统的安全风险。

我国 2001 年由中国信息安全产品测评认证中心牵头,将 ISO/IEC 15408(CC)转化为国家标准 GB/T 18336—2001《信息技术安全评估准则》,并直接应用于我国的信息安全测评认证工作。在 GB 18336 中,对评估目标(TOE)的评估是建立在针对评估目标的安全目标文件(ST)的基础上,对某类的安全需求通过保护轮廓文件(PP)来描述。类似于 TCSEC 与 CC,GB 17859 直接提供了信息系统与产品的安全等级划分、等级评估的总体技术要求。而 GB/T 18336 为有关的安全标准、指南的制定提供了比较系统、完善的框架。

GB/T 18336.1—2015:本部分建立了 IT 安全评估的一般概念和原则,详细描述了 ISO/IEC 15408 各部分给出的一般评估模型,该模型整体上可作为评估 IT 产品安全属性的基础。本部分给出了 ISO/IEC 15408 的总体概述。

GB/T 18336.2—2015:为了安全评估的意图,GB/T 18336 的本部分定义了安全功能组件所需要的结构和内容。本部分包含一个安全组件的分类目录,将满足许多 IT 产品的通用安全功能要求。

GB/T 18336.3—2015:本部分定义了保障要求,包括评估保障级(EAI)——为度量部件 TOE 的保障定义了一种尺度;组合保障包(CAP)——为度量组合 TOE 的保障提供了一种尺度;组成保障级和保障包的单个保障组件;PP 和 ST 的评估准则。

3. GB/T 20269 信息系统安全管理要求

此标准依据 GB 17859—1999 的五个安全保护等级划分,同时参考了 ISO/IEC 13335-1,ISO/IEC 13335-2 与 GB/T 19715《信息技术安全管理指南》(采用 ISO/IEC TR 13335)等,规定了信息系统安全所需要的各个安全等级的管理要求,适用于按等级化要求进行的信息系统安全的管理。它以安全管理要素(实现信息系统安全等级保护所规定的安全要求,从管理角度应采取的主要控制方法和措施)作为描述安全管理要求的基本组件,根据 GB 17859—1999 对安全保护等级的划分,不同的安全保护等级会有不同的安全管理要求,可以体现在管理要素的增加和管理强度的增强两方面。对于每个管理要素,根据特定情况分别列出不同的管理强度,最多分为五级,最少可不分级。

4. 信息安全等级保护标准体系

多年来,在有关部门的支持下,在国内有关专家、企业的共同努力下,全国信息安全标准化技术委员会和公安部信息系统安全标准化技术委员会组织制定了信息安全等级保护工作需要的一系列标准,形成了比较完整的信息安全等级保护标准体系,汇集成《信息安全等级保护标准汇编》,供有关单位、部门使用,如图 7-9 所示。

(1)基础标准:GB 17859—1999《计算机信息系统 安全保护等级划分准则》,在此基础上制定出技术类、管理类、产品类标准。

(2)安全要求:GB/T 22239—2008《信息安全技术 信息系统安全等级保护基本要求》——信息系统安全等级保护的行业规范。

(3)系统等级:GB/T 22240—2008《信息安全技术 信息系统安全等级保护定级指南》——信息系统安全等级保护行业定级细则。

(4)方法指导:《信息系统安全等级保护实施指南》《信息系统安全等级保护安全设计技术要求》。

(5)现状分析:《信息系统安全等级保护测评要求》《信息系统安全等级保护测评过程指南》。

并且,在标准体系中,各标准有如下关系:

GB 17859—1999《计算机信息系统 安全保护等级划分准则》是基础性标准,依据这个标准,按照 GB/T 22240—2008《信息安全技术 信息系统安全等级保护定级指南》中的方法来确定信息系统安全保护等级。

GB 20271《信息安全技术 信息系统安全通用技术要求》大量采用了 GB/T 18336 的安全功能要求和安全保证要求的技术内容,并按 GB 17859—1999 的五个等级,对其进行了相应的等级划分,对每一个安全保护等级的安全功能技术要求和安全保证技术要求做了详细描述。

GB 20269《信息安全技术 信息系统安全管理要求》根据 GB/T 19715.1—2005《信息技术 信息技术安全管理指南》第 1 部分:信息技术安全概念和模型(ISO/IEC 13335-1:1996,IDT),GB/T 19715.2—2005《信息技术 信息技术安全管理指南》第 2 部分:管理和规划信息技术安全(ISO/IEC 13335-2:1997,IDT),以及 GB/T 19716—2005《信息技术 信息安全管理实用规则》,对信息和信息系统的安全保护提出了分等级安全管理的要求,阐述了安全管理要素及其强度,并将管理要求落实到信息安全等级保护所规定的五个等级上,有利于对安全管理的实施、评估和检查。

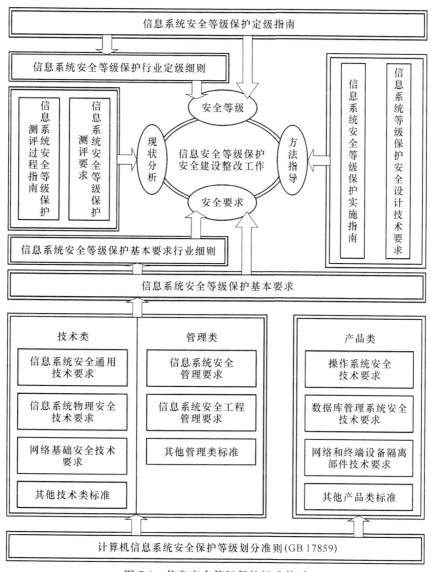

图 7-9 信息安全等级保护标准体系

GB 20270《信息安全技术 网络基础安全技术要求》:本标准以 GB/T 20271—2006《信息安全技术 信息系统通用安全技术要求》为基础,围绕以访问控制为核心的思想进行编写,在对网络安全的组成与要求上做了详细描述。

GB 22239《信息系统安全等级保护基本要求》在 GB 17859—1999、GB/T 20269—2006、GB/T 20270—2006、GB/T 20271—2006 等技术类标准的基础上,根据现有技术发展水平提出的对不同安全保护等级信息系统的最基本安全要求,是其他标准的一个底线子集,包括基本技术要求和基本管理要求。

7.6.3 等级保护具体工作

信息安全等级保护工作的主要内容包括五个方面,分别是:定级,备案,测评,建设整改和检查。

1. 定级

定级是等级保护的首要环节。首先,对待定级信息系统进行分析。需要识别信息系统的基本信息、管理框架、网络及设备部署、业务种类和特性、处理的信息资产、用户范围和用户类型,得出详细的信息系统描述。根据 GB 17859 标准,根据信息系统(包括网络)按照重要性和遭受损坏后的危害性的五个安全保护等级,结合 GB/T 22240—2008 定级指南,确定系统应具备的安全保护等级。如表 7-5 所示。

表 7-5　定级要素与安全保护等级的关系

受侵害的客体	对客体的侵害程度		
	一般损害	严重损害	特别严重损害
公民、法人和其他组织的合法权益	第一级	第二级	第二级
社会秩序、公共利益	第二级	第三级	第四级
国家安全	第三级	第四级	第五级

信息系统安全包括业务信息安全和系统服务安全,与之相关的受侵害客体和对客体的侵害程度可能不同,因此,信息系统定级也应由业务信息安全和系统服务安全两方面确定。

(1) 从业务信息安全角度反映的信息系统安全保护等级称业务信息安全保护等级。

(2) 从系统服务安全角度反映的信息系统安全保护等级称系统服务安全保护等级。

确定信息系统安全保护等级的一般流程如图 7-10 所示,具体如下:

(1) 确定作为定级对象的信息系统;

(2) 确定业务信息安全受到破坏时所侵害的客体;

(3) 根据不同的受侵害客体,从多个方面综合评定业务信息安全被破坏对客体的侵害程度;

(4) 依据表 7-5-a,得到业务信息安全保护等级;

表 7-5-a　业务信息安全等级矩阵表

业务信息安全被破坏时所侵害的客体	对相应客体的侵害程度		
	一般损害	严重损害	特别严重损害
公民、法人和其他组织的合法权益	第一级	第二级	第二级
社会秩序、公共利益	第二级	第三级	第四级
国家安全	第三级	第四级	第五级

（5）确定系统服务安全受到破坏时所侵害的客体；

（6）根据不同的受侵害客体，从多个方面综合评定系统服务安全被破坏对客体的侵害程度；

（7）依据表 7-5-b，得到系统服务安全保护等级；

表 7-5-b　系统服务安全保护等级矩阵表

系统服务安全被破坏时所侵害的客体	对相应客体的侵害程度		
	一般损害	严重损害	特别严重损害
公民、法人和其他组织的合法权益	第一级	第二级	第二级
社会秩序、公共利益	第二级	第三级	第四级
国家安全	第三级	第四级	第五级

（8）将业务信息安全保护等级和系统服务安全保护等级的较高者确定为定级对象的安全保护等级。

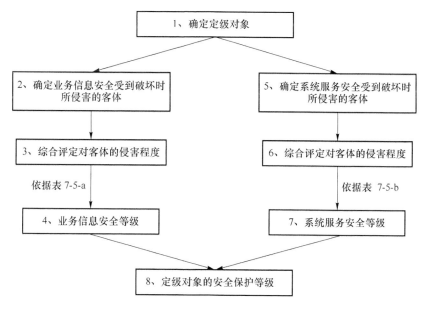

图 7-10　确定等级一般流程

2. 备案

备案工作包括信息系统备案、受理、审核和备案信息管理，具体按照《关于开展全国重要信息系统安全等级保护定级工作的通知》要求开展。在等级确定后，第二级（含）以上信息系统到公安机关备案，公安机关受理备案，按照《信息安全等级保护备案实施细则》要求，对备案材料进行审核，对定级准确、材料符合要求的颁发由公安部统一监制的备案证明；发现定级不准的，通知备案单位重新审核确定。

3. 测评

为了掌握信息系统安全状况，排查系统安全隐患和薄弱环节，明确信息系统安全建设整改需求，同时为了能够衡量出信息系统安全保护措施是否符合等级保护基本要求，是否具备了相应等级的安全保护能力，备案单位选择符合国家规定条件的测评机构开展等级测评。

测评机构对已定级备案的信息系统开展等级测评。

（1）在信息系统建设、整改时，信息系统运营、使用单位通过等级测评进行现状分析，确定系统的安全保护现状和存在的安全问题，并在此基础上确定系统的整改安全需求。

（2）在信息系统运维过程中，信息系统运营、使用单位定期委托测评机构开展等级测评，对信息系统安全等级保护状况进行安全测试，对信息安全管控能力进行考察和评价，从而判定信息系统是否具备 GB/T 22239—2008 中相应等级安全保护能力。

通过参考具体技术标准 GB/T 20270—2006《信息安全技术 网络基础安全技术要求》、GB/T 20271—2006《信息安全技术 信息系统通用安全技术要求》、GB/T 20272—2006《信息安全技术 操作系统安全技术要求》、GB/T 20273—2006《信息安全技术 数据库管理系统安全技术要求》、GB/T 20282—2006《信息安全技术 信息系统安全工程管理要求》，以及管理标准 GB/T 20269—2006《信息安全技术 信息系统安全管理要求》，并根据 GB/T 18336—2000《信息技术 安全技术 信息技术安全评估准则》，综合以上这些标准形成《信息安全技术 信息系统安全等级保护测评要求》，以此为参考，同时遵循《信息系统安全等级保护测评过程指南》，对待评测系统进行测评，确定是否具备相应等级的安全保护能力。

4. 建设整改

备案单位根据信息系统安全等级，按照国家政策、标准开展安全建设整改。通过建设整改，可以实现五方面目标：一是信息系统安全管理水平明显提高，二是信息系统安全防范能力明显增强，三是信息系统安全隐患和安全事故明显减少，四是有效保障信息化健康发展，五是有效维护国家安全、社会秩序和公共利益。

建设整改的内容包括：

（1）制定安全建设整改工作规划；

（2）开展需求分析或差距分析；

（3）规划安全建设整改的管理体系，开展安全管理建设整改工作；

（4）制定安全技术建设整改技术方案，开展安全技术建设整改；

（5）开展安全自查和等级测评。

5. 检查

公安机关定期开展监督、检查、指导，持续跟进信息系统安全情况，保证信息系统等级划分正确性，整改后信息系统安全能力达标等工作。

7.7 本 章 小 结

信息系统的内部建设与管理，是引发信息安全问题的重要因素，因此实行对信息系统的分级保护工作能够有效地提高系统安全保护能力。本章首先介绍了分级保护的概念，在此基础上对分级的原理与实施方法——访问控制进行了详细的描述，并给出了可供应用的访问控制模型与实施访问控制的实现方法。同时出于对信息系统分级保护的规范与推动角度，制定了一系列标准，国际上有提出分级保护概念的 TCSEC，对信息系统或产品进行安全性评估的 CC 准则。我国在这些国际标准的基础上，结合自身企业和信息系统的特点，建立了一套信息安全等级保护标准，分别从上述各方面对信息系统提出安全规范。本章对这些标准进行了介绍，并在最后对于我国的等级保护标准的实施与具体工作进行了简要的描述。

7.8 习　　题

1. 请简述分级保护的思想。
2. 请描述访问控制与认证、授权、审计的关系。
3. 访问控制的实现原理是什么？
4. 访问控制有哪些模型？它们分别有哪些特点？
5. 在实际生活或工作中有哪些访问控制的具体实现？请举例说明。
6. 请解释以下标准的思想以及主要内容：
（1）TCSEC；
（2）CC。
7. 请简述我国的信息安全等级保护体系及主要标准。

第 8 章

...

云计算安全

从云计算概念的提出发展至今,云计算经历了定义逐渐清晰、应用逐渐增多、产业逐渐形成的各个阶段。云计算提供了开放的标准、可伸缩的系统和面向服务架构,使组织能够以灵活且经济实惠的方式提供可靠的、随需应变的服务。云计算在提供方便易用与低成本特性的同时也带来了新的挑战,安全问题首当其冲,它成为制约云计算发展的关键因素之一。本章从云计算概念入手,通过分析其安全性,结合国内外标准,探讨当前云计算安全管理面临的问题与解决措施。

8.1 云计算概述

互联网上汇聚的计算资源、存储资源、数据资源和应用资源正随着互联网规模的扩大而不断增加,互联网正在从传统意义的通信平台转化为泛在、智能的计算平台。"云计算"是一种基于互联网的计算方式,以虚拟化技术为基础,以网络为载体,将共享的软硬件资源、应用、数据、计算等按需求提供给计算机和其他设备。"云"在这里比喻组成互联网的复杂交互的设备和连接。

8.1.1 云计算定义

美国国家标准与技术研究院(NIST)对云计算的定义如下:云计算是一种按使用量付费的模式,这种模式提供可用的、便捷的、按需的网络访问,进入可配置的计算资源共享池(资源包括网络、服务器、存储、应用软件、服务),这些资源能够被快速提供,只需投入很少的管理工作,或与服务供应商进行很少的交互。

NIST 基于 Actor/Role 模型发布了云计算的推荐架构,提出了云计算架构的核心元素,如图 8-1 所示。其中,云服务的部署模式,根据计算资源允许消费者占有的程度,分为私有云、公有云、社区云、混合云;云计算的服务模式,根据提供的访问接口,分为软件即服务(SaaS)、平台即服务(PaaS)、基础设施即服务(IaaS);提出了云计算应具备的基本特征,以及所有云服务的共同特征。

云计算是继 20 世纪 80 年代大型计算机到客户端-服务器模式转变之后的又一种巨变。用户不再需要了解"云"中基础设施的细节,不必具有相应的专业知识,也无须直接进行控制。它不是一项新的技术,而是一种全新的交付模式。

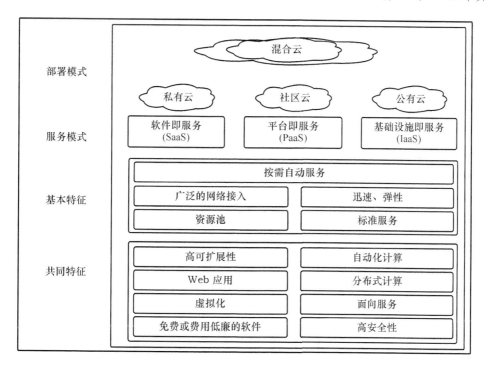

图 8-1　NIST 的云计算架构

8.1.2　云计算标准

随着云计算的出现,技术和服务开始发展。但因其处于初级阶段,很多厂商根据自己的技术基础和理解来开发自己的云计算的模式、不同的技术和服务方式,不同的产品之间具有差异化,降低了云计算的互操作性和可靠性。因此,作为新兴技术,如果没有统一标准规范云计算的建设与服务,整个产业将很难持续健康发展下去。

为此,各个有实力的厂商都在积极根据自己的技术优势进行标准化的研究和推动,国际上已经有一些标准化的组织和技术团体从不同的角度和定位对云计算标准化的研究和制定展开工作,以规范和推动云计算的基本运行及服务,并且已经成功制定出了一系列标准。

1. 基础标准

(1) NIST《云计算定义》

NIST 于 2009 年 7 月提出并发布了被广泛接受的云计算定义,并于 2011 年 9 月被正式发布为(NIST)SP800-145《云计算定义》标准。该标准给出了云计算定义、5 个基本特征(按需服务、宽带访问、资源池化、快速扩展、服务度量)、3 种服务模式(IaaS,PaaS,SaaS)、4 种部署模式(私有云、公有云、社区云、混合云)。NIST 提出的云计算的定义也是一种模型,能够实现随时随地、便捷地、随需应变地从可配置计算资源共享池中获取所需的资源(如网络、服务器、存储、应用及服务),资源能够快速供应并释放,使管理资源的工作量和与服务提供商的交互减小到最低限度。

(2) ISO/IEC JTC1 SC38《云计算研究工作组研究报告》

ISO/IEC JTC1 SC38 是国际电工委员会分布式应用平台与服务分技术委员会,专门负责云计算相关标准的研究与制定。该研究组输出的《ISO JTC1 SC38 云计算研究工作组研究报告》主要给出了云计算本质特征描述、云计算标准化现状分析和 ISO 标准化方向建议,为云计算分类和价值定位给出参考,评估了云计算标准化工作进展和状态,收集云计算标准化相关需求并提出方向与措施。

2. 资源与服务管理标准

(1) 分布式管理任务组

分布式管理任务组(DMTF)致力于分布式 IT 系统的有效管理,通过聚合众多 IT 厂商一起来进行管理系统的开发、效用及改进等标准化工作。在云计算方面侧重 IaaS 及云互操作性接口标准的研究,推出了系统虚拟化管理标准 VMAN,规定了服务器虚拟化、划分和集群以及虚拟化环境互操作性的产业标准 OVF(开放虚拟化格式),并成立了开发云标准孵化器 OCSI,解决云计算环境出现的管理和互操作性问题。其中云管理工作组(CMWG)提供了云基础设施管理接口(CIMI),以为云服务及云生命周期中的操作和属性提供模型支持;云审计数据联合工作组(CADF)定义了一个事件驱动的 CADF 标准,任何人都可以使用这个标准来为验证、自管理及自审计应用程序在云环境中的安全提供重要的数据;软件权限工作组(SEWG)关注于软件库存及产品使用之间的可互操作性,允许在工业化领域中更好地管理软件许可及产品的使用;OVF 工作组已经发布了 OVF1.0,目前正在制定 OVF2.0,以解决虚拟云计算环境中出现的管理和互操作性问题。

(2) 美国网络存储行业协会《云存储管理规范和接口》

美国网络存储行业协会(SNIA)在 2010 年发布了第一个云存储标准《云数据管理接口(CDMI)》,为云存储供应商提供了参照标准。CDMI 的主要内容是在客户端和数据中心服务器这两个平台之间定义并描述了一个数据交换的标准界面。该标准界面通常采用 web 服务(web service)的 HTTP 协议来包装 REST 通信命令,由客户端主动请求 web 服务,数据中心被动响应请求并提供 web 服务。这个标准界面足以让程序员在这两种平台上实现应用程序间 API 的对接实现交互,即客户端(平台上跑的应用程序)指令服务器端(服务器上跑的应用程序),对云中存储的数据对象进行以下若干操作:创建,读取,更新和删除(Create,Read,Update,Delete,所谓 CRUD 操作)。采用 web 服务的另一个好处是,任一数据对象(数据块)都可被唯一标识定位到一个 URI(Universal Resource Identifier),就像 web 中的 URL 唯一标识定位到一个网页一样。如此,无所不在的(如移动)客户端就可以在任何地点用 URI 的方式接入使用云存储服务。

8.2 云计算安全

在云计算的安全方面,虽然在云计算标准的制定过程中,通过考虑与借鉴其他信息系统发展的安全性与常见安全问题,在一定程度上对安全性做出考量,但随着云计算技术的深入应用,云计算规模越来越大,随之而来的规模愈加巨大,危害愈加严重的安全威胁开始凸显。云的安全问题成为人们使用云计算技术的最大顾虑,云安全越来越成为云计算以及安全业界关注的重点。为了解决这一问题,推动云计算发展,业界已经开始从技术上分析并通过建立专门的云计算安全的标准进行规范。

8.2.1　云计算安全特征

由于云计算资源虚拟化、服务化的特有属性,与传统安全相比,云计算安全具有一些新的特征。

(1) 传统的安全边界消失。在传统安全中,通过在物理上和逻辑上划分安全域,可以清楚地定义边界,但是由于云计算采用虚拟化技术以及多租户模式,传统的物理边界被打破,基于物理安全边界的防护机制难以在云计算环境中得到有效的应用。

(2) 动态性。在云计算环境中,用户的数量和分类不同,变化频率高,具有动态性和移动性强的特点,其安全防护也需要进行相应的动态调整。

(3) 服务安全保障。云计算采用服务的交互模式,涉及服务的设计、开发和交付,需要对服务的全生命周期进行保障,确保服务的可用性和机密性。

(4) 数据安全保护。在云计算中数据不在当地存储,数据加密、数据完整性保护、数据恢复等数据安全保护手段对于数据的私密性和安全性更加重要。

(5) 第三方监管和审计。由于云计算的模式,使得服务提供商的权利巨大,导致用户的权利可能难以保证,如何确保和维护两者之间平衡,需要有第三方监管和审计。

云计算安全与传统的信息安全在本质上相同,但是云计算自身的特性,使得云计算不仅面临传统信息安全的安全威胁,还面临新的安全威胁。这些威胁给现有安全体系带来了挑战,同时是云计算的大规模使用与推进有待解决的主要问题。

8.2.2　云计算安全问题

根据云计算的新特性,云计算带来的新兴安全问题主要包含以下几个方面。

1. 云计算环境

(1) 云虚拟化安全

云计算平台对现有计算技术的整合是借助云虚拟化(Cloud Virtualization)实现的。云虚拟化作为云计算的核心技术,其安全性至关重要。

• 云硬件安全

云硬件设备安全是云基础架构安全不可或缺的重要组成部分,虽然硬件安全的发展在一定程度上受到低性价比的限制,但是硬件的瞬时故障或错误可能危害整体信息系统的正确性与安全性,应对硬件安全予以足够重视。

• 窃取服务

公有云计算环境通常采用多种弹性计费模式,例如根据 CPU 或 VM 的总运行时间计费。然而,计费模式的周期性采样与低精度的时钟调度策略使得攻击者可以利用虚拟层调度机制的漏洞,使系统管理程序错误地检测 CPU 或 VM 用度,实现窃取服务攻击(Theft-of-Service Attacks)。常规的虚拟机调度机制没有对调度的正确性进行检查,是造成窃取服务攻击的主要原因。

• 恶意代码注入

恶意代码注入攻击(Malware Injection Attacks)使用恶意代码实例代替系统服务实例处理正常的服务请求,进而获得特权访问能力,非法盗取证书信息或用户数据。与传统 Web 应用环境不同,云计算环境的虚拟化特征加剧了恶意代码注入攻击的安全威胁。云端的服务迁移、虚拟机共存等操作使得恶意代码的检测工作异常困难。

- 交叉虚拟机边信道攻击

交叉虚拟机边信道攻击(Cross VM Side Channels Attacks)是一类常见的访问驱动攻击形式,要求攻击者与目标虚拟机使用相同的物理层硬件,二者交替执行。在交替执行的过程中可以推断出目标虚拟机的行为,识别出服务器主机的信息。攻击者首先借助恶意虚拟机访问共享硬件和缓存,然后执行预定的安全攻击,如计时边信道、能量消耗的边信道攻击、高速隐蔽信道攻击等。最终导致目标虚拟机内的用户数据泄露。

- 定向共享内存攻击

定向共享内存攻击(Targeted Shared Memory)以物理机或虚拟机的共享内存或缓存为攻击目标,是恶意代码注入攻击与边信道攻击的基础。同样是关于虚拟机的内存安全,内存耗尽故障严重危害着云计算平台的可用性。

- 虚拟机回滚攻击

在云虚拟化环境中,管理程序出于系统正常维护的目的,可以随时挂起虚拟机并保存系统状态快照。若攻击者非法恢复了快照,将会造成一系列的安全隐患,且历史数据将被清除,攻击行为将被彻底隐藏。

(2) 云数据安全

不同于传统的计算模式,云计算在很大程度上迫使用户隐私数据的所有权与控制权相互分离。云存储作为云计算提供的核心服务,是不同终端设备间共享数据的一种解决方案,其中保证数据的机密性、可用性、完整性、不可抵赖性是云计算安全重点要解决的问题。

- 优先访问权风险

一般来说,企业数据都有其机密性。但企业把数据传输到云端服务器之后,数据的优先访问权由用户迁移至云计算提供商,企业对自己数据的访问权难以控制。如此一来,就不能排除企业数据被泄露出去的可能性。因此,应要求服务商提供法律、制度或者技术上的应对措施。如在使用云计算服务之前,提供其IT治理员及其他员工的相关信息,用户的访问权限设为最高优先级,限制云计算服务商的访问权限,从而把数据泄露的风险降至最低。

- 管理权限风险

虽然企业用户把数据交给云计算服务商托管,但数据安全及整合等事宜,仍应由企业自身负责。而传统服务提供商一般交由外部机构来进行审计或进行安全认证。但如果云计算服务商拒绝,则意味着企业无法对被托管数据加以有效利用。

- 数据处所风险

当企业客户使用云计算服务时,并不清楚自己数据被放置在哪台服务器上,甚至根本不了解放置在哪个国家。因此,出于数据安全考虑,企业用户在选择使用云计算服务之前,应事先向云计算服务商了解,这些服务商是否从属于服务器放置地所在国的司法管辖;在这些国家展开调查时,云计算服务商是否有权拒绝提交所托管的数据。

- 数据隔离安全风险

云计算和资源共享是通过虚拟化技术实现的,一台物理服务器上可能安装有多台虚拟机,多个用户的数据可能存储于同一台物理服务器上。在这种情况下,如果恶意用户通过不正当手段取得合法虚拟机权限,就有可能威胁到同一台物理服务器上其他虚拟机,从而非法访问其他用户的数据。因此必须对不同的用户数据进行有效隔离,将自己的数据与其他数据隔离开,则可以更加有效地保护数据安全。

- 数据恢复风险

即使企业用户了解自己数据被放置到哪台服务器上,也需要要求服务商做出承诺,必须对所托管数据进行备份,以防止出现重大事故时,企业用户的数据无法得到恢复。Gartner 建议,企业用户不但需了解服务商是否具有数据恢复的能力,而且还必须知道服务商能在多长时间内完成数据恢复。

（3）云应用安全

各类云应用自身的安全性直接关乎云计算产业未来的发展,因此尤为重要。对于基于云的各类应用,如网页操作系统、数据库管理系统、数据挖掘算法的外包协议等,需要首先预防应用本身固有的安全漏洞,同时设计针对性的安全与隐私保护方案提高应用安全性。

• 拒绝服务攻击

拒绝服务攻击(DoS,Denial-of-Service Attacks)是计算机网络中一类简单的资源耗尽型攻击。具体到云计算环境,云计算资源的集中分配方式使得拒绝服务攻击的破坏程度进一步加剧,攻击者的首选目标已从过去的密集基础设施转变为关键的云服务程序。相比底层的窃取服务攻击,常见的拒绝服务攻击主要针对上层的云计算应用,特别是以软件即服务(SaaS,Software-as-a-Service)平台为代表的各类软件服务。由于目前已知的上层应用大多通过网页浏览器接入,故攻击难度通常更小,攻击范围通常更大,对云应用安全的威胁也更加显著。

• 僵尸网络攻击

僵尸网络攻击(Botnets Attacks)中,攻击者操纵僵尸机隐藏身份与位置信息实现间接攻击,从而以未授权的方式访问云资源,同时有效降低被检测或追溯的可能性。近年来,Amazon EC2、Google App Engine 等多家云计算平台相继出现僵尸网络攻击。原因在于弹性的计算资源与灵活的访问方式为僵尸网络提供了良好的运行环境,攻击者一方面可以使用云服务器作为主控机,另一方面也可以使用窃取到的高性能虚拟机作为僵尸机。

• 音频隐写攻击

2015 年,Parveen O H Hasna 创造性地在混合云计算环境中使用音频隐写技术代替加密算法完成数据隐藏任务。然而,攻击者则利用该项技术欺骗安全机制,将恶意代码隐藏于音频文件并提交至目标服务器。此类攻击称为音频隐写攻击(Audio Steganography Attacks),通常会导致云存储系统出现严重的故障。

2. 供应商信任

云服务使得信任问题变得尤为重要,它不仅具有传统数据中心的管理信任问题,同时具有云服务架构和服务中所特有的问题。

（1）内部泄密

传统数据中心环境,可能会发生员工泄密的问题,同样的问题也可能发生在云计算中。此外,云服务供应商可能同时经营多项业务,在一些业务和计划开拓的市场甚至可能与客户具有竞争关系,其中可能存在着巨大的利益冲突,这样将大幅增加云计算服务供应商内部窃取客户资料的动机。此外,某些云服务供应商对客户知识产权的保护是有所限制的。选择云服务供应商除了应避免竞争关系外,亦应审慎阅读云服务供应商提供的合约内容。

（2）调查支持风险

云计算平台涉及多用户的数据,这些数据的存储涉及云计算服务商的数据中心。如果企业或执法机关想要直接对数据中心的一些数据进行收集,不论是否处于正当活动,在数据查询过程中,都可能遇到问题。

（3）多方信任

云计算中多层服务模式也将引发安全问题。云计算发展的趋势之一是 IT 服务专业化,即云服务商在对外提供服务的同时,自身也需要购买其他云服务商所提供的服务。因而用户所享用的云服务间接涉及多个服务提供商"多层转包",这无疑极大地提高了问题的复杂性,进一步增大了安全风险。

3. 其他

云计算安全还具有很多威胁,如双向及多方审计和资源滥用问题。

在云计算环境中,涉及供应商与用户间双向审计的问题,远比传统数据中心的审计复杂。现在对云计算审计问题,大多集中在用户对云服务供应商上,而在云计算环境中,云服务供应商也必须对用户进行审计,以保护其他用户及自身商誉。此外,某些安全事件中,审计对象可能涉及多个用户,复杂度高,为维护审计结果的公信力,审计行为可能由独立的第三方执行,云服务供应商应记录并维护审计过程所有稽核轨迹。有效地进行双向及多方审计是云计算安全的重要方面,应在逐步制定相关规范的工作下推进。

资源滥用则是利用云计算服务提供大量计算机资源的便捷性与低成本性,使用这些资源滥发垃圾邮件、破解密码及作为僵尸网络控制主机等恶意行为。这可能导致云服务供应商的网络地址被列入黑名单或被停止以供调查、其他用户无法访问云端资源、服务中断等。

8.2.3 云计算安全标准

(1) ITU-T SG7《云安全》

国际电信联盟通信局在 2010 年 6 月成立了 ITU-T 云计算焦点组,主要致力于从电信角度为云计算提供支持,如电信方面的安全和管理。在安全方面的输出包括《云安全》和《云计算标准制定组织总述》在内的 7 份技术报告。在 SG13(下一代网络)成立了云计算工作组,该组输出 ITU-T 推荐的关于云服务互操作性、云数据可移植性的多项标准。

(2) CSA《云关键领域安全指南》等

云安全联盟(CSA),于 2009 年在 RSA 大会上宣布成立,目的是为了在云计算环境下提供最佳的安全方案。目前的成果有:《云计算关键领域安全指南》《云计算面临的主要威胁》《云安全联盟的云控制矩阵》《身份管理和访问控制指南》。

《云计算关键领域安全指南》覆盖了云计算环境中的主要安全问题,同时在 14 个安全策略域(V3.0)为云计算用户和服务提供商提供了安全策略建议,这些策略域包括:云计算架构框架,企业安全控制和风险管理,法律问题,合规性与审计管理,信息管理与数据安全,互操作性与可移植性,传统安全、业务连续性与灾难恢复问题,数据中心运行维护,突发事件响应,应用安全,加密和密钥管理,身份认证授权与登录管理,虚拟化,安全即服务。

《云计算面临的主要威胁 V1.0》提供必要的背景下的风险管理以协助组织决定其云通过战略,阐述了如下 7 个方面的云计算威胁:滥用和恶意使用云计算、非安全接口和开放 API、怀有恶意的内部人员、(资源)共享技术带来的不安全问题、数据丢失及泄露、账号或服务被劫持、未知的风险场景。

(3) ENISA《云计算安全风险评估指南》

欧洲网络与信息安全局(ENISA)的云安全标准工作主要由 WG NRMP 工作小组负责。ENISA 目前发布了三本白皮书:《云计算中信息安全的优势、风险和建议》《政府云的安全和弹性》《云计算信息保证框架》。在《政府云的安全和弹性》中,对于政府部门提出了四点建议:①分布分阶段进行,因为云计算环境比较复杂,可能会带来一些没有预料到的问题;②制定云计算策略,包括安全和弹性方面,该策略应该能够指导 10 年内的工作;③应该研究在保护国家关键基础设施方面,云能够发挥的作用、扮演的角色;④建议在法律法规、安全策略方面做进一步研究和调查。

8.3　云计算安全与等级保护

云计算作为信息领域的重大技术变革,面临着与传统信息系统不同的威胁,目前尚没有一个与我国信息战略发展相符合的云计算安全标准。在针对云安全的诸多解决方案与思路中,基于我国信息安全等级保护制度来建立云计算安全标准体系,已成为业界的一致诉求。

8.3.1　云计算与等级保护制度

我国已经建立了一套完整的信息安全等级保护制度,它是我国提高信息安全保障能力和水平,维护国家安全、社会稳定和公共利益,保障和促进信息化建设健康发展的一项基本制度。其核心内容是对信息安全分等级,按标准进行建设、管理和监督。等级保护工作的开展,可以划分为五个规定动作:定级、备案、测评、建设整改和监督检查。

对于信息安全等级保护制度是否适合云计算,中国工程院院士沈昌祥指出:云计算属于信息系统,具有信息系统的普遍特点和共性,就应该有信息系统的安全保护需求,就应该有等级保护去保护它。从云计算的技术构成来说,作为多种传统技术(如并行计算、分布式计算、网格计算、虚拟化等)的综合应用与商业实现的结果,虽然是新兴的信息系统,但信息安全的基本属性与安全需求不变,涉及信息资产、安全威胁、保护措施等的信息保障安全观不变,需要通过一系列的防护手段实现安全设计技术要求。从云计算的管理角度来说,等级保护是一项综合性的社会系统工程,将信息系统按照社会化的组织原则进行有序管理,是提升系统安全防护水平的重要手段,在这一点上,等级保护涉及管理的部分,依然适用于云计算。因此应使用并应完善等级保护标准,规范并指导云计算相关内容。

等级保护工作的五个动作,是实现等级保护标准作用的核心。为了完善现有等级保护标准以适用于云计算,应从等级保护的具体工作入手,制定云计算的等级保护安全基线要求,加强其建设、测评、监督检查等工作。

8.3.2　等级保护面临的挑战

云计算也应该遵循信息安全等级保护制度,但这种新兴模式本身的特点,给等级保护工作带来了一定的挑战。

1. 定级问题

传统的等级保护标准主要面向静态的具有固定边界的系统环境,因此容易确定一个信息系统的边界,接着对范围内信息系统的客体及其上承载的业务与服务进行分析与危害评估,进行具体的定级工作。然而,对于云计算环境而言,其复杂度较高,保护对象和区域边界都具有动态性,不再是独立的信息系统。

由于云计算采用虚拟化、多租户模式、资源跨域共享等技术,传统的物理边界被打破,并且由于分布式的网络,对于网络范围的涵盖以及与云服务所涉及的主机(终端)都较传统模式难以确定;并且数据与基础设施的分离也将导致数据的真实存储、移动,涉及的业务传递难以掌握,进而难以界定造成的危害程度。这些因素都将造成定级工作开展困难。

2. 测评问题

信息系统应当根据自身等级情况定期进行测评,例如三级系统每年至少进行一次等级测评,第四级信息系统应当每半年至少进行一次等级测评。由于云环境的复杂性与数据多样性和高量级,云环境的运行维护过程非常重要,信息泄露的危害性大大增强,必须对其进行定期测评。与传统环境不同,云环境保护对测评工作的技术手段与管理方法提出了新的要求与挑战。

技术方面,由于云计算环境下数据对网络和服务器的依赖,使得接入端与系统中心之间、各种云应用之间需要建立更加高效而健壮的安全认证机制;用户数据和应用文档存放在云端,所以敏感数据私有属性与数据权限控制情况,以及云端数据的剩余信息保护,需要进行测评;云服务器可能受到大量的外围系统的攻击,虚拟环境间的隔离与病毒防护策略,网络安全和服务质量,将作为测评的重点考量点;云计算相对模糊的审计流程,需要进一步明确并实现。

管理方面,大量的管理需求与等级保护制度匹配,云计算环境下的安全需求的增加应由相应的制度来指导。同时由于云计算环境下,不同安全等级和敏感度的系统共存,管理无法统一进行。并且存在云服务供应商可能担心泄露其他用户的数据而拒绝配合等级保护测评工作的问题。

3. 整改问题

涉及等级保护整改工作时,云用户可能由于云服务供应商资质不足而更换供应商,如果原供应商对整改持消极态度,对云用户的数据不进行合理处置(如不销毁数据或保留备份数据等),云用户对此无从知晓。

信息安全等级保护工作是按照谁主管谁负责、谁运营谁负责的原则来展开。当前各种云产品,在服务模型、部署模型、资源物理位置、管理和所有者属性等方面呈现出多种不同的形态和消费模式,云服务供应商和用户的安全控制职责分工界限并不明确,可能互相推诿,等级保护实际工作得不到执行。

4. 监督检查问题

目前云计算技术主要掌握在几家国际厂商手中。云计算应用地域性弱、信息流动性大,信息服务或用户数据可能分布在不同地区甚至不同国家,在政府信息安全监管等方面可能存在法律差异与纠纷。这使得等级保护的监督工作更难开展。

8.3.3 应对策略

1. 健全法律与法规标准,明确管理与责任归属

健全法律法规。加强对云服务供应商的资质审核,尤其在重要行业、重要领域要进行严格管控。供应商必须取得相关资质,方能提供服务。为四级以上信息系统提供服务的资质每半年审查一次,为三级以上信息系统提供服务的资质每年审查一次。加强云计算领域的立法工作,明确要求云服务供应商的安全防护责任。云服务供应商的安全责任大小,取决于其提供服务的模式,比如 SaaS 模式供应商承担的安全责任大于 PaaS 模式,PaaS 模式供应商的责任又大于 IaaS 模式。

完善各项标准。针对云计算领域,完善等级保护技术标准、管理标准。云服务供应商在技术方面,应遵循等级保护基本要求中的技术要求,完善云数据中心的物理安全、网络安全、主机安全、应用安全和数据安全等;在管理方面,应遵循等级保护基本要求中的管理要求,在安全管理制度、安全管理机构、人员安全管理、系统建设管理和系统运维管理上做出合理的规划并执行。根据云计算中等级保护标准来度量云服务供应商的安全服务能力,对供应商资质进行分级,不同等级供应商对等级保护工作的参与程度不同。各个等级的信息系统,可以分别对应于不同等级的供应商。

2. 制定安全技术框架

云计算作为特殊的信息系统,可参照 GB/T 25070—2010《信息安全技术 信息系统等级保护安全设计技术要求》建立安全可信的安全防护框架。按照 GB/T 17859 评估准则,以访问控制为核心构建可信计算基(TCB),实现自主访问、强制访问等分等级的访问控制,在信息流程处理中加入控制和管理。云中心一般由用户网络接入、访问应用边界、计算环境和管理平台组成,可形成虚拟应用、虚拟计算节点以及虚拟(逻辑)计算环境,由此构建可信计算安全主体结构,即在安全管理中心支持下的可信通信网络、可信应用边界和可信计算环境三重防护框架。云计算的管理平台更加重要,系统管理的标准比以前更加繁重,同时要管理物理的和虚拟的资源可信;安全管理的范围也更广,既要保证信息处理流程中的主客体授权和策略的正确,又要保证关于云管理者的授权和策略正确,由它统一实施;审计要负责云中心信息的追踪和应急处理,还要给用户提供相应的审计平台。这样构成一个完整的技术与管理相结合的安全框架。

虚拟化技术相对于传统的基于物理计算资源的信息技术而言,在数据备份和快速恢复方面具有很强的优势,同时由于其使得 IT 架构发生改变,因此带来了新的安全问题。按照信息系统等级保护的基本要求架构,可以将虚拟化技术带来的新的安全问题归类到五大技术保障类和五大管理保障类中,增加基本要求的控制点或者增加控制点的要求项,为虚拟机技术的安全评估提供新的思路。

3. 制定安全管理要求

仅有安全技术体系防护,而无完善的安全管理体系相配合,是难以保障我国云计算战略发展的。对于云计算的诸多的不安全因素恰恰出现在组织管理和人员使用等相关管理层面,应从管理上重视并解决。

需要遵循《信息安全技术 信息系统安全等级保护基本要求》(GB/T 22239—2008)中的管理要求,并且需通过 ISO/27001 认证的信息安全管理体系,《信息安全技术 云计算服务安全指南》(GB/T 31167—2014)等标准规范,制定严格的安全管理制度。明确的安全职责划分,合理的人员角色定义,完备的应急响应机制,都可以在很大程度上减少和降低信息安全隐患,从制度、运营等方面,通过日常安全制度的制约、安全运营中心的运作来保障安全措施的落地。

8.4 网络安全法

人类迈入 21 世纪,网络空间(Cyberspace)成为支撑人类社会发展的基石。云计算和大数据使得数据共享和超级计算成为可能,然而这就带来了共享技术的漏洞,加大了数据损失、数据泄露的风险,对于恶意的内部用户的访问和窃取则是防不胜防。云计算改变了传统的网络架构,使得远程访问和远程控制成为可能,而黑客也能轻而易举地进行远程访问和控制,这就为网络犯罪分子大开方便之门。

网络安全威胁向经济社会的各个层面渗透,网络安全的重要性随之不断提高。世界主要国家为抢占网络空间制高点,已经开始积极部署网络空间安全战略。中国是网络大国,也是面临网络安全威胁最严重的国家之一,迫切需要建立和完善网络安全的法律制度,提高全社会的网络安全意识和网络安全保障水平,使我们的网络更加安全、更加开放、更加便利,也更加充满活力。

2016年11月7日,第十二届全国人民代表大会常务委员会经表决高票通过了《中华人民共和国网络安全法》(以下简称《网络安全法》),该法于2017年6月1日起正式施行。

《网络安全法》内容主要涵盖了关键信息基础设施保护、网络数据和用户信息保护、网络安全应急与监测等领域,与网络空间国内形势、行业发展和社会民生紧密的主要有以下三大重点。

一是确立了网络空间主权原则,将网络安全顶层设计法制化。网络空间主权是一国开展网络空间治理、维护网络安全的核心基石;离开了网络空间主权,维护公民、组织等在网络空间的合法利益将沦为一纸空谈。《网络安全法》第一条明确提出要"维护网络空间主权",为网络空间主权提供了基本法依据。此外,在"总则"部分,《网络安全法》还规定了国家网络安全工作的基本原则、主要任务和重大指导思想、理念,厘清了部门职责划分,在顶层设计层面体现了依法行政、依法治国的要求。

二是对关键信息基础设施实行重点保护,将关键信息基础设施安全保护制度确立为国家网络空间基本制度。当前,关键信息基础设施已成为网络攻击、网络威慑乃至网络战的首要打击目标,我国对关键信息基础设施安全保护已上升至前所未有的高度。《网络安全法》第三章第二节"关键信息基础设施的运行安全"中用大量篇幅规定了关键信息基础设施保护的具体要求,解决了关键信息基础设施范畴、保护职责划分等重大问题,为不同行业、领域关键信息基础设施应对网络安全风险提供了支撑和指导。此外,《网络安全法》提出建立关键信息基础设施运营者采购网络产品、服务的安全审查制度,与国家安全审查制度相互呼应,为提高我国关键信息基础设施安全可控水平提出了法律要求。

三是加强个人信息保护要求,加大对网络诈骗等不法行为的打击力度。近年来,公民个人信息数据泄露日趋严重,《网络安全法》从立法伊始就将个人信息保护列为需重点解决的问题之一。《网络安全法》第四章"网络信息安全"用较大的篇幅专章规定了公民个人信息保护的基本法律制度,特别是其中"对个人信息立法保护"和"对网络诈骗严厉打击"的相关内容,切中了个人信息泄露乱象的要害,充分体现了保护公民合法权利的立法原则,为今后保护个人信息、打击相关违法犯罪行为奠定了坚实的上位法基础。

《中华人民共和国网络安全法》是我国网络领域的基础性法律,是网络参与者包括网络运营者、任何组织和个人都应该且必须遵守的法律准则和依据。它的出台,填补了我国在网络安全方面的法律空白,顺应网络安全发展法制化大趋势,对我国国内的网络安全发展有着重要的意义,也是国际网络安全的重要组成部分,标志着我国向网络安全的现代化治理迈出了坚定的一步。

8.5　本章小结

云计算是传统计算机技术和网络技术发展融合的产物,也是引领未来信息产业创新的关键战略性技术和手段,云计算的广泛普及与应用,也将引发新一代信息技术变革、IT应用方式的新变革。因此在云计算使用技术、应用的模式、提供的服务上,需要建立标准进行规范和限制,不同组织也已经建立了各类关于云计算所涉及的各方面基础内容与技术的标准以推动云计算建立统一标准,促进系统间的互通。而在云计算蓬勃发展的过程中,相应的安全问题也越来越显著。由于云计算自身的安全特征,使得它与传统信息技术面临的安全问题大不相同。在云计算环境中包括云虚拟化安全、云数据安全和云应用安全,在供应商信任中,除了在技术上存在的问题以外,管理和沟通上也存在与供应商的信任问题以及后续的运维问题等。为了解决这些安全问题,同样也需要通过标准进行规范与推进。

我国已经建立了一套信息安全等级保护体系,对信息系统实行分级保护。而对于尚未完全统一的各类云计算标准来说,针对国内的云计算系统与应用,应用等级保护体系进行规范是很好的解决方案,然而云计算的特性也为等级保护的实施带来了挑战。本章最后对等级保护应用在云计算上的挑战与一些应对策略做出了初步的探讨,并介绍了我国新出台的《网络安全法》及其指导意义。

8.6　习　　题

1. 请简述云计算的概念。
2. 云计算有哪些新的特征,可能产生哪些安全威胁?
3. 请简述云计算及云计算安全的几个标准,并简要说明标准对于云计算发展的意义。
4. 等级保护体系是否适用于云计算安全?
5. 当前我国的等级保护体系在云计算安全上面临哪些困难?
6.《网络安全法》中与网络空间国内形势、行业发展和社会民生紧密相关的是哪三个方面的重要内容?

参 考 文 献

[1] Albert C J, Dorofee A. Managing Information Security Risks：The Octave Approach. Boston：Addison-Wesley Longman Publishing Co. , Inc. , 2003.

[2] 沈昌祥. 信息安全工程导论[M]. 北京：电子工业出版社，2003.

[3] 张红旗，王新昌，杨英杰. 信息安全管理[M]. 北京：人民邮电出版社，2007.

[4] 谢宗晓. 信息安全管理体系应用手册[M]. 北京：中国标准出版社，2008.

[5] 王春东. 信息安全管理与工程[M]. 北京：清华大学出版社，2016.

[6] 胡勇，吴少华. 信息安全管理概论[M]. 北京：清华大学出版社，2015.

[7] 逄淑宁，封莎. 信息技术安全评估通用准则 CC 综述[J]. 电信网技术，2011(8)：59-63.

[8] 王连强. ISMS 标准体系——ISO/IEC27000 族简介[J]. 中国质量认证，2006(9)：32-33.

[9] 王闪闪. ISO27000 与等级保护系列标准对比研究[D]. 西安：陕西师范大学，2010.

[10] 程瑜琦，朱博. 信息安全管理体系标准化概述[J]. 质量与认证，2011(5)：40-41.

[11] 王玥，方婷. 我国信息安全法律法规建设的基本原则与框架[J]. 中国信息安全，2013(2)：43-46.

[12] 赵战生. 国内外信息安全标准化建设现状与发展趋势[J]. 中国信息安全，2012(5)：78-81.

[13] 陈湉，张彦超，赵爽. 国际信息安全标准现状研究及对我国标准体系建设的思考[J]. 信息安全与通信保密，2016(11)：41-47.

[14] 朱恩良. SOX 法案促进 IT 治理的完善[J]. 中国经济和信息化，2005(28)：24.

[15] 梁晟耀. 全面风险管理实务操作指南：从 SOX404 到全面风险管理. 北京：电子工业出版社，2015.

[16] 赵战生，谢宗晓. 信息安全风险评估：概念、方法和实践. 北京：中国标准出版社，2007.

[17] 温大顺. 信息安全风险评估综述[J]. 中国科技信息，2013(14)：81.

[18] 王涛，陈金仕. 信息安全风险评估策略研究[J]. 现代电子技术，2012，35(9)：73-76.

[19] 文伟平，郭荣华，孟正，等. 信息安全风险评估关键技术研究与实现[J]. 信息网络安全，2015(2)：7-14.

[20] P. W. 辛格，艾伦·弗里德曼. 网络安全[M]. 北京：电子工业出版社，2015.

[21] 周世杰，陈伟，罗绪成. 计算机系统与网络安全技术[M]. 北京：高等教育出版社，2011.

[22] Douglas Jacobson. 网络安全基础：网络攻防、协议与安全[M]. 仰礼友，赵红宇，等，译. 北京：电子工业出版社，2016.

[23] 须益华，马宜兴，冯锦豪. 网络安全与病毒防范[M]. 上海：上海交通大学出版社，2016.

[24] 肖云鹏，刘宴兵，徐光侠. 移动互联网安全技术解析[M]. 北京：科学出版社，2015.

[25] 秦志光，张凤荔，刘峤. 计算机病毒原理及防范技术[M]. 北京：科学出版社，2012.

[26] 刘功申，孟魁. 恶意代码与计算机病毒：原理、技术和实践[M]. 北京：清华大学出版社，2013.

[27] 贾铁军. 网络安全技术与实践[M]. 北京：高等教育出版社，2014.

[28] 防火墙、入侵检测及 VPN 技术探析[M]. 长春：吉林大学出版社，2014.

[29] 沈亮. 网络入侵检测系统原理与应用[M]. 北京：电子工业出版社，2013.

[30] 邢宗新，周安宇. 安全网关基本原理与设计[M]. 北京：中国财富出版社，2012.

[31] 谢文娟，黄松，张晶晶，等. 云安全管理框架综述[J]. 电脑知识与技术，2013(31)：6981-6985.

[32] 潘玉珣. 桌面安全管理技术现状与发展趋势[J]. 信息安全与技术，2010(6)：13-16.

[33] 徐云峰，郭正彪. 物理安全[M]. 武汉：武汉大学出版社，2010.

[34] 侯丽波. 基于信息系统安全等级保护的物理安全的研究[J]. 网络安全技术与应用，2010(12)：31-33.

[35] 项益君. 基于等级保护要求的机房安全[J]. 电脑知识与技术，2011，7(17)：4235-4236.

[36] 刘庆莲，刘天哲. 移动存储介质使用过程中保密性与安全性的讨论[J]. 网络安全技术与应用，2012(5)：50-51.

[37] 汤放鸣. 移动存储介质防护管控技术现状分析及发展趋势[J]. 信息安全与技术，2010(8)：15-17.

[38] 王亚娟，周方，黄磊，等. 关于信息系统的安全管理的分析[J]. 电子技术与软件工程，2014(11)：226.

[39] 佚名. 窃听与防窃听技术(下)：通信窃听与防护[J]. 保密科学技术，2015(5).

[40] 何文才，刘培鹤，董昊聪，等. 常见计算机窃密技术分析及安全防范措施[J]. 网络安全技术与应用，2012(10)：5-8.

[41] 孙继银，张宇翔，申巍葳. 网络窃密、监听及防泄密技术[M]. 西安：西安电子科技大学出版社，2011.

[42] 王永建，杨建华，郭广涛，等. 网络安全物理隔离技术分析及展望[J]. 信息安全与通信保密，2016(2)：117-122.

[43] 胡书. 信息资产管理[J]. 电子工艺技术，2008，29(4)：238-241.

[44] 王超. 浅谈企业信息资产管理思路及制度的建立[J]. 科技视界，2014(23)：277.

[45] 符长青，符晓勤，符晓兰. 信息系统运维服务管理[M]. 北京：清华大学出版社，2015.

[46] 詹姆斯·A.菲茨西蒙斯. 服务管理：运作、战略与信息技术＝Service management：operations，strategy，information technology：英文[M]. 原书 8 版. 北京：机械工业出版社，2015.

[47] Lepofsky R. ISO/IEC 17799：2005 and the ISO/IEC 27000：2014 Series[M]. The Manager's Guide to Web Application Security. New York：Apress，2014：161-163.

[48] 刘通，王前. ITIL2011 服务管理与认证考试详解[M]. 哈尔滨：哈尔滨工业大学出版

社，2015.

[49] 赵晨. IT 服务管理[M]. 北京：人民邮电出版社，2013.

[50] 周奇辉. 开展信息系统安全事件管理的方法与过程[J]. 信息安全与技术，2015，6(6)：11-13.

[51] 魏晋. 基于 ITIL 的 IT 服务运营事件管理流程的研究与设计[J/OL]. 中国科技论文在线，2011. http://www.paper.edu.cn.

[52] 《信息系统审计》编写组. 信息系统审计[M]. 北京：中国时代经济出版社，2014.

[53] 陈耿. 信息系统审计、控制与管理[M]. 北京：清华大学出版社，2014.

[54] 邹祖军，周伟. 信息系统安全审计机制的实现[J]. 信息技术，2012(11)：145-147.

[55] 林斌，曹健，舒伟. 信息技术内部控制研究——基于 COBIT5 的分析[J]. 江西财经大学学报，2016(1)：36-44.

[56] Harmer G. Governance of Enterprise IT based on COBIT® 5：A Management Guide[M]. [S.L.]：IT Governance Ltd，2014.

[57] 姚顺东. 数据备份及灾难恢复技术综述[J]. 教育教学论坛，2012(25)：195-197.

[58] 黎江. 从风险管理看业务连续性管理[J]. 银行家，2012(2)：124-125.

[59] 魏军，赵海. 全面认识业务连续性管理体系[J]. 质量与认证，2014(5)：39-40.

[60] 陈伟. 业务连续性管理[M]. 北京：中国财政经济出版社，2015.

[61] 周斌. 浅谈数据备份技术与实践[J]. 通讯世界，2013(13)：61-62.

[62] 李瑞雄. 数据备份与容灾在公司信息化建设中的应用[J]. 数字技术与应用，2013(7)：90-91.

[63] 刘彬. 系统数据灾难恢复关键技术浅析及对策[J]. 电子世界，2016(18)：114.

[64] 徐云峰. 访问控制[M]. 武汉：武汉大学出版社，2014.

[65] 王凤英. 访问控制原理与实践[M]. 北京：北京邮电大学出版社，2010.

[66] 张剑. 信息安全风险管理[M]. 成都：电子科技大学出版社，2015.

[67] 邓志龙. 信息安全风险的构成要素[J]. 中国信息化，2013(6).

[68] 辛士界. 信息安全等级保护定级的方法与应用[J]. 软件产业与工程，2011(3)：40-43.

[69] 郭启全. 信息安全等级保护政策培训教程[M]. 北京：电子工业出版社，2016.

[70] 戴莲芬. 谈信息安全等级保护建设与风险评估[J]. 信息安全与技术，2012，3(1)：28.

[71] 蔡皖东. 信息系统安全等级保护原理与应用[M]. 北京：电子工业出版社，2014.

[72] 谢宗晓，刘斌. ISO/IEC 27001 与等级保护的整合应用指南[M]. 北京：中国标准出版社，2015.

[73] 冯登国，张敏，张妍，等. 云计算安全研究[J]. 软件学报，2011，22(1)：71-83.

[74] 罗军舟，金嘉晖，宋爱波，等. 云计算：体系架构与关键技术[J]. 通信学报，2011，32(7)：3-21.

[75] 雷万云. 云计算：企业信息化建设策略与实践[M]. 北京：清华大学出版社，2010.

[76] 张健. 全球云计算安全研究综述[J]. 电信网技术，2010(9)：15-18.

[77] 温克勒，刘戈舟. 云计算安全[M]. 北京：机械工业出版社，2013.

[78] 徐保民，李春艳. 云安全深度剖析：技术原理及应用实践[M]. 北京：机械工业出版

社，2016.

[79] 江雪，何晓霞. 云计算时代等级保护面临的挑战[J]. 计算机应用与软件，2014(3)：292-294.

[80] 黄锐. 云计算环境与等级保护探讨[J]. 信息安全与通信保密，2015(11)：100-102.

[81] 谭剑，余智文. 信息安全等级保护在云计算时代的现实意义[J]. 广东科技，2012，21(11)：231.

[82] 丰诗朵. 网络安全法出台背景及主要内容解读[EB/OL]. (2017-03-14). http：//www.c114.net.

[83] 邓若伊，余梦珑，丁艺，等. 以法制保障网络空间安全构筑网络强国——《网络安全法》和《国家网络空间安全战略》解读[J]. 电子政务，2017(11)：2-35.